普通高等教育"十三

建筑设备工程
与建筑物理环境

主编 徐波

中国水利水电出版社
www.waterpub.com.cn
·北京·

内 容 提 要

　　现代建筑工程涉及的范围相当广泛，加之我国幅员辽阔，南北气候悬殊，情况各异。本教材编写过程中力求结合各个地区的具体情况，尽量反映国内外的先进技术成就，并注意加强对基本理论的介绍。本书是为高等学校建筑学、土木工程专业本科生编写的教材，较为全面地介绍了建筑设备工程技术与建筑环境科学，内容包括建筑设备工程（建筑给水排水、建筑电气、建筑供暖、通风与空气调节）和建筑物理环境（建筑光学、建筑声学、建筑热工学、建筑节能）。

图书在版编目（CIP）数据

建筑设备工程与建筑物理环境 / 徐波主编. -- 北京：
中国水利水电出版社，2020.4
普通高等教育"十三五"规划教材
ISBN 978-7-5170-5417-7

Ⅰ．①建… Ⅱ．①徐… Ⅲ．①房屋建筑设备－高等学
校－教材②建筑物理学－物理环境－高等学校－教材
Ⅳ．①TU8②TU11

中国版本图书馆CIP数据核字(2019)第294889号

书　　名	普通高等教育"十三五"规划教材 **建筑设备工程与建筑物理环境** JIANZHU SHEBEI GONGCHENG YU JIANZHU WULI HUANJING
作　　者	徐　波　主编
出版发行	中国水利水电出版社 （北京市海淀区玉渊潭南路 1 号 D 座　100038） 网址：www.waterpub.com.cn E-mail：sales@waterpub.com.cn 电话：(010) 68367658（营销中心）
经　　售	北京科水图书销售中心（零售） 电话：(010) 88383994、63202643、68545874 全国各地新华书店和相关出版物销售网点
排　　版	中国水利水电出版社微机排版中心
印　　刷	北京瑞斯通印务发展有限公司
规　　格	184mm×260mm　16 开本　15.5 印张　387 千字
版　　次	2020 年 4 月第 1 版　2020 年 4 月第 1 次印刷
印　　数	0001—1500 册
定　　价	**39.00 元**

前 言

随着科技的进步，建筑技术、建筑设备以及人们对建筑环境的控制能力飞速发展。新材料、新技术、新设备、新工艺的出现，从根本上改变了人们对建筑设备工程、建筑物理环境等方面的认识。

随着时代的发展变化，传统的建筑设备工程和建筑物理环境教材内容难免滞后，跟不上时代的步伐。特别是近些年来，国家对环境的保护力度越来越大，建筑节能环保也成了当前急需解决的问题，此方面教材建设尤其滞后。笔者在长期从事该方向教育教学活动中，一直关注这些问题。

另一方面，关于建筑设备工程和建筑物理环境，目前虽然能找到一些教材，但对于有些专业（如建筑学、环境工程设计）的本科学生而言，现有教材内容滞后，过于呆板空洞，学生学习积极性不高。

为了解决以上问题，笔者参阅了相关文献、资料，结合自身知识积累，编写了本书。相较于现有教材，本教材主要有以下几个特点。

一、专业面涵盖广泛，适合交叉学科学习。科技的进步和时代的发展要求现代科技人员成为一专多能的复合型人才，多学科的交叉融合是时代科技工作的基本要求。现有关于建筑设备工程和建筑物理环境方面的书籍内容单一，只讲述建筑设备工程方面或建筑物理环境方面的知识。学习者通过多本教材，多门课程学习，花费了巨大的时间和精力，所学的知识还不系统，不连贯，且难以掌握和应用。本教材将建筑设备工程和建筑物理环境有机结合起来，内容更加有条理，连贯性更强。对于非专业从事建筑设备或建筑物理环境设计的专业，如建筑学、土木工程及环境艺术设计专业的学生而言，学习更加方便。

二、内容紧跟时代需求。建筑设备工程和建筑物理环境领域知识、规范更新较快，传统教材所引用的行业规则、标准和规范大都跟不上时代发展，部分标准规范近些年改变较大，甚至部分内容出现根本性的更改。此外，现有教材由于成书较早，也不能及时反映新材料、新工艺、新技术的发展。本教材在编写过程中，参照现时标准规范，及时引入新技术、新发展，内容紧跟时代步伐，解决了当前教材滞后性问题。

三、采用了大量插图，简明直观。建筑设备工程和建筑物理环境相对注重实际工程应用，在学习中有一个直观认识非常重要。现有教材对设备器件介绍较少，仅仅介绍了一些系统理论，容易造成学习时茫然、不直观，甚至"知其所以然而不知其然"的现象。本教材大量引用插图、图片和一些工程图纸的介绍，使理论介绍更加直观，会提高学习者的学习效率和学习效果。

现代建筑工程涉及的范围相当广泛，加之我国幅员辽阔，南北气候悬殊，情况各异，笔者编写时在加强基本理论介绍的同时，力求结合各个地区的具体情况，尽量反映国内外的先进技术成就。

本教材为高等学校建筑学、土木工程及建筑环境科学技术专业学生编写，较为全面地介绍了建筑设备工程技术与建筑环境科学，内容包括建筑设备工程（建筑给水排水、建筑电气、建筑供暖、通风与空气调节）、建筑物理环境（建筑光学、建筑声学、建筑热工学、建筑节能）。

本教材由三峡大学土木与建筑学院徐波编写完成。由于编者理论水平有限，本教材中出现一些疏漏和缺失在所难免，书中不妥之处，恳请各位专家、广大师生批评指正！

徐波

2019 年 9 月

目 录

第一篇 建筑设备工程

第一章 给 水 工 程

第一节 室外给水工程的概述

室外给水工程是为满足城镇居民生活或工业生产等用水需要而建造的工程设施，供给的水在水量、水压和水质方面应适合各种用户的不同要求。室外给水工程的任务是自水源取水，并将其净化到所要求的水质标准后，经输配水管网系统送往用户。

以地表水为水源的给水系统一般包括取水工程、净水工程、输配水工程以及泵站等，以地表水为水源的城市给水系统如图1-1-1所示。以地下水为水源的给水系统一般包括取水构筑物（如井群、渗渠等）、净水工程（主要设施有清水池及消毒设备）、输配水工程，如图1-1-2所示。

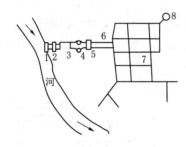

图1-1-1 地表水源给水系统
1—取水构筑物；2—一级加压泵站；3—水净化
构筑物；4—清水池；5—二级加压泵站；
6—输水管；7—配水管网；8—水塔

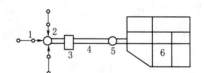

图1-1-2 地下水源给水系统
1—井群；2—集水井；3—加压泵站；
4—输水管；5—水塔；6—配水管网

一、水源及取水工程

给水水源可分为两大类：一类为地表水，如江水、河水、湖水、水库水及海水等；另一类为地下水，如井水、泉室、喀斯特溶洞水等。

一般说来，地下水的物理、化学性质及细菌含量等均比地面水好，地下水做水源具有经济、安全及便于维护管理等优点。因此，应首先考虑将符合卫生要求的地下水作为饮用水的水源。但在取用地下水时，必须根据确切的水文地质资料，坚持取水量应小于允许开采量的原则，科学确定地下水源的允许开采量，否则将使地下水源遭受破坏，甚至引起陆沉。

取水工程要解决的是从天然水源中取（集）水的方法以及取水构筑物的构造形式等问

题。水源的种类决定取水构筑物的构造形式及净水工程的组成。

地下水取水构筑物的形式与地下水埋深、含水层厚度等水文地质条件有关。管井［图1-1-3（a）］用于取水量大、含水层厚度大于5m而底板埋藏深度大于15m的情况；大口井用于含水层厚度在5m左右，底板埋深小于15m的情况；渗渠［图1-1-3（b）］用于底板埋深小于6m的情况；泉室适用于泉水露层厚度小于5m的情况。

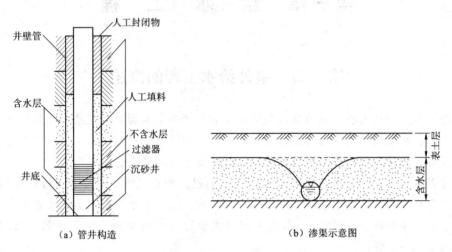

（a）管井构造　　　　　　　　（b）渗渠示意图

图1-1-3　地下水取水构筑物

地表水取水构筑物的形式很多，常见的有河床式、岸边缆车式、浮船活动式，在山区仅有山溪小河的地方取水时，常用的有低坝、底栏栅等。如图1-1-4所示为河床式取水构筑物。

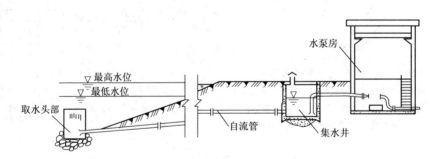

图1-1-4　河床式取水构筑物

二、净水工程——水处理

水源水中往往含有各种杂质，如地下水常含有各种矿物盐类；地表水含有泥沙、水草腐殖质、溶解性气体、各种盐类、细菌及病原菌等。由于用户对水质都有一定的要求，故未经处理的水不能直接送往用户。水处理的任务就是解决水的净化问题。

水处理方法和净化程度应根据水源的水质和用户对水质的要求而定。生活饮用水净化须符合我国现行的《生活饮用水卫生标准》（GB 5749—2006）。

工业用水的水质标准和生活饮用水不完全相同，如锅炉用水要求水质具有较低的硬度；纺织工业对水中的含铁量限制较严；制药工业、电子工业则需要含盐量极低的脱盐水。因此，工业用水应按照生产工艺对水质的具体要求来确定相应的水质标准及净化工艺。

城市自来水的水质标准不低于生活饮用水。对水质有特殊要求的工业企业应单独建造生产给水系统。当用水量不大且允许自城市给水管网取水时，亦可用自来水为水源再行进一步的处理。

地表水的水处理工艺流程应根据水质和用户对水质的要求确定。一般以供给饮用水为目的的工艺流程，主要包括沉淀、过滤及消毒三个部分。沉淀的目的在于除去水中的悬浮物质及胶体物质。由于细小的悬浮杂质沉淀甚慢，胶体物质不能自然沉淀，所以在原水进入沉淀池之前需投加混凝剂，以加速悬浮杂质的沉淀并除去胶体物质。沉淀池的形式很多，常用的有平流式、竖流式、辐流式，以及斜板和斜管式的上向流、同向流沉淀池等。各类澄清池的使用也很普遍。

经沉淀后的水，浑浊度应不超过 20mg/L。为达到饮用水水质标准所规定的浊度要求（即 5mg/L）尚需进行过滤。常用的滤池有普通快滤池、虹吸滤池及无阀滤池等。

以地下水为生活饮用水源，其水质能满足《生活饮用水卫生标准》（GB 5749—2006）时一般只需消毒即可。当水中锰、铁含量超标时应考虑除铁除锰。

在地表水处理过程中虽然大部分细菌被除去，但由于地表水的细菌含量较高，残留于处理水中的细菌仍为数甚多，并可能有传播疾病的病原菌，故必须进行消毒处理。

消毒的目的：一是消灭水中的细菌和病原菌；二是保证净化后的水在输送到用户之前不被再次污染。消毒的方法有物理法和化学法，物理法有紫外线、超声波、加热法等；化学法有加氯法、臭氧法等。

如图 1-1-5 所示为以地表水为水源的某自来水厂平面布置。地表水厂由生产构筑

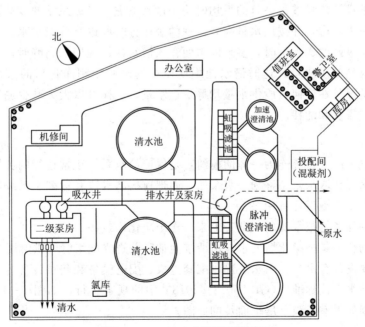

图 1-1-5　地表水厂平面布置图

物、辅助构筑物和合理的道路布置等组成。生产构筑物指澄清池、虹吸滤池、清水池及泵房等。辅助构筑物指机修间、办公室、库房等。

三、输配水工程

输配水工程的作用是把净化后的水输送到用水地区并分配到各用水点。输配水工程通常包括输水管道、配水管网、加压泵站、调节构筑物等。

允许间断供水的给水工程、多水源供水的给水工程设有安全贮水池，可以只设一条输水管；不允许间断供水的给水工程一般应设两条或两条以上的输水管。输水管最好沿现有道路或规划道路敷设，符合城市总体规划，并应尽量避免穿越河谷、公路、山脊、沼泽、重要铁道及洪水泛滥淹没的地区。

配水管网的任务是将输水管送来的水分配到用户，根据用水地区的地形及最大用户分布情况并结合城市规划来进行布置。配水干管的路线应通过用水量较大的地区，并以最短的距离向最大用户供水。在城市规划设计中应把最大用户置于管网始端，以减少配水管的管径，降低工程造价。配水管网应均匀地布置在整个用水地区，其形式有环状与枝状两种。为了减少初期的建设投资，新建居民区或工业区可做成枝状管网，待扩建时再发展成环状管网。

水塔、高地水池和清水池是给水系统的调节设施，其作用是调节供水量与用水量之间的不平衡状况。水塔或高地水池能够把用水低峰时管网中多余的水储存起来，在用水高峰时再送入管网。这样可以保证管网压力的基本稳定，同时也使水泵能经常在高效率范围内运行。但水塔的调节能力非常有限，只有当小城镇或工业企业内部的调节水量较小，或仅需平衡水压时才适用。

清水池与二级泵站可以直接对给水系统起调节作用；清水池也可以同时对一、二级泵站的供水与送水起调节作用。取水泵站流量应包括输水管道沿途渗漏损失和水厂自用水量，一级泵站的设计流量按最高日的平均时用水量来考虑，二级泵站的设计流量按最高日的最大时用水量来考虑，并按用水量高峰出现的规律分时段进行分级供水。当二级泵站的送水量小于一级泵站的送水量时，多余的水便存入清水池；到用水高峰时，二级泵站的送水量大于一级泵站的供水量，这时清水池中所储存的水和刚刚净化后的水被一起送入管网。较理想的情况是在任何时段供水量均等于送水量，这样可以大大减少调节容量并节省调节构筑物基建投资和能耗。

四、泵站

泵站是把整个给水系统连为一体的枢纽，是保证给水系统正常运行的关键。在给水系统中，通常把水源地取水泵站称为一级泵站，而把连接清水池和输配水系统的送水泵站称为二级泵站。泵站必须设置备用泵。

一级泵站的任务是把水源的水抽升上来，送至净化构筑物。

二级泵站的任务是把净化后的水，由清水池抽吸并送入配水管网供给用户。

泵站的主要设备有水泵、引水装置、配套电机、配电设备和起重设备等。泵房建筑设计按照《室外给水设计标准》（GB 50013—2018）中的规定执行，如图 1-1-6 所示为一个设有平台的半地下室二级泵房平面及剖面图。

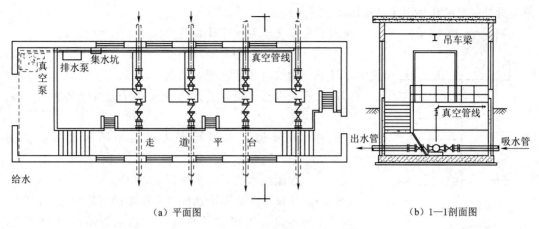

（a）平面图　　　　　　　　　　　　　　　（b）1—1剖面图

图 1-1-6　半地下室二级泵房

第二节　建筑给水系统组成、分类及所需水压

一、建筑给水系统的组成

建筑给水系统的功能是将水自室外给水管引入室内，并在满足用户对水质、水量、水压等要求的情况下，把水送到各个配水点（如配水龙头、生产用水设备、消防设备等）。

建筑给水系统由以下几个基本部分组成：

（1）引入管，包括由市政给水管道引入到小区给水管网的管段，及穿过建筑物承重墙或基础，自室外给水管将水引入室内给水管网的管段。

（2）水表节点。水表装设于引入管上，在其附近装有阀门、放水口、电子传感器等，构成水表节点。

（3）给水管网，是由水平干管、立管和支管等组成的管道系统。

（4）配水龙头或生产用水设备。

（5）给水附件，包括给水管路上的阀门、止回阀、减压阀等。

除上述基本部分外，考虑到建筑物的性质、高度、消防的要求及室外管网供水压力等因素，建筑给水系统需附加一些其他设备，如水泵、水箱、气压装置、贮水池及水表节点等。

二、建筑给水系统的分类

建筑给水系统按供水对象及其要求可以分为如下几种：

（1）生活给水系统：专供人们生活用水。水质应符合国家规定的饮用水质标准。

（2）生产给水系统：专供生产用水，如生产蒸汽、冷却设备、食品加工和造纸等生产过程中用水。水质按生产性质和要求而定。

（3）消防给水系统：专供消火栓和其他消防装置用水。

除上述三种系统外，还可根据所要求的水质、水压、水量和水温以及经济、技术、安全等方面的条件，组成不同的联合给水系统，如生活-生产给水系统、生活-消防给水系统、生产-消防给水系统、生活-生产-消防给水系统等。

三、建筑给水系统所需水压

建筑给水系统中的水压保证将所需的水量供到各配水点，并保证最不利配水点的配水龙头具有一定的作用水头，如图1-2-1所示。

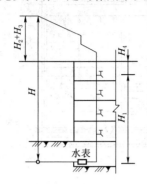

图1-2-1　建筑给水系统所需水压

建筑给水系统所需水压计算公式为

$$H=H_1+H_2+H_3+H_4 \qquad (1-2-1)$$

式中　H——建筑给水系统所需的水压，kPa；

H_1——室内给水引入管起点至最高最远配水点的几何高度，kPa；

H_2——计算管路的沿程水头损失与局部水头损失之和，kPa；

H_3——水流经水表时的水头损失，kPa；

H_4——计算管路最高最远配水点所需的流出水头，kPa。

为了在初步设计阶段能估算出室内给水管网所需的压力，对于民用建筑生活用水管网，可按建筑层数估算自地面起的最小保证水压，见表1-2-1。

表1-2-1　　按建筑物的层数确定所需最小水压值

建筑物层数	1	2	3	4	5	6
最小压力值（自地面算起）/kPa	100	120	160	200	240	280

第三节　建筑给水方式

建筑给水方式是根据建筑物的性质、高度、配水点的布置情况以及室内所需水压、室外管网水压和水量等因素而决定的。常用的给水方式有如下几种。

一、直接给水方式

当室外管网的水压在任何时候都能满足室内管网最不利点所需水压，并能保证管网昼夜所需的流量时采用直接给水方式，如图1-3-1所示。

二、设水泵和水箱的给水方式

室外管网水压经常性或周期性不足，室内用水极不均匀时，可采用设水泵和水箱的给水方式，如图1-3-2所示。水箱采用浮球继电器等装置自动启闭水泵，多应用在多层民用建筑中。

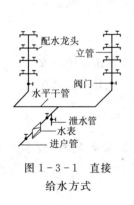

图1-3-1　直接给水方式

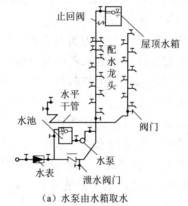

（a）水泵由水箱取水

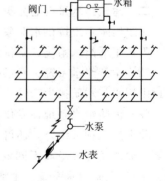

（b）水泵由管网取水

图1-3-2　水箱和水泵给水方式

三、仅设水箱或水泵的给水方式

当一天内室外管网水压大部分时间能满足要求，仅在用水高峰时刻，由于用水量增加，室外管网中水压降低而不能保证建筑的上层用水时，可用只设水箱的给水方式解决，如图 1-3-3 所示。在室外给水管网中水压足够时水箱充水（一般在夜间）；室外管网压力不足时（一般在白天）水箱供水。其优点是能储备一定量的水，在室外管网压力不足时，不中断室内用水；缺点是高位水箱重量大，位于屋顶，需加大建筑梁、柱的断面尺寸，影响建筑立面处理。

若一天内大部分时间室外给水管网水压不足，且室内用水量较大而均匀，如生产车间局部增压供水，可采用单设水泵的给水方式。

四、气压给水设备给水方式

气压给水设备给水方式是一种集加压、储存和调节供水于一体的供水方案。其工作流程是将水经水泵加压后充入有压缩空气的密闭罐体内，然后借罐内压缩空气的压力将水送到建筑物各用水点，如图 1-3-4 所示为单罐变压式气压给水设备。这种方式适用于不宜设置高位水箱的建筑，如纪念性、艺术性建筑和地下建筑等。其缺点是耗能和造价高。

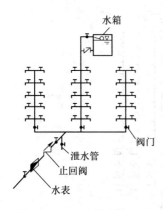

图 1-3-3 水箱给水方式

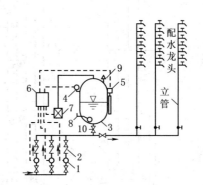

图 1-3-4 单罐变压式气压给水设备
1—水表；2—止回阀；3—气压水罐；4—压力信号阀；
5—液位信号器；6—控制器；7—补气装置；
8—排气阀；9—安全阀；10—阀门

根据建筑用水要求的不同，气压给水设备还有定压式、隔膜式等多种类型。

五、分区给水方式

在高层建筑与多层建筑供水管道系统中，如果低层管道内静水压力过大，会导致超压出流、水击、振动、损坏管道和附件等问题，需要采取竖向分区的技术措施解决或避免。给水系统的竖向分区应根据建筑物用途、层数、使用要求、材料设备性能、维护管理、节约供水、能耗等因素综合确定。竖向分区压力应满足分区用水水压要求，各分区最低卫生器具配水点处的静水压不宜大于 0.45MPa；居住建筑的入户管给水压力不应大于0.35MPa；卫生器具给水配件承受的最大工作压力不得大于 0.6MPa。

如图 1-3-5（a）所示的上层设水箱给水方式中，下层管道与外网直连且利用外网水压供水，上层设水箱调节水量和水压。其特点是供水较可靠，系统较简单，投资相对较少，安装和维护简单，可充分利用外网水压，节省能源。

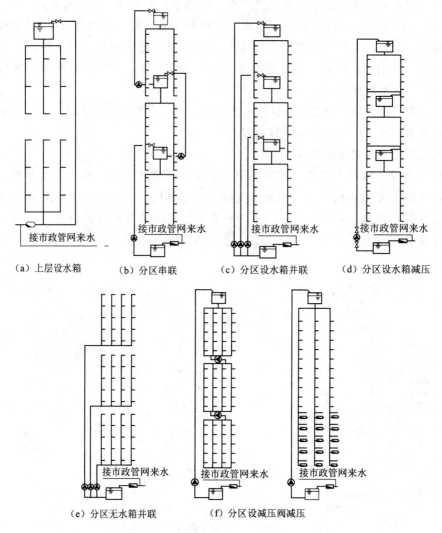

（a）上层设水箱 （b）分区串联 （c）分区设水箱并联 （d）分区设水箱减压

（e）分区无水箱并联 （f）分区设减压阀减压

图 1-3-5 分区给水方式

如图 1-3-5（b）所示为分区串联给水方式，各区设置水箱和水泵，水泵分散布置，自下区水箱抽水供上区用水。其特点是设备与管道较简单，投资较节省，能源消耗较小。但由于水泵设在上层，振动和噪声干扰较大，且设备分散造成维护管理不便，上区供水受下区制约。建筑高度超过 100m 时，宜采用垂直串联供水方式。

如图 1-3-5（c）所示为分区设水箱并联给水方式，分区设置水箱和水泵，水泵集中布置在地下室内。其特点是各区独立运行互不干扰，供水可靠，水泵集中布置，便于维护管理，管材耗用较多，投资较大，水箱占用建筑上层使用面积。如图 1-3-5（d）所示为分区设水箱减压给水方式，设置减压水箱，利用分区水箱减压，上区供水，下区用水。其特点是设备与管道较简单，投资较节省，设备布置较集中，维护管理方便，但

下区用水受上区的制约，能耗大。如图 1-3-5（e）
所示为分区无水箱并联给水方式，分区设置变速水泵
或多台并联水泵，根据水泵出水量或水压调节水泵转
速或运行台数。如图 1-3-5（f）所示为分区设减压阀
减压的给水方式，水泵统一加压，仅在顶层设置水箱，
下区供水利用减压阀或减压孔板供水。其特点是供水
可靠，设备与管材较少，投资省，设备布置集中，便
于维护管理，不占用建筑上层使用面积，但下区供水
压力损失较大，能耗较大。

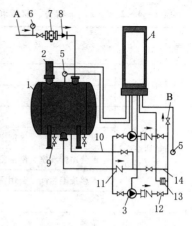

六、叠压给水方式

　　叠压给水是利用室外给水管网余压直接抽水再增压
的二次给水方式，需要设置特殊装置来保证市政管网水
压力不低于规定的压力。设备主要由稳流调节罐、真空
抑制器（吸排气阀）、压力传感器、变频水泵和控制柜等
组成，如图 1-3-6 所示。稳流调节罐与自来水管道相
连接，起储水和稳压作用；真空抑制器通过吸气可保证
稳流调节罐内不产生负压，通过排气可将稳流调节罐内
的空气排出罐外，保证在正压时罐内是水。

图 1-3-6　叠压供水设备
1—稳流调节罐；2—真空抑制器；3—变
频水泵；4—控制柜；5—压力传感器；
6—负压表；7—过滤器；8—倒流防止
器；9—排污阀；10—小流量保压管；
11—止回阀；12—阀门；13—超压
保护装置；14—旁通管；A—外网
接口；B—用户接口

第四节　给水系统设计计算简介

一、用水定额

　　用水定额是指在某一度量单位（单位时间、单位产品等）内被居民或其他用水单位所
消费的水量。对于生活饮用水，用水定额是指居民每人每天所消费的水量，它随各地的气
候条件、生活习惯、生活水平及卫生设备的设置情况的不同而各不相同。对于生产用水，
用水定额主要由生产工艺过程、设备情况和地区条件等因素决定。

　　各类建筑的生活用水定额及小时变化系数见表 1-4-1～表 1-4-3。

表 1-4-1　　　　　　　　住宅最高日生活用水定额及小时变化系数

住宅类型		卫生器具设置标准	用水定额/[L/（人·d）]	小时变化系数 K_h
普通住宅	Ⅰ类	有大便器、洗涤盆	85～150	2.5～3.0
	Ⅱ类	有大便器、洗脸盆、洗涤盆、洗衣机、热水器和沐浴设备	130～300	2.3～2.8
	Ⅲ类	有大便器、洗脸盆、洗涤盆、洗衣机、集中热水供应（或家用热水机组）和沐浴设备	180～320	2.0～2.5
别墅		有大便器、洗脸盆、洗涤盆、洗衣机、洒水栓、家用热水机组和沐浴设备	200～350	1.8～2.3

　　注　1. 当地主管部门对住宅生活用水定额有具体规定的，应按当地规定执行。
　　　　　2. 别墅用水定额中含庭院绿化用水和汽车洗车用水。

表 1 - 4 - 2　　　　宿舍、旅馆和公共建筑生活用水定额及小时变化系数

序号	建筑物名称		单位	最高日生活用水定额/L	使用时数/h	小时变化系数 K_h
1	宿舍	Ⅰ类、Ⅱ类	每人每日	150~200	24	2.5~3.0
		Ⅲ类、Ⅳ类	每人每日	100~150	24	3.0~3.5
2	招待所、培训中心、普通旅馆	设公用盥洗室	每人每日	50~100	24	2.5~3.0
		设公用盥洗室、淋浴室	每人每日	80~130		
		设公用盥洗室、淋浴室、洗衣室	每人每日	100~150		
		设单独卫生间、公用洗衣室	每人每日	120~200		
3	酒店式公寓		每人每日	200~300	24	2.0~2.5
4	宾馆客房	旅客	每床位每日	250~400	24	2.0~2.5
		员工	每人每日	80~100		
5	医院住院部	设公用盥洗室	每床位每日	100~200	24	2.0~2.5
		设公用盥洗室、淋浴室	每床位每日	150~250	24	2.0~2.5
		设单独卫生间	每床位每日	250~400	24	2.0~2.5
		医务人员	每人每班	150~250	8	1.5~2.0
		门诊部、诊疗所	每病人每次	10~15	8~12	1.2~2.5
		疗养院、休养所住房部	每床位每日	200~300	24	1.5~2.0
6	养老院、托老所	全托	每人每日	100~150	24	2.0~2.5
		日托	每人每日	50~80	10	2.0
7	幼儿园、托儿所	有住宿	每儿童每日	50~100	24	2.5~3.0
		无住宿	每儿童每日	30~50	10	2.0
8	公共浴室	淋浴	每顾客每次	100	12	1.5~2.0
		浴盆、淋浴	每顾客每次	120~150	12	
		桑拿浴（淋浴、按摩池）	每顾客每次	150~200	12	
9	理发室、美容院		每顾客每次	40~100	12	1.5~2.0
10	洗衣房		每千克干衣	40~80	8	1.2~1.5
11	餐饮场所	中餐酒楼	每顾客每次	40~60	10~12	1.2~1.5
		快餐店、职工及学生食堂	每顾客每次	20~25	12~16	
		酒吧、咖啡馆、茶座、卡拉OK房	每顾客每次	5~15	8~18	
12	商场员工及顾客		每平方米营业厅面积每日	5~8	12	1.2~1.5
13	图书馆		每人每次	5~10	8~10	1.2~1.5
14	书店		每平方米营业厅面积每日	3~6	8~12	1.2~1.5
15	办公楼		每人每班	30~50	8~10	1.2~1.5
16	教学、实验楼	中小学校	每学生每日	20~40	8~9	1.2~1.5
		高等院校	每学生每日	40~50	8~9	1.2~1.5

序号	建 筑 物 名 称		单位	最高日生活用水定额/L	使用时数/h	小时变化系数 K_h
17	电影院、剧院		每观众每场	3～5	3	1.2～1.5
18	会展中心（博物馆、展览馆）		每平方米展厅面积每日	3～6	8～16	1.2～1.5
19	健身中心		每人每次	30～50	8～12	1.2～1.5
20	体育场（馆）	运动员沐浴	每人每次	30～40	4	2.0～3.0
		观众	每人每场	3	4	1.2
21	会议厅		每座位每次	6～8	4	1.2～1.5
22	航站楼、客运站		每人次	3～6	8～16	1.2～1.5
23	菜市场		每平方米每日	10～20	8～10	2.0～2.5
24	停车库		每平方米每次	2～3	6～8	10.0

注 1. 除养老院、托儿所、幼儿园的用水定额中含食堂用水外，其他均不含食堂用水。

2. 除注明外，均不含员工生活用水，员工用水定额为每人每班 40～60L。

3. 医疗建筑用水中已含医疗用水。

4. 空调用水应另计。

表 1－4－3　　　　　　　　　　　**工业企业建筑生活、淋浴用水定额**

用 途	用水定额/[L/(班·人)]	小时变化系数 K_h	备 注
管理人员、车间工人生活用水	30～50	1.5～2.5	每班工作时间以 8h 计
淋浴用水	40～60		延续供水时间宜以 1h 计

注 淋浴用水定额详见《工业企业设计卫生标准》(GBZ 1—2010)。

二、生活用水量

（一）最高日生活用水量

最高日生活用水量是指在设计规定年限内用水最多一日的用水量，按式（1－4－1）计算：

$$Q_d = m q_d \tag{1-4-1}$$

式中　Q_d——最高日用水量，L/d；

m——用水单位数，人数或床位数等，工业企业建筑为每班人数；

q_d——最高日生活用水定额，L/(人·d)、L/(床·d) 或 L/(人·班)。

（二）最大小时用水量

最大小时用水量是指最高日最大用水时段内的小时用水量，按式（1－4－2）计算：

$$Q_h = K_h Q_p = K_h \frac{Q_d}{T} \tag{1-4-2}$$

式中　Q_h——最大时用水量，L/h；

Q_p——平均时用水量，L/h；

T——建筑物的用水时间，工业企业建筑为每班用水时间，h；

K_h——小时变化系数。

三、设计秒流量

实测发现建筑物中的用水情况在一昼夜间是不均匀的，在设计室内给水管网时，必须考虑到这种"逐时逐秒"变化情况，以求得最不利时刻的最大用水量。建筑给水管道的设计流量就是设计秒流量，它是确定各管段管径、计算管道水头损失、确定给水系统所需水压的主要依据。

（一）当量

设计秒流量根据建筑物内卫生器具类型、数量和这些器具满足使用情况所需的用水量确定。为了便于计算，引用"卫生器具当量"这一术语。"卫生器具当量"的定义为：某一卫生器具流量值为当量"基数1"，其他卫生器具的流量值与其比值，即为该卫生器具的当量值。卫生器具流量包括给水流量和排水流量。卫生器具给水当量基数的流量量值，我国取 0.2L/s，各种类型卫生器具给水当量值见表1-4-4。

表1-4-4 卫生器具的给水额定流量、当量、连接管公称管径和最低工作压力

序号	给水配件名称		额定流量/(L/s)	当量	连接管公称管径/mm	最低工作压力/MPa
1	洗涤盆拖布盆、盥洗槽	单阀水嘴	0.15~0.20	0.75~1.00	15	0.050
		单阀水嘴	0.30~0.40	1.50~2.00	20	
		混合水嘴	0.15~0.20 (0.14)	0.75~1.00 (0.70)	15	
2	洗脸盆	单阀水嘴	0.15	0.75	15	0.050
		混合水嘴	0.15 (0.10)	0.75 (0.50)	15	
3	洗手盆	单阀水嘴	0.10	0.50	15	0.050
		混合水嘴	0.15 (0.10)	0.75 (0.50)	15	
4	浴盆	单阀水嘴	0.20	1.00	15	0.050
		混合水嘴（含带淋浴转换器）	0.24 (0.20)	1.20 (1.00)	15	0.050~0.100
5	淋浴器混合阀		0.15 (0.10)	0.75 (0.50)	15	0.050~0.100
6	大便器	冲洗水箱浮球阀	0.10	0.50	15	0.020
		延时自闭式冲洗阀	1.20	6.00	25	0.100~0.150
7	小便器	手动或自动自闭式冲洗阀	0.10	0.50	15	0.050
		自动冲洗水箱进水阀	0.10	0.50	15	0.020
8	小便槽穿孔冲洗管（每米长）		0.05	0.25	15~20	0.015
9	净身盆冲洗水嘴		0.10 (0.07)	0.50 (0.35)	15	0.050
10	医院倒便器		0.20	1.00	15	0.050
11	实验室化验水嘴（鹅颈）	单联	0.07	0.35	15	0.020
		双联	0.15	0.75	15	0.020
		三联	0.20	1.00	15	0.020
12	饮水器喷嘴		0.05	0.25	15	0.050
13	洒水栓		0.40	2.00	20	0.050~0.100
			0.70	3.50	25	

序号	给水配件名称	额定流量 /(L/s)	当量	连接管公称管径 /mm	最低工作压力 /MPa
14	室内地面冲洗水嘴	0.20	1.00	15	0.050
15	家用洗衣机水嘴	0.20	1.00	15	0.050

注 1. 表中括弧内的数值是在有热水供应，单独计算冷水或热水时使用。
2. 当浴盆上附设淋浴器，或混合水嘴有淋浴器转换开关时，其额定流量和当量只计水嘴，不计淋浴器，但水压应按淋浴器计。
3. 家用燃气热水器所需水压按产品要求和热水供应系统最不利配水点所需工作压力确定。
4. 绿地的自动喷灌应按产品要求设计。
5. 卫生器具给水配件所需额定流量和最低工作压力有特殊要求时，其数值按产品要求确定。

（二）设计秒流量计算

根据建筑物性质的不同，给水管道设计秒流量计算方法如下。

1. 住宅建筑

住宅生活给水管道设计秒流量采用概率法，按式（1-4-3）计算。

$$q_g = 0.2 U N_g \qquad (1-4-3)$$

式中 q_g——计算管段的设计秒流量，L/s；

U——计算管段的卫生器具给水当量同时出流概率，%；

N_g——计算管段的卫生器具给水当量总数；

0.2——卫生器具给水当量与流量的单位换算系数，L/s。

根据数理统计结果，计算管段卫生器具给水当量的同时出流概率按式（1-4-4）计算：

$$U = 100 \times \frac{1 + \alpha_c (N_g - 1)^{0.49}}{\sqrt{N_g}} \qquad (1-4-4)$$

式中 α_c——对应于不同卫生器具的给水当量平均出流概率（U_0）的系数，见表1-4-5。

表 1-4-5 　　　　　　　　　　　α_c 与 U_0 的对应关系

$U_0/\%$	$\alpha_c/(\times 10^{-2})$	$U_0/\%$	$\alpha_c/(\times 10^{-2})$
1.0	0.323	4.0	2.816
1.5	0.697	4.5	3.263
2.0	1.097	5.0	3.715
2.5	1.512	6.0	4.629
3.0	1.939	7.0	5.555
3.5	2.374	8.0	6.489

建筑物的卫生器具给水当量最大用水时的平均出流概率参考值见表1-4-6。

表 1-4-6 　　建筑物的卫生器具给水当量最大用水时的平均出流概率参考值

建筑物性质	U_0 参考值	建筑物性质	U_0 参考值
普通住宅Ⅰ型	3.4～4.5	普通住宅Ⅲ型	1.5～2.5
普通住宅Ⅱ型	2.0～3.5	别墅	1.5～2.0

2. 分散用水型公共建筑

对于宿舍（Ⅰ类、Ⅱ类）、旅馆、宾馆、酒店式公寓、医院、疗养院、幼儿园、养老院、办公楼、商场、图书馆、书店、客运站、航站楼、会展中心、中小学教学楼、公共厕所等建筑，其生活给水设计秒流量按式（1-4-5）计算：

$$q_g = 0.2\alpha\sqrt{N_g} \tag{1-4-5}$$

式中　α——根据建筑物用途确定的系数，见表1-4-7；综合楼建筑的 α 值应按加权平均取值；

其他符号意义同式（1-4-3）。

表1-4-7　　　　根据建筑物用途而定的系数 α 值

建 筑 物 名 称	α 值	建 筑 物 名 称	α 值
幼儿园、托儿所、养老院	1.2	中小学教学楼	1.8
门诊部、诊疗所	1.4	医院、疗养院、休养所	2
办公楼、商场	1.5	酒店式公寓	2.2
图书馆	1.6	宿舍（Ⅰ类、Ⅱ类）、旅馆、招待所、宾馆	2.5
书店	1.7	客运站、航站楼、会展中心、公共厕所	3

当计算值小于该管段上一个最大卫生器具给水额定流量时，应采用一个最大的卫生器具给水额定流量作为设计秒流量；当计算值大于该管段上按卫生器具给水额定流量累加所得流量值时，应采用卫生器具给水额定流量累加所得流量值。

有大便器延时自闭冲洗阀的给水管段，大便器延时自闭冲洗阀的给水当量均以0.5计，计算得到 q_g 附加1.20L/s的流量后，为该管段的给水设计秒流量。

3. 密集用水型公共建筑

对于宿舍（Ⅲ类、Ⅳ类）、工业企业的生活间、公共浴室、职工食堂或营业餐馆的厨房、体育场馆、影剧院、普通理化实验室等密集用水型公共建筑，其生活给水管道的设计秒流量按式（1-4-6）计算：

$$q_g = \sum q_0 n_0 b \tag{1-4-6}$$

式中　q_g——计算管段的给水设计秒流量，L/s；

　　　q_0——同类型的一个卫生器具给水额定流量，L/s；

　　　n_0——同类型卫生器具数；

　　　b——卫生器具的同时给水百分数，见表1-4-8，%。

表1-4-8　　　　密集用水型公共建筑卫生器具的同时给水百分数　　　　　　%

卫生器具名称	宿舍（Ⅲ类、Ⅳ类）	工业企业生活间	公共浴室	影剧院	体育场馆
洗涤盆（池）	—	33	15	15	15
洗手盆	—	50	50	50	70（50）
洗脸盆、盥洗槽水嘴	5~100	60~100	60~100	50	80
浴盆	—	—	50	—	—
无间隔淋浴器	20~100	100	100	—	100
有间隔淋浴器	5~80	80	60~80	60~80	60~100

卫生器具名称	宿舍（Ⅲ类、Ⅳ类）	工业企业生活间	公共浴室	影剧院	体育场馆
大便器冲洗水箱	5～70	30	20	50（20）	70（20）
大便槽自动冲洗水箱	100	100	—	100	100
大便器自闭式冲洗阀	1～2	2	2	10（2）	5（2）
小便器自闭式冲洗阀	2～10	10	10	50（10）	70（10）
小便器（槽）自动冲洗水箱	—	100	100	100	100
净身盆	—	33	—	—	—
饮水器	—	30～60	30	30	30
小卖部洗涤盆	—	—	50	50	50

注　1. 表中括号内的数值系影剧院的化妆间、体育场馆的运动员休息室使用。

　　2. 健身中心的卫生间，可采用本表体育场馆运动员休息室的同时给水百分率。

当计算值小于管段上一个最大卫生器具给水额定流量时，应采用一个最大的卫生器具给水额定流量作为设计秒流量。大便器自闭冲洗阀应单列计算，当单列计算值不大于1.2L/s时，以1.2L/s计；大于1.2L/s时，以计算值计。

四、管网水力计算简介

室内给水管网水力计算的目的是确定各管段的管径及此管段通过设计流量时的水头损失。

1. 管径的确定

确定给水管道设计秒流量后，根据下式可求得管径 d：

$$q = \frac{\pi}{4} d^2 v \qquad\qquad (1-4-7)$$

式中　q——管段设计秒流量，L/s；

　　　v——管段中的流速，m/s；

　　　d——管径，m。

室内生活给水管道的控制流速可按下述数值选用：$DN15\sim20$，选用流速 $v \leqslant 1.0$ m/s；$DN25\sim40$，选用流速 $v \leqslant 1.2$m/s；$DN50\sim70$，选用流速 $v \leqslant 1.5$m/s。干管噪声控制要求较高时，应适当降低流速；生活或生产给水管道内的流速不宜大于2m/s；消防给水管道的流速不宜大于2.5m/s。

管径的选定应综合考虑技术和经济两方面。从经济上看，当流量一定时，管径越小，管材越省。室外管网的压力 H_0 越大，采用的管径应越小，以便充分利用室外的压力。但管径太小时，流速过大，在技术上是不允许的，因为流速过大，在管网中引起水锤时容易损坏管道并造成很大的噪声，同时使给水系统中龙头的出水量和压力互相干扰，极不稳定。

2. 管网水头损失的计算

管网的水头损失为管网中新确定的计算管路的沿程水头损失和局部损失之和。

管路沿程水头损失的计算式为

$$i = 105 C_h^{-1.85} d_i^{-4.87} q_g^{1.85} \qquad\qquad (1-4-8)$$

$$h_g = iL \qquad\qquad (1-4-9)$$

式中　i——单位管长的沿程水头损失，kPa/m；

　　　d_i——管段的计算内径，m；

　　　q_g——给水设计流量，L/s；

　　　C_h——海澄-威廉系数，各种塑料管、内衬（涂）塑管的 $C_h=100$；铜管、不锈钢管的　　　　$C_h=130$；内衬水泥、树脂的铸铁管的 $C_h=130$；普通钢管、铸铁管的 $C_h=100$；

　　　L——计算管段的长度，m；

　　　h_g——计算管段的沿程水头损失，kPa。

管段的局部水头损失，宜根据管（配）件当量长度法、管件连接状况，以管路沿程水头损失百分数估算。

选定产品型号时应按该产品生产厂家提供的资料计算水表水头损失。若未确定产品型号，可进行估算，即小区引入管水表在生活用水工况时，水表水头损失宜取 0.03MPa；校核消防工况时，宜取 0.05MPa。

第五节　加压和储水设备

加压或储水的给水方式需要设置水泵和水箱。

一、离心式水泵（简称离心泵）

离心泵具有结构简单、体积小、效率高、运转平稳等优点，故在建筑设备工程中得到了广泛应用。

（一）离心泵的基本结构、工作原理及工作性能

在离心泵中，水靠离心力由径向甩出，从而得到很高的压力，被输送到需要的地点。如图 1-5-1 所示为离心泵装置，在轴穿过泵壳处设有填料函 11，以防漏水或透气。在轴上装有叶轮 1，它是离心泵的最主要部件，叶轮 1 上装有不同数目的叶片 2，当电动机通过轴带动叶轮回转时，叶片搅动水做高速回转，拦污栅 6 起拦阻污物的作用。

开动水泵前，要使泵壳及吸水管中充满水，以排除泵内空气。当叶轮高速转动时，在离心力的作用下，叶片槽道（两叶片间的过水通道）中的水从叶轮中心被甩向泵壳，获得动能与压能。由于泵壳的断面是逐渐扩大的，水进入泵壳后流速逐渐减小，部分动能转化为压能，因而水泵出口处的水便具有较高的压力，流入压水管。

在水被甩走的同时，水泵进口处形成负

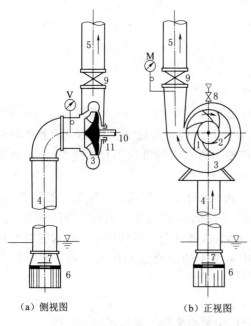

（a）侧视图　　　　（b）正视图

图 1-5-1　离心泵装置

1—叶轮；2—叶片；3—泵壳；4—吸水管；5—压水管；6—拦污栅；7—底阀；8—加水漏斗；9—阀门；10—泵轴；11—填料函；M—压力计；V—真空计

压，大气压力的作用将吸水池中的水通过吸水管压向水泵进口（一般称为吸水），进而流入泵体。电动机带动叶轮连续回转，因此离心泵均匀连续地供水，即不断地将水压送到用水点或高位水箱。

离心式水泵的工作方式有"吸入式"和"灌入式"两种：泵轴高于吸水池水面的称为"吸入式"；吸水池水面高于泵轴的称为"灌入式"，不仅可省掉真空泵等抽气设备，而且也有利于水泵的运行和管理。一般设水泵的室内给水系统多与高位水箱联合工作，为了减小水箱的容积，水泵的启停应采用自动控制，而"灌入式"最易满足此种要求。

水仅流过一个叶轮，即仅受一次增压的泵叫单级离心泵。为了得到较大的压力，在高层建筑的室内给水系统中常采用多级离心泵，这时，水依次流过数个叶轮，即受多次增压。

为了正确地选用水泵，必须知道水泵的基本工作参数。

离心泵的基本工作参数如下：

（1）流量，是在单位时间内通过水泵的水的体积，以符号 Q 表示，单位常用 L/s 或 m^3/h。

（2）扬程，是当水流过水泵时，水所获得的比能增值，用符号 H 表示，单位是 kPa（mH_2O）。

（3）轴功率，是水泵从电动机处所得到的全部功率，用符号 N 表示，单位是 kW。

当流量为水泵的设计流量时效率最高，这种工作状况称为水泵的设计工况，也叫额定工况，相应的各工作参数称为设计参数（额定参数），水泵的额定参数标识于水泵的铭牌上。

（二）离心泵的选择

选择水泵时，必须根据给水系统最大小时的设计流量 q 和此时系统所需的压力 $H_{s.u}$，按水泵性能表确定水泵型号。

具体说来，应使水泵的流量 $Q \geqslant q$，水泵的扬程 $H \geqslant H_{s.u}$，并使水泵在高效率情况下工作。考虑到运转过程中泵的磨损和能效降低，通常使水泵的 Q 及 H 分别大于 q 及 $H_{s.u}$，一般采用 10%～15% 的附加值。

二、水泵房

民用建筑物内设置的生活给水泵房不应毗邻居住用房或在其上下层，水泵机组宜设在水池的侧面、下方，单台泵可设于水池内或管道内，其运行噪声应符合现行国家标准《民用建筑隔声设计规范》（GB 50118—2010）的规定。设置水泵的房间，应设排水设施；通风应良好，不得结冻。

水泵机组的布置应以管线最短、弯头最少，管路便于连接，布置力求紧凑为原则，并考虑到扩建和发展。水泵机组的布置应符合表1-5-1的规定。

表1-5-1　　　　水泵机组外轮廓面与墙和相邻水泵机组间的间距

电动机额定功率 P/kW	水泵机组外轮廓面与墙面之间的最小间距/m	相邻水泵机组外轮廓面之间的最小间距/m
$P \leqslant 22$	0.8	0.4
$22 < P < 55$	1.0	0.8
$55 \leqslant P \leqslant 160$	1.2	1.2

注　1. 水泵侧面有管道时，外轮廓面计至管道外壁面。
　　2. 水泵机组是指水泵与电动机的联合体，或已安装在金属座架上的多台水泵组合体。

水泵基础高出地面的高度应便于水泵安装，不应小于0.1m。泵房内管道管外底距地面或管沟底面的距离，当管径小于等于150mm时，不应小于0.2m；当管径大于等于200mm时，不应小于0.25m。

泵房内宜有检修水泵的场地，检修场地尺寸宜按水泵或电机外轮廓四周不小于0.7m的通道确定，泵房内靠墙安装的落地式配电柜和控制柜前面通道宽度不宜小于1.5m；挂墙式配电柜和控制柜前面通道宽度不宜小于1.5m；泵房内宜设置手动起重设备。

建筑物内的给水泵房，应选用低噪声水泵机组；吸水管和出水管上应设置减振装置；水泵机组的基础应设置减振装置。应采用下列措施减振防噪：管道支架、吊架和管道穿墙、楼板处应采取防止固体传声措施；必要时，泵房的墙壁和天花板应采取隔音吸音处理。

三、高位水箱

采用水泵-水箱的给水方式及设水箱给水方式，需要储存事故备用水及消防储备水量，或是有恒压供水（如浴室供水）要求时，都需设置高位水箱。

（一）有效容积

水箱有效容积应根据生活调节水量确定：由城镇给水管网夜间直接进水的高位水箱的生活用水调节容积，宜按用水人数和最高日用水定额确定；由水泵联动提升进水的水箱的生活用水调节容积，不宜小于最大用水时水量的50%。

用于中途转输的水箱，转输调节容积宜取转输水泵5～10min的流量。

（二）设置高度

水箱的设置高度应保证最不利配水点处有所需的流出水头，通常根据房屋高度、管道长度、管道直径以及设计流量等技术条件，经水力计算后确定。水箱的设置高度（以底板面计）应满足最高层用户的用水水压要求，当达不到要求时，宜采取管道增压措施。

高位水箱箱壁与水箱间墙壁及箱顶与水箱间顶面的净距应符合低位贮水池（箱）的有关规定，当有管道敷设时箱底与水箱间地面板的净距不宜小于0.8m。

（三）水箱及配管

水箱应设置在便于维护、光线和通风良好且不结冻的地方（有可能发生冰冻的水箱应当保温），一般布置在顶层或闷顶内。为了防止污染，水箱应设置盖板，盖板应设有通气孔，大型水箱盖板的通气口可兼做人孔。设置水箱房间净高不得低于2.2m，承重结构应为非燃烧体，室内温度不低于5℃。

水箱上应配置进水管、出水管、溢流管、泄水管及信号装置等。进水管管径根据不同的给水方式、水泵的供水量或给水管网设计流量确定。溢流管管径应比进水管管径大1～2号，溢流管上不得装设阀门。泄水管装在水箱底部，以便排出箱底沉泥及清洗水箱的污水。

四、（低位）贮水池

建筑物贮水池是储存和调节水量的构筑物，其有效容积应按进水量与用水量变化曲线经计算确定，当资料不足时，宜按建筑物最高日用水量的20%～25%确定。

贮水池（箱）应设置在通风良好、不结冻的房间内。池（箱）体应采用独立结构形式，与其他用水水池（箱）并列设置时，应有各自独立的分隔墙，不得共用一幅分隔墙，隔墙间应有排水措施。池（箱）外壁与建筑本体结构墙面或其他池壁之间的净距，应满足施工或装配的要求：无管道的侧面，净距不宜小于0.7m；安装有管道的侧面，净距不宜小于1.0m，且管道外壁与建筑本体墙面之间的通道宽度不宜小于0.6m；设有人孔的池顶，顶板面与上面建筑本体板底的净空不应小于0.8m。贮水池内宜设有水泵吸水坑，吸水坑的大小和深度，应满足水泵或水泵吸水管的安装要求。

无调节要求的加压给水系统，可设置吸水井，吸水井的有效容积应不小于水泵3min的设计流量。

第六节 管道布置与敷设

一、引入管和水表节点

（一）引入管

引入管自室外管网将水引入室内。引入管应力求简短，确定位置时应考虑便于水表的安装和维护管理，要注意和其他地下管道协调和综合布置；宜结合室外给水管网的具体情况，由建筑最大用水量处接入，当建筑物内卫生器具分布比较均匀时可从房屋中央引入。

引入管的数目根据房屋的使用性质及消防要求等因素而定。一般的室内给水管网只设一根引入管，用水量大、设有消防给水系统且不允许断水的大型或多层建筑，才设置两根或两根以上的引入管。

引入管的埋设深度主要根据给水管网的埋深、当地的气候、水文地质条件和地面荷载而定。在寒冷地区，引入管应埋设在冰冻线以下。

引入管穿越承重墙或基础时，应注意管道的保护。若基础埋深较浅，则管道可从基础底部绕过，如图1-6-1所示；若基础埋深较深，则引入管穿过承重墙或基础本体，如图1-6-2所示，此时应预留洞口，管顶上部净空不得小于建筑物的最大沉陷量，且不得小于0.15m。遇有湿陷性黄土地区，引入管可设在地沟内。

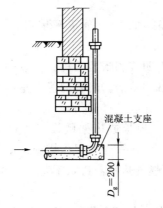

图1-6-1 引入管绕过基础
D_g—引入管直径

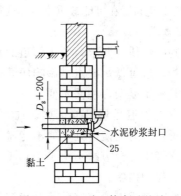

图1-6-2 引入管穿过基础

（二）水表节点

必须单独计算水量的建筑物应在引入管或每户总支管上装设水表，引入管上装设水表时在水表前后应有阀门及放水三通，如图1-6-3所示。放水三通主要在检修室内管路

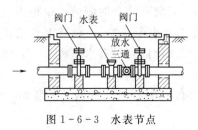

图 1-6-3 水表节点

时，放空系统内的水，检验水表的灵敏度。阀门的作用是关闭管段，以便修理或拆换水表。生产厂房为保证供水安全，在引入管水表节点处设绕行管段，管段上设阀门，事故时开启，非事故时关闭。

在我国温暖地区水表节点可设在室外水表井中，水表井距建筑物外墙 2m 以上。在寒冷地区水表节点常设于室内，但应设电子传感装置，以便在室外观察水表计量数据。

建筑物的某部分或个别设备必须计算水量时，应在其配水管上装设水表。住宅建筑应装设分户水表。

二、管网布置和管道敷设

（一）管网布置

室内给水管网的布置与建筑物的性质、结构情况、用水要求及用水点的位置等因素有关。布置管道时，应力求管线简短，平行于梁、柱沿壁面或顶棚直线布置，不妨碍美观，且便于安装及检修。下行上给式的水平干管通常布置于底层走廊内、走廊地下或地下室中。上行下给式的干管一般沿最高的顶棚布置。

室内给水管道不应穿越变配电房、电梯机房、通信机房、大中型计算机房、计算机网络中心、音像库房等遇水会损坏设备和引发事故的房间，并应避免在生产设备、配电柜上方通过。不得布置在遇水会引起燃烧、爆炸的原料、产品和设备的上面。不得敷设在烟道、风道、电梯井内、排水沟内。给水管道不宜穿越橱窗、壁柜，不得穿过大便槽和小便槽，且立管距大小便槽端部距离不得小于 0.5m。给水管道不宜穿越伸缩缝、沉降缝、变形缝，如必须穿越时，应设置补偿管道伸缩和剪切变形的装置。给水管道应避免穿越人防地下室，必须穿越时应按《人民防空地下室设计规范》（GB 50038—2017）的要求采取设防护阀门等措施。

埋地管道应避免布置在可能被重物压坏或被设备震坏之处。管道不得穿越生产设备基础。

（二）管道敷设

根据建筑物的性质及要求，给水管道的敷设有明装和暗装两种。明装的优点是便于安装、修理和维护，造价低；缺点是影响房间的美观和整洁。暗装的优点是不影响房间的整洁美观；缺点是施工复杂，检修不便。

明装时，室内管道尽量沿墙、梁、柱、顶棚、地板或桁架敷设。塑料给水管道明设时，立管应布置在不易受撞击处，如不能避免时，应在管外加保护措施；不得布置在灶台边缘；明设的立管距灶台边缘不得小于 0.4m，距燃气热水器边缘不宜小于 0.2m，达不到此要求时，应有保护措施。

暗装时，给水管道不得直接敷设在建筑物结构层内。敷设在垫层或墙体管槽内的给水管管材宜采用塑料、金属与塑料复合管材或耐腐蚀的金属管材，且不得有卡套式或卡环式接口。敷设在垫层或墙体管槽内的给水支管的外径不宜大于 25mm。

在某些建筑物内，管道种类较多（如有热水管、暖气管、蒸汽管等），给水管可和其他管道同沟敷设，但给水管宜敷设在热水管和蒸汽管的下方、排水管上方。管道穿越墙壁、楼板时，应预留管洞。每隔适当距离应采用固定配件（如支、吊架等）固定给水管道。

三、管道防护

给水管道应有防腐、防冻、防结露、防漏、防振和防热胀冷缩等技术措施。

明装和暗装的金属管道都要采取防腐措施。当管道结露会影响环境，引起装饰、物品等受损害时，应做防结露保冷层。环境温度与管内水温差值大时应通过计算在管道上设伸缩补偿装置，应尽量利用管道自身的折角补偿温度变形。敷设在有可能冻结的房间、地下室及管井、管沟等地方的给水管道应有防冻措施。明设的给水立管穿越楼板时，应采取防水措施。

给水管道穿越地下室或地下构筑物的外墙处，穿越屋面有可靠的防水措施时，可不设套管；穿越钢筋混凝土水池（箱）的壁板或地板连接管道时，应设置防水套管。

在室外明设的给水管道，应避免受阳光直接照射，塑料给水管还应有有效保护措施。在结冻地区管道应做保温层，保温层的外壳应密封防渗。

第七节　消　防　给　水

一、城市消防给水系统

（一）城市消防给水系统分类

室外消防给水管道可采用高压、临时高压和低压管道。城镇、居住区、企事业单位的室外消防给水一般采用低压给水系统，与生产、生活给水管道共同使用。但是为确保供水安全，高压或临时高压给水管道应与生产、生活给水管道分开，并设置独立的消防给水管道。

1. 按水压要求分类

（1）低压消防给水系统。该系统管网平时水压较低，水枪的压力通过消防车或其他移动消防泵加压形成。消防车可通过两种形式从低压给水管网消火栓内取水：一是直接用吸水管从消火栓上吸水；二是用水带接上消火栓向消防车水罐内灌水。为满足消防车吸水的需要，低压给水管网最不利点处消火栓的压力不应小于 0.1MPa，压头为 10m（自地面算起）。一般城镇和居住区多采用这种管网。

（2）高压消防给水系统。该系统管网内经常保持足够的压力，火场上不需使用消防车或其他移动式水泵加压，直接由消火栓接出水带、水枪灭火。当建筑高度小于等于 24m 时，室外高压给水管道的压力应保证生产、生活、消防用水量达到最大，且水枪布置在保护范围内任何建筑物的最高处时，水枪的充实水柱不应小于 10m。当建筑物高度大于 24m 时，应结合室内消防设备扑救火灾。该系统要求管网内长年保持灭火必需的压力，消防时不需起动消防水泵系统。此种系统不需设置消防水箱，管网内水压高，需用耐高压材料设备，故较少采用。

（3）临时高压消防给水系统。该系统平时水压不高，通过高压消防水泵加压，使管网内的压力达到高压给水管道的压力要求。当城镇、居住区或企事业单位有高层建筑时，可以采用室外和室内均为高压或临时高压的消防给水系统，也可以采用室内为高压或临时高压，而室外为低压的消防给水系统。该系统管网内平时压力不高，在火灾未发生时以低压供水，在火灾发生时，起动消防泵，达到消防灭火的要求。

2. 按管网平面布置分类

（1）环状消防给水管网。城镇市政给水管网、建筑物室外消防给水管网应布置成环状管网，管线形成若干闭合环，供水安全可靠，其供水能力较枝状管网提高 1.5～2.0 倍。但室外消防用水量不大于 15L/s 时，可布置成枝状管网。输水干管向环状管网输水的进水管不应少于两条，输水管间要保持一定距离，并应设置连接管。接市政消火栓的环状给水管网的管径不应小于 $DN150$；当城镇人口少于 2.5 万人时，给水管网的管径可适当减小，但不应小于 $DN100$。

（2）枝状消防给水管网。在建设初期、分期建设较大工程或是室外消防用水量不大的情况下，室外消防供水管网可以布置成枝状管网。水流在管网内向单一方向流动，当管网检修或损坏时，其他地方就会断水，供水安全性较差。所以，应限制枝状管网的使用范围。接市政消火栓的枝状管网的管径不应小于 $DN200$；当城镇人口少于 2.5 万人时，给水管网的管径可适当减小，但不应小于 $DN150$。

（二）室外消火栓给水量计算

为保证消防用水量，城市消防给水必须有可靠的水源。在城乡规划区域范围内，市政消防给水与市政给水管网同步规划、设计与实施。水源可采用城市给水管网。如果城市有天然水体，如河流、湖泊等，水量能满足消防用水要求，这些天然水体也可作为消防水源。若上述两种水源不能满足消防用水量的要求，需利用消防贮水池供水。

消防贮水池容量应满足火灾延续时间内消防用水量的要求。延续时间按照规范要求选用：居住区、工厂及难燃仓库应按 2h 计算；易燃、可燃物品仓库应按 3h 计算；易燃、可燃材料的露天、半露天堆场应按 6h 计算。

消火栓设计流量应根据建筑物的功能、体积、耐火等级、火灾危险性等因素综合分析确定。

1. 城镇市政消防给水流量

同一时间内的火灾发生起数和一起火灾灭火设计流量经计算确定。同一时间内的火灾起数和一起火灾灭火设计流量应满足表 1-7-1 的规定。

表 1-7-1　　　　城镇同一时间内的火灾起数和一起火灾灭火设计流量

人数 N/万人	同一时间内火灾起数/起	一起火灾灭火设计流量/(L/s)	人数 N/万人	同一时间内火灾起数/起	一起火灾灭火设计流量/(L/s)
≤1.0	1	15	20.0<N≤30.0	2	60
1.0<N≤2.5	1	20	30.0<N≤40.0	2	75
2.5<N≤5.0	2	30	40.0<N≤50.0	2	75
5.0<N≤10.0	2	35	50.0<N≤70.0	3	90
10.0<N≤20.0	2	45	>70.0	3	100

2. 建筑物室外消火栓设计流量

建筑物室外消火栓的设计流量，应根据建筑物的用途功能、体积、耐火等级、火灾危险性等因素综合分析确定。建筑物室外消火栓设计流量应满足表 1-7-2 的规定。

表 1-7-2 　　　　　　　　　　　建筑物室外消火栓设计流量 　　　　　　　　　　单位：L/s

耐火等级	建筑物名称和类别			建 筑 体 积 V/m³					
				≤1500	1500<V≤3000	3000<V≤5000	5000<V≤20000	20000<V≤50000	V>50000
一级、二级	工业建筑	厂房	甲、乙	15	20	25	30	35	
			丙	15	2	25	30	35	
			丁、戊	15					20
		仓库	甲、乙	25				—	
			丙	15		25		35	45
			丁、戊	15					30
	民用建筑	住宅		15					
		公共建筑	单层及多层	15		25		30	40
			高层	—			25	30	40
	地下建筑（包括地铁）、平战结合的人防工程			15			20	25	30
三级	工业建筑	乙、丙		15	20	30	40	45	—
		丁、戊		15			20	25	35
	单层及多层民用建筑			15		20	25	30	
四级	丁、戊类工业建筑			15		20	25	—	
	单层及多层民用建筑			15		20	25	—	

3. 构筑物消防给水设计流量

以煤、天然气、石油及其产品为原料的工艺生产装置的消防给水设计流量，应根据其规模、火灾危险性等因素综合确定，且应为室外消火栓设计流量、泡沫灭火系统和固定冷却水系统等灭火系统的设计流量之和。

（三）消防给水管网

1. 管网布置

市政消防给水管网一般都是与生活、生产给水管网结合设置，市政消防给水管网宜为环状管网，当城镇人口少于 2.5 万人时可为枝状，有特殊要求的消防给水管网可以设置独立系统。

向环状管网供水的输水干管不应少于两条，当其中一条发生故障时，其余的输水干管仍能满足消防给水设计流量。消防给水管道的最小管径应不小于 100mm。

室外消防给水采用两路消防供水时应采用环状管网，但当采用一路消防供水时可采用枝状管网。

2. 消火栓

市政消火栓宜设置在道路的一侧，并靠近十字路口，当市政道路宽度超过 60m 时，应在道路的两侧交叉错落设置市政消火栓；市政消火栓的间距不应大于 120m，保护半径不应大于 150m；消火栓距路边不应大于 2m，不宜小于 0.5m，距离建筑外墙或外墙边缘不宜小于 5m。地下式消火栓应有明显的永久性标志。

建筑室外消火栓的数量应根据室外消火栓设计流量和保护半径经计算确定，保护半径不应大于150m，每个室外消火栓的用水量宜按10～15L/s计算。

室内消火栓应设在楼梯间、走道等明显且易于取用的地点，消火栓的数量应能满足两股消火栓的充实水柱同时到达室内的任何部位。但建筑高度小于24m且体积小于5000m³的仓库、建筑高度小于等于54m且每单元设置一部疏散楼梯的住宅，可采用一只消防水枪的1股充实水柱到达室内任何部位。

3. 消防水池

消防水池可设于室外地下或地面上，也可设在室内地下室，一般用在消防水源的水量、水压不满足规范的情况下，消防用水与其他用水合用的水池应有确保消防用水不挪作他用的技术措施。消防水池的容积超过1000m³时，应分设成两个或两格。

4. 水泵接合器

水泵接合器是消防车向建筑内管网送水的接口设备。当建筑遇特大火灾，消防水量供水不足或消防泵发生故障时，须用消防车抽取消火栓或消防水池的水，通过水泵接合器来补充建筑中灭火水量。超过四层的厂房和库房、高层工业建筑、高层民用建筑、设有消防管网的住宅及超过五层的其他民用建筑，其室内消防管网应设水泵接合器。消防给水为竖向分区供水时，在消防车供水压力范围内的分区，应分别设置水泵接合器；当建筑高度超过消防车供水高度时，消防给水应在设备层等方便操作的地点设置手抬泵或移动泵接力供水的吸水和加压接口。

水泵接合器的设置数量应按室内消防用水量确定。每个水泵接合器的流量应按10～15L/s计算。每种灭火系统的消防水泵接合器的设置数量应按系统设计流量经计算确定，当计算数量超过3个时，可根据供水可靠性适当减少。

水泵接合器已有标准定型产品，其接出口直径有65mm和80mm两种。水泵接合器的安装有墙壁式、地上式、地下式三种类型。如图1-7-1所示为SQ型地上式水泵接合器外形。水泵接合器应有明显的标志，以免被误认为消火栓。

水泵接合器应设在便于消防车到达和使用的地点，其周围15～40m范围内应设室外消火栓和消防水池。

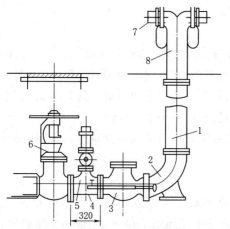

图1-7-1 SQ型地上式水泵接合器
1—法兰接管；2—弯管；3—升降式单向阀；
4—放水阀；5—安全阀；6—楔式闸阀；
7—进水用消防接口；8—本体

二、消火栓消防给水系统

消火栓消防给水系统设置在建筑物内。由于建筑高度和消防车扑灭火灾能力的限制，可将系统分为临时高压系统和高压系统。在消防给水系统中，根据建筑物的具体要求，可以设置消火栓消防给水系统、自动喷水系统和水幕系统等。

（一）高、低层民用建筑的划分和火灾的救助原则

1. 高、低层民用建筑的划分

民用建筑根据其建筑高度和层数可分为单层、多层民用建筑和高层民用建筑。高层民用建筑根据其建筑高度、使用功能和楼层的建筑面积可分为一类和二类。民用建筑的分类应符合表1-7-3的规定。

表 1-7-3 民 用 建 筑 的 分 类

名称	高 层 民 用 建 筑		单、多层民用建筑
	一 类	二 类	
住宅建筑	建筑高度大于54m的住宅建筑（包括设计商业服务网点的住宅建筑）	建筑高度大于27m，但不大于54m的住宅建筑（包括设置商业服务网点的住宅建筑）	建筑高度不大于27m的住宅建筑（包括设置商业服务网点的住宅建筑）
公共建筑	（1）建筑高度大于50m的公共建筑。 （2）建筑高度24m以上部分任一楼层建筑面积大于1000m^{2}的商店、展览、电信、邮政、财贸金融建筑和其他多种功能组合的建筑。 （3）医疗建筑、重要公共建筑。 （4）省级以及以上的广播电视和防灾指挥调度建筑、网局级和省级电力调度建筑。 （5）藏书超过100万册的图书馆、书库	除一类高层公共建筑外的其他高层公共建筑	（1）建筑高度大于24m的单层公共建筑。 （2）建筑高度不大于24m的其他公共建筑

2. 不同高度建筑物的火灾救助原则

（1）不设室内消防给水系统的低层建筑。此类建筑高度低，规模小，其建筑火灾全靠消防车水泵或室外消火栓直接灭火、控火。

（2）室内有消防给水系统的低层建筑。此类建筑高度低、规模小，其建筑火灾主要靠消防车水泵或室外临时水泵抽吸室外水源来直接灭火、控火。室内消火栓给水系统主要用来扑救初期火灾。

（3）建筑高度为24~50m的高层建筑。此类建筑发生火灾时，应以室内"自救"为主，"外救"为辅。建筑高度超过24m时，消防车不能直接扑救火灾，此时高层建筑主要依靠室内消防设备系统灭火，同时消防车通过室外水泵接合器向室内供水，以加强室内消防力量。

（4）建筑高度为50~100m的高层建筑。此类建筑发生火灾时，室内消防应该完全靠"自救"。当建筑高度超过50m时，室外消防设备无法向室内消防给水管网供水。为此，室内消防水泵给水系统应具备独立扑灭室内火灾的能力。

（5）建筑高度超过100m的高层建筑。此类建筑应设置"全自救"消防系统，并以扑灭初期火灾为重点。

（二）消火栓消防给水系统设置范围

建筑物内部设置以水为灭火剂的消防给水系统是最经济有效的方法。根据我国常用消防车的供水能力，10层以下的住宅建筑、建筑高度不超过24m的其他民用建筑和工业建筑的室内消防给水系统，属于低层建筑室内消防给水系统。其主要任务是：扑灭建筑物初期火灾，对于较大火灾还要求助于城市消防车赶到现场扑灭。我国《建筑设计防火规范》（GB 50016—2014）规定，下列建筑物必须设置室内消防给水系统：

（1）建筑占地面积大于300m^{2}的厂房、仓库。

（2）高层公共建筑和建筑高度大于21m的住宅建筑。

（3）体积超过5000m³的车站、码头、机场的候车（船、机）建筑、展览建筑、商店建筑、旅馆建筑、医疗建筑和图书馆建筑等单、多层建筑。

（4）特等、甲等剧场，超过800个座位的其他等级的剧场和电影院等以及超过1200个座位的礼堂、体育馆等单、多层建筑。

（5）建筑高度大于15m或体积超过10000m³的办公建筑、教学建筑和其他单层、多层民用建筑。

（6）作为国家级重点文物保护单位的砖木或木结构的古建筑，宜设置室内消火栓系统。

（三）消火栓消防给水系统的组成

消火栓消防给水系统由给水管网、消火栓、消防水箱、消防水池及消防水泵等组成。

（1）给水管网。给水管网应采用水平或立式环网，设不少于两条进水管并附有水泵及水箱等设备，立管靠近消火栓，确保供水防火安全。

（2）消火栓箱。消火栓箱主要由水枪、水带和消防龙头等组成，均安装于消火栓箱内。常用消火栓箱一般用铝合金或钢板制作而成，外装玻璃门，门上应有明显的标志，箱内水带和水枪平时应安放整齐，箱内设有消防水泵按钮及火灾报警按钮，如图1-7-2所示。

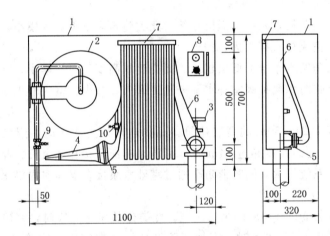

图1-7-2 带消防软管卷盘的室内消火栓箱

1—消火栓箱；2—消防软管卷盘；3—消火栓；4—水枪；5—水带接口；6—水带；7—挂架；

8—消防水泵按钮及火灾报警按钮；9—SNA25消火栓；10—小口径水枪

水枪常用铜、铅或塑料制成。水枪是灭火的重要工具，一般为直流式，其作用在于收缩水流，产生灭火需要的充实水柱。水枪喷嘴口径有11mm、13mm、16mm、19mm四种。另一端配有和水带相连的接口。口径为11mm、13mm的水枪配备50mm水带，口径为16mm的水枪可配50mm或65mm水带，口径为19mm的水枪配备65mm水带。

水带口径有50mm、65mm两种，水带长度一般为15m、20m、25m、30m四种。水带材质有麻织和化纤两种，有衬胶与不衬胶之分。

消防龙头为内扣式接口的球形阀式龙头。双出口的消火栓箱如图1-7-3所示。

水枪、水带、消火栓和消防卷盘一起设于带有玻璃门的消防箱内。安装高度为消火栓栓口中心距地面1.1m。

（3）消防水箱。消防水箱对扑灭初期火灾有着重要的作用。消防水箱可设在建筑物的最高部位，依靠重力自流灭火。消防水箱与其他用水共同使用时，应有消防用水不作他用的技术设施。水箱的安装高度应满足室内最不利点消火栓所需的水压要求，且应储存能使用10min的室内消防用水量。临时高压消防给水系统的高位消防水箱的有效容积应满足初期火灾消防用水量的要求：①一类高层公共建筑不应小于36m³，但当建筑高度大于100m时，不应小于50m³，当建筑高度大于150m时，不应小于100m³；②多层公共建筑、二类高层公共建筑和一类高层住宅，不应小于18m³，当一类高层住宅建筑高度超过100m时，不应小于36m³；③二类高层住宅，不应小于12m²，建筑高度大于21m的多层住宅，不应小于6m³。

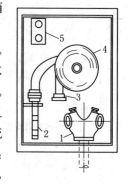

图1-7-3 双出口
消火栓箱
1—双出口消火栓；
2—水枪；3—水带
接口；4—水带
5—按钮

（4）消防水泵。室内消火栓灭火系统的消防水泵房宜与其他水泵房合建，以便于管理。高层建筑的室内消防水泵房，宜设在建筑物的地下室。

必须注意，在同一建筑物内的消防器材均要使用统一规格，以免消防急用时器材接装困难，延误灭火时间，造成损失。

（四）消火栓消防给水系统的给水方式

消火栓消防给水系统是在建筑物内使用最广泛的一种室内消防给水系统。该系统由消防水源、消防管道（进户管、干管、支管、横支管）、室内消火栓、水泵、水箱和水泵接合器等组成。常采用生活或生产与消防共用系统，简化管道设备，降低造价，但消防要求严格或采用的系统在经济技术上不合理时，可采取独立设置消防系统。

室内消火栓消防给水系统的给水方式和适用条件见表1-7-4。

表1-7-4　　　　　室内消火栓消防给水系统的给水方式和适用条件

序号	给水方式	图　示	适用条件
1	室外给水管网直接供水的生活-消防共用给水系统	给水立管　消火栓立管　室内管网　室外给水管网	室外给水管网提供的水量和水压能满足室内消火栓给水系统在任何时候所需的水量、水压的要求时

27

续表

序号	给水方式	图　示	适用条件
2	单设水箱的消火栓给水方式		水压变化较大，室外管网不能保证室内最不利点消火栓的压力和流量时
3	设水泵、水箱的消火栓给水方式		室外管网的水压和流量经常不能满足室内消火栓给水系统的水压和水量要求时

（五）消火栓消防给水系统布置

消火栓应设置在建筑物中经常有人通过、明显且使用方便之处，如走廊、楼梯间、门厅及消防电梯等处，应标有鲜明"消火栓"字样，平时封锁，使用时击破玻璃，按开关启动水泵，取枪开栓灭火。

1. 水枪的充实水柱

消火栓设备的水枪射流需要有一定强度的密实水流才能有效地扑灭火灾。水枪射流在26～38mm 直径圆断面内，包含全部水量 75%～90% 的密实水柱长度即水枪的充实水柱，用 H_m 表示，如图 1-7-4 所示。当水枪的充实水柱长度小于 7m 时，火场的辐射热使消防人员无法接近着火点，达不到有效灭火的目的；当水枪的充实水柱长度大于 15m 时，射流的反作用力使消防人员无法把握水枪灭火。各类建筑要求的水枪充实水柱长度为：高层建筑、厂房、库房和室内净空高度超过 8m 的民用建筑等场所，消火栓栓口动压不应小于 0.35MPa，且消防水枪充实水柱应按 13m 计算；其他场所，消火栓栓口动压不应小于 0.25MPa，且消防水枪充实水柱应按 10m 计算。

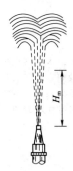

图 1-7-4
水枪垂直
射流组成

2. 消火栓的保护半径

消火栓设备的水枪射出的充实水柱必须到达建筑物的任何位置，覆盖全部建筑面积。消火栓的保护半径为

$$R = L_h + L_p \qquad (1-7-1)$$

其中

$$L_p = L_c \cos 45° = 0.71 L_c \qquad (1-7-2)$$

式中　R——消火栓的保护半径，m；

　　　L_h——水带长度，m，考虑到水带的转折，一般乘以折减系数 0.8～0.9；

　　　L_p——水枪充实水柱在平面上的投影长度，水枪上倾角一般按 45° 计，如图 1-7-5 所示，m；

　　　L_c——充实水柱长度，m。

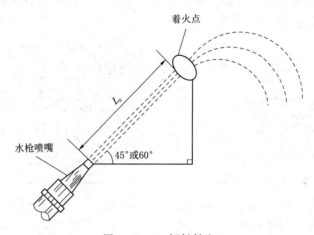

图 1-7-5　倾斜射流

3. 消火栓的间距

室内只设一排消火栓，要求有一股水柱到达同层内任何部位，消火栓的间距按如图 1-7-6 所示方法布置，并按式（1-7-3）计算：

$$L_1 \leqslant 2\sqrt{R^2 - b^2} \qquad (1-7-3)$$

式中　L_1——消火栓间距，m；

　　　R——消火栓保护半径，m；

　　　b——消火栓最大保护宽度，m。

室内只设一排消火栓，而要求有两股水柱同时到达同层内任何部位时，消火栓的间距按如图 1-7-7 所示方法布置，并按式（1-7-4）计算。

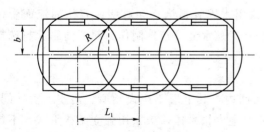

图 1-7-6　单排一股水柱到达同层内任何
部位时的消火栓布置间距

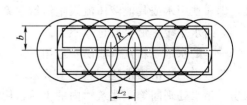

图 1-7-7　单排两股水柱时的
消火栓布置间距

$$L_2 \leqslant \sqrt{R^2 - b^2} \qquad (1-7-4)$$

式中　L_2——消火栓间距，m；

　　　b——消火栓最大保护宽度，m。

当房间宽度较宽，需要布置多排消火栓，且要求有一股水柱达到同层内任何部位时，消火栓的间距按如图 1-7-8 所示方法布置，并按式（1-7-5）计算：

$$L_n \leqslant \sqrt{2}R \qquad (1-7-5)$$

式中　L_n——多排消火栓一股水柱时的消火栓间距，m。

当室内需要布置多排消火栓，且要求有两股水柱到达同层内任何部位时，可按如图 1-7-9 所示方法布置。

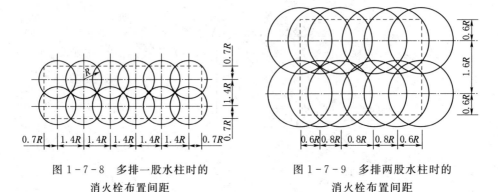

图 1-7-8　多排一股水柱时的　　　　　图 1-7-9　多排两股水柱时的
　　　消火栓布置间距　　　　　　　　　　　消火栓布置间距

第八节　水质污染防护措施

供饮用、烹饪、盥洗、洗涤、沐浴等用途的生活用水，其水质应满足《生活饮用水卫生标准》（GB 5749—2006）的规定。供直接饮用和烹饪用水的直饮水，其水质应满足《饮用净水水质标准》（CJ 94—2005）的要求。供冲厕、绿化、洗车或路面等生活杂用水，其水质应满足《城市污水再生利用　城市杂用水水质》（GB/T 18920—2002）和《城市污水再生利用　景观环境用水水质》（GB/T 18921—2002）的要求。工业用水水质标准种类繁多，通常根据生产工艺要求制定，在使用时应满足相应工艺要求。

建筑生活给水系统中，供水水质污染的主要原因包括：①贮水池（箱）设计不当，维护管理不到位，贮水停留时间过长；②生活饮用水因管道内产生虹吸、背压回流而受污染，即非饮用水或其他液体流入生活给水系统；③贮水池（箱）制作材料或防腐涂料选择不当，给水系统管道材质选择不当。

一、贮水池（箱）水质防护措施

建筑内的生活用水池（箱）宜设在专用房间内，其上层不应设厕所、浴室、盥洗间、厨房、污水处理间等。建筑物内的生活饮用水水池（箱）体，应采用独立结构形式，不得利用建筑物的本体结构作为水池（箱）的壁板、底板及顶盖。

供单体建筑的生活饮用水池（箱）应与其他用水的水池（箱）分开设置，不得接纳消防管道试压水、泄压水等回流水或溢流水。贮水更新周期不得超过 48h，否则应设置水消毒处理装置。

贮水池（箱）的入孔、通气管、溢流管应有防止生物进入水池（箱）的措施，进水管宜在水池（箱）的溢流水位以上接入；进出水管布置不得产生水流短路，必要时应设导流装置；泄水管和溢流管的排水应符合有关规定。

埋地式生活饮用水贮水池周围 10m 以内，不得有化粪池、污水处理构筑物、渗水井、垃圾堆放点等污染源；周围 2m 以内不得有污水管和污染物。当达不到此要求时，应采取防污染的措施。

二、回流污染防止措施

（1）各给水系统（生活给水、直饮水、生活杂用水等）应自成系统，不得串接，严禁城镇给水管道与自备水源的供水管道直接连接。

严禁采用非专用冲洗阀直接连接冲洗生活饮用水管道与大便器（槽）、小便斗（槽），饮用水管道不应布置在易受污染处。生活饮用水管道应避开毒物污染区，受条件限制不能避开时，应采取防护措施。

不允许非饮用水管从贮水设备中穿过，防止饮用水管道与非饮用水管道误接，非饮用水管道上的放水口应有明显标志，避免误用和误饮。

（2）卫生器具和用水设备、构筑物等的生活饮用水管配水件出水口，不得被任何液体或杂质淹没；出水口高出承接用水容器溢流边缘的最小空气间隙，不得小于出水口直径的 2.5 倍。

生活饮用水水池（箱）的进水管口的最低点高出溢流边缘的空气间隙应等于进水管管径，可不大于 150mm，但不应小于 25mm。当进水管从最高水位以上进入水池（箱），管口为淹没出流时，应采取真空破坏器等防虹吸回流措施。无虹吸回流的低位生活饮用水贮水池，其进水管不受本条限制，但进水管仍宜从最高水面以上进入水池。

从生活饮用水管网向消防、中水和雨水回用水等其他用水的贮水池（箱）补水时，其进水管口最低点高出溢流边缘的空气间隙不应小于 150mm。溢流管、泄空管不能与污水管直接连接，均应设空气隔断装置。

（3）从室外生活饮用水管道上直接连接引入管、水泵的吸水管、有压容器或密闭容器注水的进水管时，应在适当部位设置倒流防止器。建筑物内生活饮用水管道系统上，单独接出消防用水管道或从生活饮用水贮水池抽水的消防水泵出水管，应设置倒流防止器。

生活饮用水管道系统接至存在对健康有危害的物质的有害有毒场所或设备时，应设置倒流防止设施；从建筑物内生活饮用水管道上直接出消防（软管）卷盘时，应在用水管道上设置真空破坏器。

三、设备、管材

生活给水设备、管材的选择原则是安全、可靠和卫生，同时兼顾经济性，卫生性能应满足有关规定。水池（箱）材质、衬砌材料和内壁涂料不得影响水质。

第九节 中 水 系 统

"中水"一词来源于日本，因其水质介于"上水（供水）"和"下水（排水）"之间，相应的技术为中水道技术。对于淡水资源缺乏、城市供水严重不足的缺水地区，采用中水道技术既能节约资源，又能使污水无害化，是防治水污染的重要途径。

20世纪80年代末至20世纪末，是我国中水技术规范初步建立和中水工程建设推进的阶段。北京等城市提出了中水设施建设管理试行办法。1991年建设部中国工程建设标准化协会发布了《建筑中水设计规范》（CECS 30：91），1994年提出《城市污水回用设计规范》（CECS 61：94），1995年建设部发布了《城市中水设施管理暂行办法》，推动了我国中水技术的发展和中水工程的建设。据1998年北京市节水办公室对94项中水设施的调查，处理水量已达 $1.75 \times 10^4 \mathrm{m}^3/\mathrm{d}$。我国现行的是《建筑中水设计标准》（GB 50336—2018）。

一、建筑中水的概念

中水是各种排水经适当处理后达到规定的水质标准后回用的水。建筑中水是指民用建筑或建筑小区使用后的较洁净的水（淋浴、洗脸等排水），经处理后用于建筑物或建筑小区作为杂用的供水系统，可作为生产、生活、市政、环境等范围内冲厕、洗车、绿化、消防、道路浇洒、空调冷却的杂用水。

使用中水，既可以节约水资源，又可以减轻水污染的环境，具有明显的经济效益和社会效益。

二、中水系统的基本类型

中水系统根据其服务范围可以分为三类：建筑中水系统、小区中水系统和城镇中水系统。

建筑中水系统是指单幢建筑物或几幢相邻建筑物所形成的中水系统，系统框图如图1-9-1所示。建筑中水系统适用于建筑内部采用分流制的系统，生活污水单独排入城市排水管网或化粪池。水处理设施设在地下室或邻近建筑物的外部。目前，建筑中水系统主要在宾馆、饭店中使用。

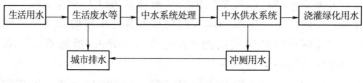

图1-9-1　建筑中水系统

根据居住小区所在城镇排水设施的完善程度，确定室内排水系统，但应使居住小区给水排水系统与建筑内部给水排水系统相配套。居住小区和建筑内部供水管网为生活饮用水和杂用水双管配水系统，称为小区中水系统。此系统多用于居住小区、机关大院和高等院校等，系统框图如图1-9-2所示。

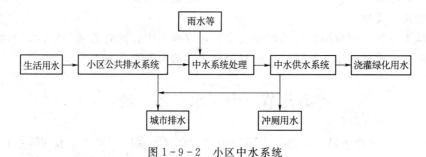

图1-9-2　小区中水系统

城镇中水系统以城镇二级生物处理污水厂的出水和部分雨水为中水水源，经提升后送到中水处理站，达到生活杂用水水质标准后，供本城镇作杂水使用，系统框图如图1-9-3所示。

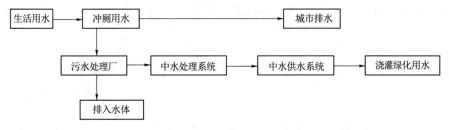

图 1-9-3　城镇中水系统

三、中水系统的组成

中水系统由中水水源、中水处理设施和中水供水三部分组成。中水水源系统是指收集、输送中水水源到中水处理设施的管道系统和一些附属构筑物。根据中水水源的水质，中水水源系统可分为污废水分流和合流制两类。合流制是以全部排水为中水水源，集取容易，不需要另设污水、废水分流排水管道，管网建设费用大大减少。我国的中水试点工程是以生活排水作为中水水源的，后经不断实践，发现中水水源系统宜采用污废水分流制。

建筑物、居住小区、城镇排放的优质杂排水或杂排水经处理后，可以满足其自身杂用水水量的需求。中水处理流程简单，处理设施少，占地面积小，降低了造价；同时，还减少了污泥处理困难及产生臭气对环境的影响，容易实现处理设施设备化、管理自动化；另外，可保障处理后的中水供水水质，特别是以优质杂排水或杂排水作为中水水源的水质容易被用户接受。所以，采用分流制的中水水源系统适合我国的经济水平和管路水平。

中水处理设施的设置应根据中水水源水量、水质和使用要求等因素，经过技术经济比较后确定。一般将整个处理过程分为预处理、主处理和后处理三个阶段。

预处理主要截留大的漂浮物、悬浮物等杂物。其工艺包括格栅或滤网截留、油水分离、毛发截留、调节水量、调整 pH 值等。

主处理是去除水中的有机物、无机物等。按采用的处理工艺，构筑物有沉淀池、混凝池、生物处理技术、消毒设施等。

后处理是中水供水水质很高时进行的深度处理，常用的工艺有过滤、膜分离、活性炭吸附等。

中水供水系统应单独设立，包括配水管网、中水贮水池、中水高位水箱、中水泵站或中水气压给水设备。中水供水系统的供水方式、系统组成、管道敷设方式及水压力计算与给水系统基本相同，只是在供水范围、水质、使用等方面有些限定和特殊要求。

思　考　题

1. 简述建筑内部生活给水系统设计的步骤和方法。

2. 如何确定高位水箱、贮水池的容积？

3. 建筑生活给水设计秒流量的计算方法有几种？各适用于什么情况？

4. 建筑生活给水系统中，供水水质污染的主要原因及防止措施分别是什么？

5. 简述建筑给水系统的组成和压力计算的方法。

6. 建筑给水管道布置与敷设的基本要求有哪些？

第二章 排 水 工 程

第一节 室外排水工程概述

日常生活使用过的水叫生活污水，含有大量的有机物及细菌、病原菌、氮、磷、钾等污染物质。工业生产使用过的水叫工业废水，其中污染较轻的叫生产废水，污染较严重的叫生产污水。前者在使用过程中仅有轻微污染或温度升高，后者则含不同浓度的有毒有害及有用物质，成分随产品及生产工艺的不同而异。雨水虽较清洁，但降雨初期流经道路、屋面及工业企业时，因挟带流经地区的特有物质而受到污染，排泄不畅时还会形成水灾。城市污水是生活污水与工业废水泄入城市排水管道后形成的混合污水。所有污水，如不予任何控制而肆意排放，则势必对环境造成污染和破坏，严重者将造成公害，既影响生产，影响生活又危及人体健康。因此室外排水工程的基本任务是保护环境免受污染、促进工农业生产的发展、保证人体健康、维持人类生活和生产活动的卫生环境。其主要内容为：收集各种污水并及时输送到适当地点，设置处理厂（站）进行必要的处理。为系统地排除污水而建设的一整套工程设施称为排水系统，由排水管网和污水处理系统组成。管道系统是收集和输送废水的设施，即把废水从产生地输送到污水处理厂或出水口，包括排水设备、检查井、管渠、污水提升泵站等工程设施。污水处理系统是处理和利用废水的设施，包括城市及工业企业污水处理厂、站中的各种处理构筑物等工程设施。如图 2-1-1 所示为城市污水排水系统总平面示意图。

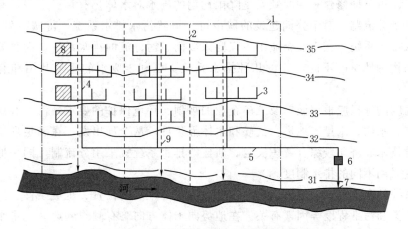

图 2-1-1 城市污水排水系统总平面示意图
1—城市边界；2—排水流域分界线；3—支管；4—干管；5—主干管；
6—污水处理厂；7—出水口；8—工厂区；9—雨水管

排水系统排水制度一般分为合流制与分流制两种类型。

合流制是将生活污水、工业废水和雨水排泄到同一个管渠内的系统。最早出现的合流制排水系统是将泄入其中的污水和雨水不经处理而直接就近排入水体。由于污水未经处理即行排放，使受纳水体遭受严重污染。为此在改造合流制排水系统时常采用设置截流干管的方法，把晴天和雨天初期降雨时的所有污水都输送到污水处理厂，经处理后再排入水体。当管道中的雨水径流量和污水量超过截流管的输水能力时，则有一部分混合污水自溢流井溢出，直接泄入水体。这就是截流式合流制排水系统［图 2-1-2（a）］，这种系统仍不能彻底消除对水体的污染。

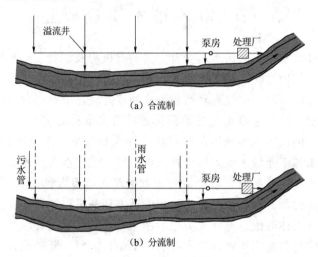

图 2-1-2　合流制与分流制排水系统

分流制排水系统是将生活污水、工业废水和雨水分别在两个或两个以上各自独立的管渠内排除的系统。排除生活污水、工业废水或城市污水的系统称为污水排水系统；排除雨水的系统称为雨水排水系统［图 2-1-2（b）］。其优点是污水能得到全部处理，管道水力条件较好，可分期修建；主要缺点是降雨初期的雨水对水体仍有污染。我国新建城镇和工矿区宜采用分流制。对于分期建设的城市可先设置污水排水系统，待城市发展成型后，再增设雨水排水系统。在工业企业中不仅要采取雨、污分流的排水系统，而且要根据工业废水化学和物理性质的不同，分设几种排水系统，以利于废水的重复利用和有用物质的回收。

排水制度的选择应根据城镇及工矿企业的规划、环境保护的要求、污水利用情况、原有排水设施、水质、水量、地形、气候和水体等条件，从全局出发，在满足环境条件的前提下，通过技术经济比较综合考虑决定。新建的排水系统宜采用分流制，同一城镇的不同地区，也可采用不同的排水制度。

排水系统的布置形式与地形、竖向规划、污水处理厂的位置、土壤条件、河流情况以及污水的种类和污染程度等因素有关。在地势向水体方向略有倾斜的地区，排水系统可布置为正交截流式［图 2-1-3（a）］，即干管与等高线垂直相交，主干管（截流管）敷设于排水区域的最低处，且走向与等高线平行。这样既便于干管污水的自流接入，又可以减小截流管的埋设坡度。

在地势向水体方向有较大倾斜的地区，可采用平行式布置，即主干管与等高线垂直，而干管与等高线平行。虽然主干管的坡度较大，但可设置为数不多的跌水井来改善干管的

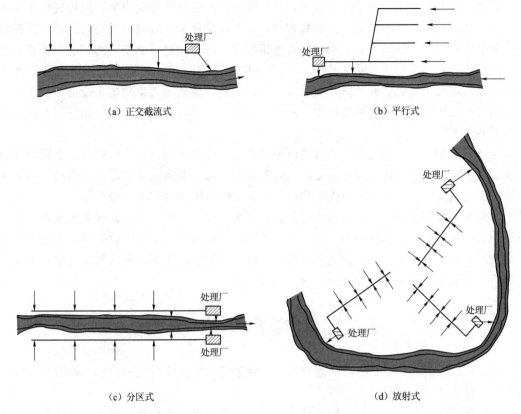

(a) 正交截流式　　　　　　　　　　　(b) 平行式

(c) 分区式　　　　　　　　　　　　(d) 放射式

图 2-1-3　排水管网主干管布置示意图

水力条件 ［图 2-1-3 (b)］。

　　在地势高低相差很大的地区，污水不能靠重力流汇集到同一条主干管时，可分别在高区和低区敷设各自独立的排水系统。

　　此外，还有分区式及放射式等布置形式，如图 2-1-3 (c)、(d) 所示。

　　排水管网的布置应遵循下述原则：污水应尽可能以最短距离并以重力流的方式排泄到污水处理厂；管道埋设应尽可能平行于地面的自然坡度，以减少管道埋深；地形平坦处的小流量管道应以最短路线与干管相接；当管道埋深达到最大允许值时，如再继续挖深则将增加施工的难度且不经济，应考虑设置污水泵站中途提升，但应尽量减少泵站的数量；管道应尽量避免或减少穿越河道、铁路及其他地下构筑物；当城市分期建设时，第一期工程的干管内应有较大的流量通过，以免因初期流速太小而影响管道的正常排水。为检查及清通排水管网，在管道坡度改变处、转弯处、管径改变以及支管接入等处应设置排水检查井。直线管段内排水检查井间的距离与管径大小有关，就污水管而言，当管径 $D \leqslant 800\text{mm}$ 时，最大井距为 50m；当 $800\text{mm} < D \leqslant 1500\text{mm}$ 时，最大井距为 90m；当 $1500\text{mm} < D \leqslant 2000\text{mm}$ 时，最大井距为 120m；当 $D > 2000\text{mm}$ 时，井距可适当增大。

　　污水处理厂是处理和利用污水及污泥的一系列工艺构筑物与附属构筑物的综合体。城市污水处理厂一般设置在城市河流的下游地段，并与居民区或城市边界保持一定的卫生防护距离。

污水处理就是采用各种手段和技术，将污水中的污染物质分离出来，或将其转化为无害物质，从而使污水得到净化。污水处理技术按作用原理可分为物理处理法、化学处理法和生物处理法。物理处理法就是利用物理作用分离污水中的悬浮物质，如筛滤、沉淀、气浮、过滤等；化学处理法是利用化学反应的作用来分离、回收污水中的污染物质，如中和、混凝、电解、氧化还原及离子交换等；生物处理法是利用微生物的生命活动，使污水中的溶解、胶体状态的有机物质转化为稳定、无害的物质，可分为好氧生物处理和厌氧生物处理两大类。

生活污水和工业生产污水中所含的污染物质是多种多样的，一种污水往往要用由几种方法组成的处理系统，才能达到所要求的处理程度。对某种污水而言，应考虑污水的水质和水量、回收其中有用物质的可能性和经济性、受纳水体的可利用自净容量，并通过调查研究、科学实验和经济比较后方可决定其处理工艺流程。在城市污水处理典型流程中，物理处理为一级处理，生物处理为二级处理，而污泥的处理采用厌氧生物处理。为缩小污泥消化池的容积，二沉池的污泥在进入消化池前需进行浓缩。消化后的污泥经脱水和干燥后可进行综合利用，污泥气可做化工原料或燃料使用。

第二节　建筑排水系统的分类

建筑排水系统的任务是排除居住建筑、公共建筑和生产建筑内的污水。按所排除的污水性质，建筑排水系统可分为三种。

（1）生活污水管道，排除人们日常生活中产生的洗涤污水和粪便污水等，此类污水多含有有机物及细菌。

（2）生产污（废）水管道，排除生产过程中产生的污（废）水。因生产工艺种类繁多，所以生产污水的成分很复杂。有些生产污水被有机物污染，并带有大量细菌；有些含有大量固体杂质或油脂；有些含有强的酸、碱性；有些含有氰、铬等有毒元素。仅含少量无机杂质而不含有毒物质，或是仅升高了水温的生产废水（如一般冷却用水、空调制冷用水等），经简单处理就可循环或重复使用。

（3）雨水管道，排除屋面雨水和融化的雪水。

上述三种排水系统排除污水的方式采用合流还是分流，要视污水的性质、室外排水系统的设置情况及污水的综合利用和处理情况而定。一般来说，生活粪便污水不与室内雨水道合流，冷却系统的废水则可排入室内雨水道；被有机杂质污染的生产污水，可与生活粪便污水合流；对于含有大量固体杂质的污水、浓度较大的酸性污水和碱性污水及含有毒物或油脂的污水，则不仅要考虑设置独立的排水系统，而且要经局部处理达到国家规定的污水排放标准后，才允许排入城市排水管网。

第三节　建筑排水系统的组成

建筑排水系统一般由卫生器具、排水管道及附件、通气管、清通设备及某些特殊设备等组成，如图 2-3-1 所示。

一、卫生器具

卫生器具是室内排水系统的起点，接纳各种污水排入管网系统。污水从器具排出口经过存水弯和器具排水管流入横支管。

卫生器具是用来满足日常生活中洗浴、洗涤等卫生要求以及收集排除生活、生产中产生的污水的一种设备。卫生器具由陶瓷、搪瓷生铁、塑料、水磨石、不锈钢等材料制造，要求不透水、耐腐蚀、表面光滑易于清洗。

（一）便溺用卫生器具

坐式大便器有冲洗式、虹吸式和干式坐便器。水冲洗的坐式大便器本身构造包括存水弯，多装设在家庭、宾馆、旅馆、饭店等建筑内。冲洗设备一般用低水箱，如图2-3-2所示。干式大便器通过空气循环作用消除臭味并将粪便脱水处理，很适合用于无用水冲洗条件的特殊场所。

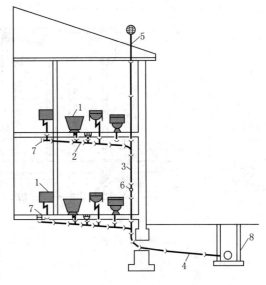

图2-3-1 建筑排水系统

1—卫生器具；2—横支管；3—立管；4—排出管；
5—通气管；6—检查口；7—清扫口；8—检查井

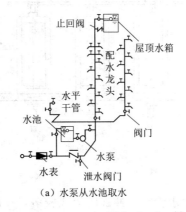

（a）水泵从水池取水

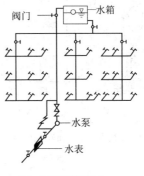

（b）水泵从管网取水

图2-3-2 低水箱坐式大便器

蹲式大便器多装设在公共卫生间、旅馆等建筑内，多使用高水箱进行冲洗，其构造及安装如图2-3-3所示。

小便器装设在公共男厕所中，有挂式和立式两种。挂式小便器悬挂在墙上，如图2-3-4（a）所示；立式小便器装置在对卫生设备要求较高的公共建筑，如展览馆、大剧院、宾馆等公共厕所男厕所内，多为两个以上成组装置，如图2-3-4（c）所示。小便器可采用自动冲洗水箱或自闭式冲洗阀冲洗，每只小便器均应设存水弯。

冲洗设备是便溺用卫生器具中的重要设备，必须具有足够的水压、水量以便冲走污物，保持清洁卫生。冲洗设备可分冲洗水箱和冲洗阀。冲洗水箱多应用虹吸原理设计制作，具有冲洗能力强、构造简单、工作可靠且可控制、自动作用等优点。由于储备了一定

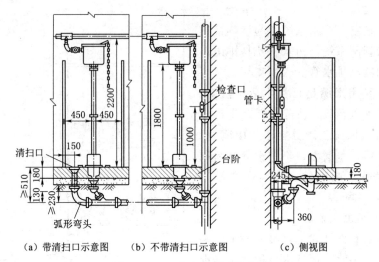

（a）带清扫口示意图　（b）不带清扫口示意图　　（c）侧视图

图 2-3-3　高水箱蹲式大便器

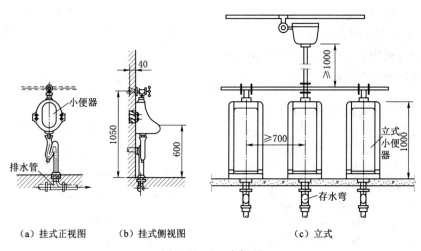

（a）挂式正视图　（b）挂式侧视图　　（c）立式

图 2-3-4　小便器

的水量，利用冲洗水箱作为冲洗设备可减少给水管径。冲洗阀形式较多，一般均直接装在大便器的冲洗管上，距地板面 0.8m。按动手柄，冲洗阀内部的通水口被打开，强力水流经过冲洗管进入便器进行冲洗。

（二）盥洗、沐浴用卫生器具

洗脸盆形状有长方形、半圆形及三角形等，按架设方式可分为墙架式、柱脚式和台式，如图 2-3-5 所示。盥洗槽通常设置在集体宿舍及工厂生活间内，多用水泥或水磨石制成，造价较低。

浴盆设在住宅、宾馆、旅馆、医院等建筑物的卫生间内，设有冷、热水龙头或混合龙头以及固定的莲蓬头或软管莲蓬头（图 2-3-6）。

淋浴器占地少、造价低、清洁卫生，因此在工厂生活间及集体宿舍等公共浴室中被广泛采用。淋浴室的墙壁和地面需用易于清洗的不透水材料如水磨石或水泥建造。如图 2-3-7 所示为淋浴器安装图。

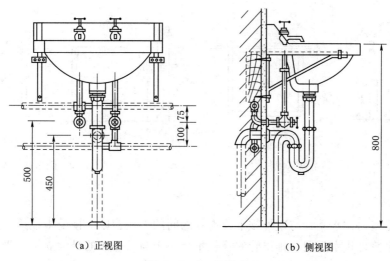

（a）正视图　　　　　　　（b）侧视图

图 2-3-5　洗脸盆

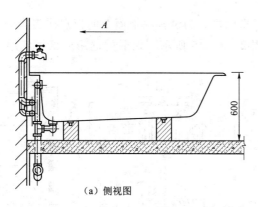

（a）侧视图　　　　　　　（b）正视图

图 2-3-6　浴盆

（三）洗涤用卫生器具

洗涤用卫生器具主要有污水盆、洗涤盆等。污水盆通常安装在公共建筑的卫生间及集体宿舍盥洗室中，供打扫厕所、洗涤拖布及倾倒污水之用；洗涤盆安装在居住建筑、食堂及饭店的厨房内，供洗涤碗碟及菜蔬食物之用。污水盆及洗涤盆安装如图2-3-8、图2-3-9所示。

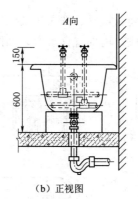

图 2-3-7　淋浴器

二、排水管道及附件

1. 横支管

横支管的作用是把从各卫生器具排水管流来的污水排至立管。横支管应具有一定的坡度。

2. 立管

立管接受各横支管排出的污水，然后再排至排出管。为了保证污水畅通，立管管径不得小于50mm，也不应小于任何一根接入的横支管的管径。

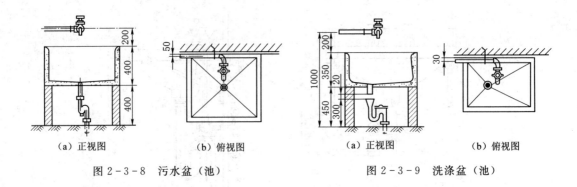

（a）正视图	（b）俯视图	（a）正视图	（b）俯视图

图 2-3-8　污水盆（池）　　　　　　　　图 2-3-9　洗涤盆（池）

3. 排出管

排出管是室内排水立管与室外排水检查井之间的连接管段，接受一根或几根立管流来的污水并排至室外排水管网。排出管的管径不得小于与其连接的最大立管的管径，连接几根立管的排出管管径应由水力计算确定。

4. 地漏

在卫生间、浴室、洗衣房及工厂车间内，为了排除地面上的积水须装置地漏。地漏一般由铸铁制成，内部有存水弯，如图 2-3-10 所示。地漏的选用应根据使用场所的特点

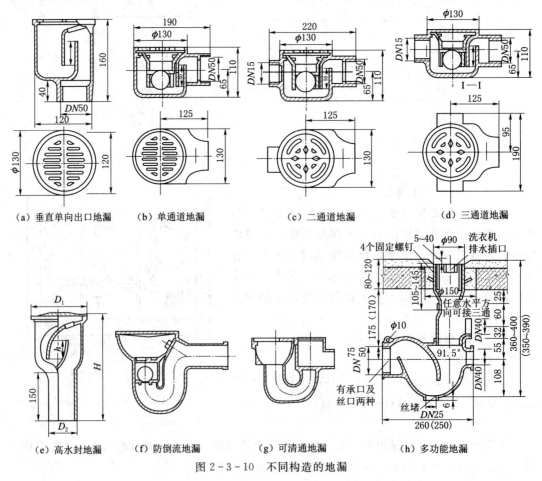

（a）垂直单向出口地漏	（b）单通道地漏	（c）二通道地漏	（d）三通道地漏

（e）高水封地漏	（f）防倒流地漏	（g）可清通地漏	（h）多功能地漏

图 2-3-10　不同构造的地漏

和所承担的排水面积等因素确定。地漏一般设置在地面最低处，地面做成0.005~0.01坡度坡向地漏，地漏箅子顶面应比地面低5~10mm。

5. 存水弯

存水弯是一种弯管，在里面存有一定深度的水（即水封）。水封可防止排水管网中产生的臭气、有害气体或可燃气体通过卫生器具进入室内，因此每个卫生器具的排出支管上均需装设存水弯（附设有存水弯的卫生器具除外）。存水弯的水封深度（即水封强度）一般不小于50mm。常用的存水弯形式如图2-3-11所示。

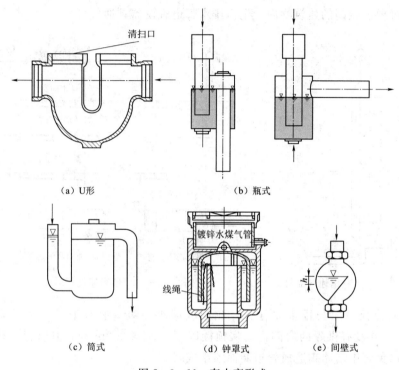

（a）U形　　　　　　　　（b）瓶式

（c）筒式　　　　　（d）钟罩式　　　　（e）间壁式

图2-3-11　存水弯形式

三、通气管

通气管的作用是：①使污水在室内外排水管道中产生的臭气及有毒害的气体能排到大气中；②使管系内在污水排放时的压力尽量稳定并接近大气压力，因而可保护卫生器具存水弯内的存水不致因压力波动而被抽吸（负压时）或喷溅（正压时）。

对于层数不多的建筑，在排水横支管不长、卫生器具数不多的情况下，将排水立管上部延伸出屋顶的通气即可［图2-3-12（a）］。排水立管上延部分称为通气管。一般建筑物内的排水管道均设通气管。仅设一个卫生器具或虽接有几个卫生器具但共用一个存水弯的排水管道，以

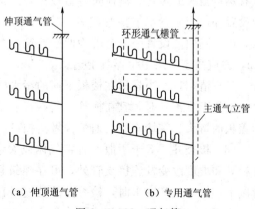

（a）伸顶通气管　　　（b）专用通气管

图2-3-12　通气管

及建筑物内底层污水单独排除的排水管道，可不设通气管。

对于多高层建筑，由于立管较长而且卫生器具设备数量较多，可能同时排水的机会多，更易使管道内压力产生波动而将器具水封破坏。故在多层及高层建筑中，除了伸顶通气管外，还应设环形通气横管或主通气立管，如图 2-3-12（b）所示。当层数为 10 层及 10 层以上且承担的设计排水流量超过排水立管允许负荷时，应设置专用通气立管，如图 2-3-13 所示，每隔两层设共轭管连接排水立管与专用通气立管。对于使用要求较高的建筑和高层公共建筑亦可设置环形通气管、主通气立管或副通气立管，如图 2-3-14 所示。在卫生、安静要求较高的建筑物内，生活排水管道宜设器具通气管。

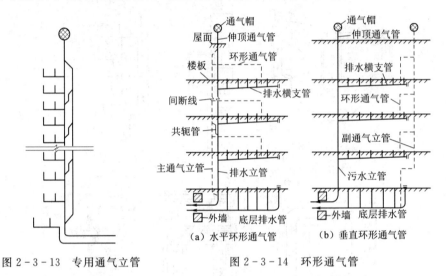

图 2-3-13　专用通气立管　　　　图 2-3-14　环形通气管

通气管的管径一般与排水立管管径相同或减小一级，但对于最冷月平均气温低于 -2℃ 的地区，在没有供暖的房间内，从顶棚以下 0.15~0.2m 起，其管径应较立管管径大 50mm，以免管中结冰霜造成管道断面缩小或阻塞。

四、清通设备

为了疏通排水管道，在室内排水系统中需设置如下三种清通设备。

（1）检查口。检查口设在排水立管上及较长的水平管段上，如图 2-3-15 所示为一带有螺栓盖板的短管，清通时将盖板打开。其装设规定为立管上除建筑最高层及最低层必须设置外，当立管水平拐弯或有乙字弯时，在该层立管拐弯处和乙字弯的上部应设检查口，可每隔两层设置一个，若为两层建筑，可在底层设置。检查口的设置高度一般距地面 1m，并应高于该层卫生器具上边缘 0.15m。

（2）清扫口。当悬吊在楼板下面的污水横管上有 2 个及 2 个以上的大便器或 3 个及 3 个以上的卫生器具时，宜在横管的起端设置清扫口，如图 2-3-16 所示。也可采用带螺栓盖板的弯头、带堵头的三通配件做清扫口。

（3）检查井。对于不散发有害气体或大量蒸汽的工业废水的排水管道，在管道转弯、变径处和坡度改变及连接支管处，可在建筑物内设检查井，如图 2-3-17 所示。在直线管段上，排除生产废水时，检查井的距离不宜大于 30m；排除生产污水时，检查井的距离不宜大于 20m。对于生活污水排水管道，在建筑物内不宜设检查井。

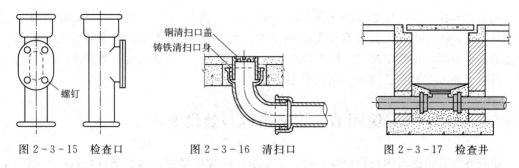

图 2-3-15 检查口　　　　图 2-3-16 清扫口　　　　图 2-3-17 检查井

五、污水抽升设备

在工业与民用建筑的地下室、人防地道和地下铁道等地下建筑物中，卫生器具的污水不能自流排至室外排水管道时，需设水泵和集水池等局部抽升设备，将污水抽送到室外排水管道中，以保证生产的正常进行，保护环境卫生。

六、污水局部处理设备与设施

当个别建筑内排出的污水（如呈强酸性、强碱性、含多量汽油、油脂或大量杂质的污水）不允许直接排入室外排水管道时，则要设置污水局部处理设备，初步改善污水水质后再排入室外排水管道，此外，当设有室外排水管网或有室外排水管网但没有污水处理厂时，室内污水也需经过局部处理后才能排入附近水体、渗入地下或排入室外排水管网。根据污水性质的不同，可以采用不同的污水局部处理设备，如沉淀池、隔油池、化粪池、中和池及其他含毒污水局部处理设备。最常见的是化粪池。

化粪池的主要作用是使粪便沉淀并发酵腐化，污水在上部停留一定时间后排走，沉淀在池底的粪便污泥经消化后定期清掏。化粪池处理污水的程度很不完善，所排出的污水仍具有恶臭。化粪池可采用砖、石或钢筋混凝土等材料砌筑。

化粪池的形式有圆形和矩形两种，通常采用矩形化粪池。为了改善处理条件，较大的化粪池往往用带孔的间壁分为 2～3 个隔间，如图 2-3-18 所示。

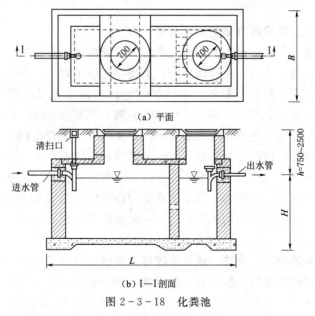

（a）平面

（b）I—I 剖面

图 2-3-18 化粪池

化粪池多设置在居住小区内建筑物背面靠近卫生间的地方，因在清理、掏粪时不卫生、有臭气，不宜设在人们经常停留活动之处。化粪池池壁距建筑物外墙不宜小于5m，如受条件限制时，可酌情减少，但不得影响建筑物基础。化粪池与地下水取水构筑物的距离不得小于30m。池壁、池底应防止渗漏。

第四节　管道布置与敷设要求

建筑排水管道的布置与敷设应符合以下要求：①排水畅通，水力条件好；②使用安全可靠，不影响室内环境卫生；③施工安装、维护管理方便；④总管线短，工程造价低；⑤占地面积小，设计美观。

一、改善管内水力条件，保障排水通畅

排水管道系统应能将卫生器具排出的污、废水以最短距离迅速排出室外，尽量避免管道转弯；排水立管宜靠近排水量最大的排水点。

为避免管道堵塞，室内管道的连接应符合下列规定：卫生器具排水管与排水横支管垂直连接时，宜采用90°斜三通；横管与立管连接时，宜采用45°斜三通、45°斜四通、顺水三通或顺水四通；立管与排出管端部连接时，宜采用两个45°弯头、弯曲半径不小于4倍管径的90°弯头或90°变径弯头；立管应避免在轴线偏置；当受条件限制时，宜用乙字管或两个45°弯头连接；支管、立管接入横干管时，应在横干管管顶或其两侧45°范围内，采用45°斜三通接入。

为保证水流畅通，室外排水管的连接应符合下列要求：排水管间应设检查井连接。由于排出管较密集无法直接连接检查井时，可采用管件连接后接入检查井，但应设置清扫口；除有水流跌落差外，室外排水管宜采用管顶平接；排出管管顶标高不得低于室外接户管管顶标高；连接处的水流偏转角不得大于90°。当排水管管径不大于300mm且跌落差大于0.3m时，可不受角度的限制。当建筑物沉降可能导致排出管倒坡时，应采取防倒坡措施。

二、应符合安全、环境等方面的基本要求

排水管道不得敷设在对生产工艺或卫生有特殊要求的生产厂房内，以及食品及贵重商品仓库、通风小室、电气机房和电梯机房内；不得穿越住宅客厅、餐厅，并不宜靠近与卧室相邻的内墙；不宜穿越橱窗、壁柜；不得穿越生活饮用水池部位的上方；不得穿越卧室；不得布置在遇水会引起燃烧、爆炸或损坏的原料、产品和设备上面。

不得布置在食堂、饮食业厨房的主副食操作、烹调和备餐设备的上方，以防排水横管渗漏或结露滴水造成食品被污染的事故。当受条件限制不能避免时，排水横支管设计成同层排水，改建的建筑设计应注意在排水支管下方设防水隔离板或排水槽。

排水管道外表面如有可能结露，应根据建筑物性质和使用要求采取防结露措施；排水管穿过地下室外墙或地下构筑物的墙壁处时，应采取防水措施。厨房与卫生间的排水立管应分别设置。

三、保证管道不因外力、腐蚀、热烤等破坏，系统运行稳定可靠

排水管道不得穿过沉降缝、伸缩缝、变形缝、烟道和风道，当排水管道必须穿越沉降缝、伸缩缝、变形缝时，应考虑采用橡胶密封管材（球形接头、可变角接头和伸缩节）和

管件优化组合，以使建筑变形、沉降后的管坡度满足正常排水的要求。排水埋地管不得布置在可能受重物压坏处或穿越生产设备基础；排水管道在穿越楼层设套管且立管底部架空时，应在立管底部设支墩或其他固定措施，地下室与排水横管转弯处也应设置支墩或固定措施。

塑料排水管应符合以下要求：①塑料排水立管应避免布置在易受机械撞击处，如不能避免时应采取保护措施；②塑料排水立管与家用灶具边缘净距不得小于 0.4m；③塑料排水管应远离热源，当不能避免并导致管道表面温度大于 60℃时，应采用隔热措施；④塑料排水管道应根据管道的伸缩量设置伸缩节，宜设在汇合配件处（如三通）；⑤当排水管道采用橡胶密封配件时，可不设伸缩节；室内外埋地管可不设伸缩节，以避免由于立管或横支管伸缩使横支管或器具排水管产生错向位移，保证排水管道运行；⑥建筑塑料排水管穿越楼层、防火墙、管道井井壁时，应根据建筑物的性质、管径、设置条件以及穿越部位防火等级等要求设置阻火装置。

四、防止污染室内环境卫生

用于储存饮用水、饮料、食品等卫生要求高的设备和容器，其排水管不得与污、废水管道系统直接连接，应采用间接排水，即卫生设备或容器的排水管与排水系统之间应有存水弯隔气，并留有空气间隙。间接排水口最小空气间隙可按下采用：$DN \leqslant 25mm$ 时，取 50mm；$32mm \leqslant DN \leqslant 50mm$ 时，取 100mm；$DN > 50mm$ 时，取 150mm。饮料用贮水箱的间接排水口最小空气间隙不得小于 150mm。

以下容器和设备的配管应采用间接排水：生活饮用水贮水箱（池）的泄水管和溢流管；开水器、热水器排水；医疗灭菌消毒设备的排水；蒸发式冷却器、空调设备冷凝水的排水；储存食品或饮料的冷藏库房的地面排水和冷风机融霜水盘的排水。

设备间接排水宜排入邻近的洗涤盆、地漏。如不可能时，可设置排水明沟、排水漏斗或容器。间接排水的漏斗或容器不得溅水、溢流，并应布置在容易检查、清洁的位置。

排水立管最低排水横支管与立管连接处距排水立管管底垂直距离不得小于表 2-4-1 的规定，单根排水立管的排出管宜与排水立管管径相同。当不能满足要求时，底层排水支管应单独排至室外检查井或采取有效的防反压措施。

表 2-4-1　　　最低横支管与立管连接处至立管管底的最小垂直距离

立管连接卫生器具的层数	最小垂直距离/m	
	仅设伸顶通气管	设通气立管
≤4	0.45	按配件最小安装尺寸确定
5~6	0.75	
7~12	1.20	
13~19	3.00	0.75
≥20	3.00	1.20

注　单根排水立管的排出管宜与排水立管管径相同。

（1）排水支管连接在排出管或排水横干管时，连接点距立管底部下游的水平距离不得小于 1.5m。否则，底层排水支管应单独排至室外检查井或采取有效的防反压措施。

在距排水立管底部 1.5m 距离内的排出管、排水横管有 90°水平转弯管段时，底层排水支管应单独排至室外检查井或采取有效的防反压措施。

（2）排水横支管接入横干管竖直转向管段时，连接点距转向处应不小于0.6m。

（3）当排水立管采用内螺旋管时，排水立管底部宜采用长弯变径接头，排出管管径宜放大一号。

（4）室内排水沟与室外排水管道连接处，应设置水封装置，以防室外管道中有毒气体通过明沟窜入室内。

五、方便施工安装和维护管理

废水中可能挟带纤维或有大块物体时，应在排水管道连接处设置格栅或带网筐地漏。应按规范规定设置检查口或清扫口。

排水管道宜埋设在地下或楼板填层中，或明设在地面上、楼板下；如建筑有要求时，可暗设在管槽、管道井、管窿、管沟或吊顶、架空层内，但应便于安装和检修；在气温较高、全年不结冻的地区可沿建筑物外墙敷设。

第五节 排 水 管 道 设 计 计 算

一、排水量标准

每人每日排出的生活污水量和用水量一样，与气候、建筑物卫生设备完善程度以及生活习惯等因素有关。生活污水排水量一般采用生活用水量标准和时变化系数。生产污（废）水排水量标准和时变化系数应按工艺要求确定。各种卫生器具的排水流量、排水当量、排水管管径见表2-5-1。

表 2-5-1　　卫生器具的排水流量、排水当量和排水管管径

序号	卫生器具名称	卫生器具类型	排水流量/(L/s)	排水当量	排水管管径/mm
1	洗涤盆、污水盆（池）		0.33	1	50
2	餐厅、厨房洗菜盆（池）	单格洗涤盆（池）	0.67	2	50
		双格洗涤盆（池）	1	3	50
3	盥洗槽（每个水嘴）		0.33	1	50～75
4	洗手盆		0.1	0.3	32～50
5	洗脸盆		0.25	0.75	32～50
6	浴盆		1	3	50
7	淋浴器		0.15	0.45	50
8	大便器	冲洗水箱	1.5	4.5	100
		自闭式冲洗阀	1.2	3.6	100
9	医用倒便器		1.5	4.5	100
10	小便器	自闭式冲洗阀	0.1	0.3	40～50
		感应式冲洗阀	0.1	0.3	40～50
11	大便槽	≤4个蹲位	2.5	7.5	100
		>4个蹲位	3	9	150

序号	卫生器具名称	卫生器具类型	排水流量 /(L/s)	排水当量	排水管管径 /mm
12	小便槽（每米长）	自动冲洗水箱	0.17	0.5	
13	化验盆（无塞）		0.2	0.6	40～50
14	净身器		0.1	0.3	40～50
15	饮水器		0.05	0.15	25～50
16	家用洗衣机		0.5	1.5	50

注 家用洗衣机下排水软管直径为 30mm，上排水软管内径为 19mm。

二、排水设计流量

在决定室内排水管的管径及坡度前，必须确定各管段中的排水设计流量。对于某个管段来讲，它的设计流量和它所接入的卫生器具的类型、数量、同时使用百分数及卫生器具排水量有关，与一个排水当量相当的排水量为 0.33L/s。

建筑内部排水管道的排水设计流量应为该管段的瞬时最大排水流量，即排水设计秒流量，有平方根法和同时使用百分数法两种计算方法。

（1）住宅、宿舍（Ⅰ类、Ⅱ类）、旅馆、宾馆、酒店式公寓、医院、疗养院、幼儿园、养老院、办公楼、商场、图书馆、书店、客运中心、航站楼、会展中心、中小学校教学楼、食堂或营业餐厅等建筑，其生活排水管道设计秒流量为

$$q_p = 0.12\alpha\sqrt{N_P} + q_{max} \qquad (2-5-1)$$

式中 q_p——计算管段排水设计秒流量，L/s；

$\sqrt{N_P}$——计算管段卫生器具排水当量总数；

q_{max}——计算管段上最大一个卫生器具的排水流量，L/s；

α——根据建筑物用途而定的系数。

当计算结果大于该管段上所有卫生器具排水流量的累加值时，应将该管段所有卫生器具排水流量的累加值作为该管段排水设计秒流量。

（2）宿舍（Ⅲ类、Ⅳ类）、工业企业生活间、公共浴室、洗衣房、职工食堂或营业餐厅的厨房、实验室、影剧院、体育场馆等，其生活排水管道设计秒流量为

$$q_p = \sum q_0 n_0 b \qquad (2-5-2)$$

式中 q_p——计算管段排水设计秒流量，L/s；

q_0——同类型的卫生器具中一个卫生器具的排水流量，L/s；

n_0——同类型卫生器具的个数；

b——卫生器具同时排水百分数，冲洗水箱大便器按 12% 计算，其他卫生器具同给水。

当计算的排水流量小于一个大便器的排水流量时，应将一个大便器的排水流量作为该管段的排水设计秒流量。

三、水力计算

排水管道水力计算的目的是确定排水管的管径和敷设坡度。

（一）排水横管

对于横干管和连接多个卫生器具的横支管，在逐段计算各管段的设计秒流量后，通过水力计算来确定各管段的管径和坡度。按圆管均匀流公式计算，排水横管设计秒流量和流速为

$$q_p = Av \qquad (2-5-3)$$

$$v = \frac{1}{n} R^{\frac{2}{3}} I^{\frac{1}{2}} \qquad (2-5-4)$$

式中　q_p——计算管段排水设计秒流量，L/s；

　　　A——管道在设计充满度的过水断面，m^2；

　　　v——流速，m/s；

　　　R——水力半径，m；

　　　I——水力坡度，采用排水管的坡度；

　　　n——管道的粗糙系数，铸铁管取 0.013，混凝土管、钢筋混凝土管取 0.013～0.014，塑料管取 0.009，钢管取 0.012。

设计管径时可根据排水设计秒流量按设计手册查用。

管道充满度是指管道内水深 h 与管径 d 的比值。在重力流的排水管中，污水为非满流，管道上部未充满水流的空间用于排走污废水中的有害气体，容纳超负荷流量。

建筑排水管道的通用坡度、最小坡度和最大设计充满度宜按表 2-5-2 和表 2-5-3 确定。

表 2-5-2　建筑物内生活排水铸铁管道的通用坡度、最小坡度和最大设计充满度

管径/mm	通用坡度	最小坡度	最大设计充满度
50	0.035	0.025	
75	0.025	0.015	
100	0.020	0.012	0.5
125	0.015	0.010	
150	0.010	0.007	
200	0.008	0.005	0.6

表 2-5-3　建筑排水塑料管排水横管通用坡度、最小坡度和最大设计充满度

外径/mm	通用坡度	最小坡度	最大设计充满度
50	0.025	0.012	
75	0.015	0.007	
110	0.012	0.004	0.5
125	0.010	0.0035	
160	0.007	0.003	
200	0.005	0.003	
250	0.005	0.003	0.6
315	0.005	0.003	

为了排水通畅，防止管道堵塞，保障室内环境卫生，建筑排水管的最小管径应符合以下要求：大便器的排水管最小管径不得小于100mm；建筑物排出管的最小管径不得小于50mm；医院污物洗涤盆（池）和污水盆（池）的排水管径不得小于75mm；小便槽（或连接3个及3个以上小便器）的污水支管的管径不宜小于75mm；浴池的泄水管径宜为100mm。

（二）立管

生活排水立管的最大设计排水能力应按表2-5-4确定。立管管径不得小于所连接的横支管管径。多层住宅厨房的立管管径不宜小于75mm。

表2-5-4　　　　　　　　　　生活排水立管的最大设计排水能力　　　　　　　　单位：L/s

排水立管系统类型			排水立管管径/mm				
			50	75	100（110）	125	150（160）
伸顶通气管	立管与横支管连接配件	90°顺水三通	0.8	1.3	3.2	4	5.7
		45°斜三通	1	1.7	4	5.2	7.4
专用通气管	专用通气管75mm	结合通气管每层连接			5.5		
		结合通气管隔层连接		3	4.4		
	专用通气管100mm	结合通气管每层连接			8.8		
		结合通气管隔层连接			4.8		
	主、副通气立管＋环形通气管				11.5		
自循环通气管	专用通气形式				4.4		
	环形通气形式				5.9		
特殊单立管	混合器				4.5		
	内螺旋管＋旋流器	普通型		1.7	3.5		8.0
		加强型			6.3		

注　排水层数在15层以上时宜乘系数0.9。

第六节　屋面雨水排水

为免造成屋面积水、漏水，影响生活及生产，必须妥善迅速排除降落在建筑物屋面的雨水和融化的雪水。屋面雨水的排除方式，一般可分为外排水和内排水两种。根据建筑结构形式、气候条件及生产使用要求，在技术经济合理的情况下，屋面雨水应尽量采用外排水。

一、外排水系统

（一）檐沟外排水（水落管外排水）

对一般的居住建筑、屋面面积较小的公共建筑及单跨的工业建筑，多采用屋面檐沟汇集雨水，通过外墙的水落管排至屋墙边地面或明沟内。若排入明沟，则再经雨水口、连接管引到雨水检查井，如图2-6-1所示。水落管多用排水塑料管或镀锌铁皮制成，截面为矩形或半圆形，其断面尺寸约为100mm×80mm或120mm×80mm；有时采用石棉水泥管，但其下段极易因碰撞而破裂，故使用时，其下部距地1m高处应考虑保护措施（多有

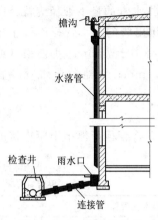

图 2-6-1　檐沟外排水

水泥砂浆抹面）。工业厂房的水落管也可用塑料管及排水铸铁管，管径为 100mm 或 150mm。水落管的间距如下：民用建筑为 12～16m，工业建筑为 18～24m。

（二）长天沟外排水

多跨的工业厂房常采用长天沟外排水的方式，其优点是可消除厂房内部检查井冒水的问题，节约投资，节省金属，施工简便（不需搭架空装悬吊管道等），为厂区雨水系统提供明沟排水或减少管道埋深等。但若设计不善或施工质量不佳，将会发生天沟渗漏。

如图 2-6-2 所示是长天沟布置示意图，天沟以伸缩缝为分水线坡向两端，其坡度不小于 0.005，天沟伸出山墙 0.4m。雨水斗及雨水立管的构造与安装如图 2-6-3（b）所示。在寒冷地区，设置天沟时雨水立管也可设在室内。

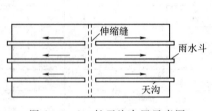

图 2-6-2　长天沟布置示意图

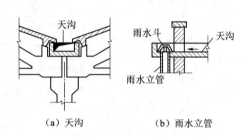

（a）天沟　　　（b）雨水立管

图 2-6-3　天沟与雨水立管连接

二、内排水系统

对于大面积建筑屋面及多跨的工业厂房，当采用外排水有困难时可采用内排水系统。

（一）组成

内排水系统由雨水斗、悬吊管、雨水立管、地下雨水管道及清通设备等组成，其构造如图 2-6-4 所示。

当车间内允许敷设地下管道时，屋面雨水可由雨水斗经雨水立管直接流入室内检查井，再由地下雨水管道流至室外检查井，为避免造成检查井冒水，应尽量设计成由雨水斗经悬吊管、雨水立管、排出管流至室外检查井的形式。在冬季不甚寒冷的地区，可以将悬吊管引出山墙，雨水立管设在室外，固定在山墙上，类似于天沟外排水的处理方法。

（二）布置和安装

1. 雨水斗

雨水斗的作用是迅速地排除屋面雨雪水，并能将粗大杂物拦阻下来。为此，要求选用导水通畅，水流平稳，通过流量大，天沟水位低，水流中掺气量小的雨水斗。目前我国常用的雨水斗有 65 型、79 型等，雨水斗组合如图 2-6-5 所示。

雨水斗布置的位置要考虑使集水面积比较均匀且利于与悬吊管及雨水立管连接，以确保雨水能通畅流入。布置雨水斗时，应以伸缩缝或沉降缝作为屋面排水分水线，否则应在该缝的两侧各设一个雨水斗。雨水斗的位置不要太靠近变形缝，以免遇暴雨时，天沟水位

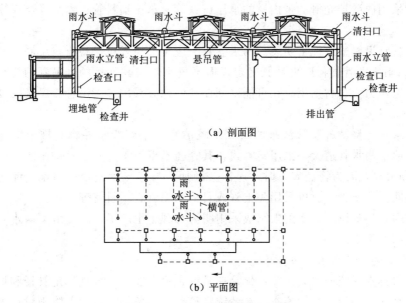

（a）剖面图

（b）平面图

图 2 - 6 - 4 内排水系统示意图

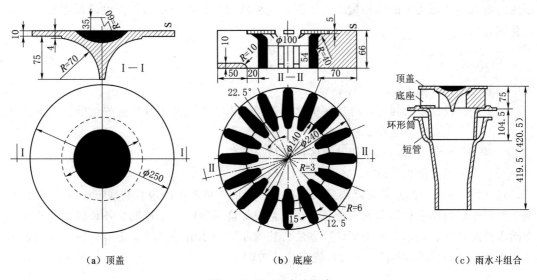

（a）顶盖 （b）底座 （c）雨水斗组合

图 2 - 6 - 5 雨水斗组合

涨高，水从变形缝上部流入车间。雨水斗的间距除按计算确定外，还应由建筑物构造（如柱子布置等）特点而定。在工业厂房中，间距一般采用 12m、18m、24m，通常采用 100mm 口径的雨水斗。

2. 悬吊管

在工业厂房中，悬吊管常固定在厂房的桁架上，便于经常性地维修清通，悬吊管需有不小于 0.003 的管坡，坡向立管。悬吊管管径不得小于雨水斗连接管的管径。当管径小于等于 150mm，长度超过 15m 时，或管径为 200mm，长度超过 20m 时均应设置检查口。悬吊管应避免从不允许有滴水的生产设备的上方通过。在实际工作中悬吊管内为压力流，因此管材宜采用内壁较光滑的带内衬的承压铸铁管、承压塑料管、钢塑复合管等。

3. 雨水立管

雨水立管宜沿墙壁或柱子明装。雨水立管上应装设检查口，检查口中心至地面的高度一般为1m。雨水立管管径应由计算确定，但不得小于与其连接的悬吊管的管径。雨水立管管材一般按压力流管材选用。在可能受到振动的地方采用焊接钢管和焊接接口。

4. 地下雨水管道

地下雨水管道接纳各立管流来的雨水及较洁净的生产废水并将其排至室外雨水管道中。厂房内地下雨水管道大都采用暗管式，其管径不得小于与其连接的雨水立管管径，且不得大于600mm，因为管径太大时，埋深会增加，与旁支管连接亦困难。埋地管常用混凝土管或钢筋混凝土管，也可采用陶土管或石棉水泥管、塑料管等。

在车间内，当敷设暗管受到限制或采用明沟有利于生产工艺时，地下雨水管道也可采用有盖板的明沟排水。

（三）屋面雨水排水系统的计算

屋面雨水排水系统的水力计算目标是在系统布置完成后，合理选定管径和坡度。根据实验观察雨水在系统管道内的流态，在系统管径确定的条件下，随着降雨量逐渐增多，管内由负压到正压水气两相流态变化为单相重力流和压力流状态。工程上选择雨水管系统内形成的重力流或压力流的降雨量作为依据，这种状况下的降雨量即作为设计雨水流量，其计算式为

$$q_y = \frac{q_i \psi F_w}{10000} \tag{2-6-1}$$

式中　　q_y——设计雨水量，L/s；

　　　　q_i——设计暴雨强度，可按我国水利部门提供的当地或相邻地区暴雨强度计算式确定，L/(s·hm²)；

　　　　ψ——径流系数，与屋面及小区地面情况有关；

　　　　F_w——汇水面积，m²。

式（2-6-1）中q_i是对降雨到大面积自然地面形成的径流进行数理统计得到的数据，与小面积屋面的雨水径流状况有差异。在选定设计降雨历时、重现期、各种屋面及小区地面雨水径流系数、雨水汇水面积计算方法、建筑屋面雨水管系设计流态时，按《建筑给水排水设计规范》（GB 50015—2017）规定具体查阅。

思　考　题

1. 常用的卫生器具有哪些类型？冲洗设备有哪些？

2. 简述建筑排水系统的组成。

3. 通气管系统的作用是什么？有哪些类型？每种类型的特点和使用场所是什么？

4. 某11层住宅楼，每户卫生间内设有1个坐便器、1个浴盆和1个洗脸盆，采用合流制排水。1层单独排水，2～11层为一个排水立管系统。卫生洁具的排水当量和排水量分别为：坐便器$N=6$，$q=2$L/s；浴盆$N=3$，$q=1$L/s；洗脸盆$N=0.75$，$q=0.25$。该排水立管底端的设计秒流量是多少？

5. 某座养老院建筑，卫生间排水横支管上接了 1 个洗脸盆（$N=0.75$，$q=0.25L/s$）和 1 个淋浴器（$N=0.45$，$q=0.15L/s$）。该排水横支管设计秒流量为多少？

6. 建筑排水管道布置与敷设的基本要求有哪些？

7. 简述建筑排水管道水力计算的步骤与方法。

8. 简述屋面雨水排水的方式及其排水系统的组成。

9. 简述屋面雨水排水系统的设计计算方法。

第三章　建筑供配电系统

第一节　建筑电气概述

随着科技的进步，新技术与新产品层出不穷，建筑物也向着更科技、更现代化的方向发展。伴随建筑技术的迅速发展和现代化建筑的出现，建筑电气也发展成为以近代物理学、电磁学、电子学、光学、声学等理论为基础的，应用于建筑工程领域内的一门新兴的综合性工程学科。建筑电气工程以电能、电气设备和电气技术为手段来创造、维持与改善限定空间的功能和环境的工程，是介于土建和电气两大类学科之间的一门综合性学科。其主要功能是输送和分配电能、运用电能和传递信息等，为人们提供舒适、安全、优质、便利的生活环境。建筑电气工程已经建立了一套完整的理论和技术体系，并发展成为一门独立的技术学科。建筑电气工程主要包括建筑供配电技术，建筑设备控制技术，电气照明技术，防雷、接地等电气安全技术，现代建筑电气自动化技术，现代建筑信息及传输技术等。

电能可转换为机械能、热能、光能、声能等能量。电作为传输载体，传输速度快、容量大、控制方便，因而被广泛地应用于生活的各领域。利用电路、电工学、电磁学、计算机等学科的理论和技术，在建筑物内部为人们创造理想的居住和生活环境，以充分发挥建筑物功能的系统就是建筑电气系统。建筑电气系统是由各种不同的电气设备组成的。

根据电气设备对建筑所起的作用不同，可将建筑电气设备分为以下几类：

（1）创造环境的设备。对人类影响最大的环境因素是光、温度、湿度、空气和声音等，而这些环境可通过建筑电气工程创造和改变。

（2）追求方便性的设备。建筑里的给水排水设备、电梯、电话、火灾报警装置等设备都是为生活提供方便、安全的设备。

（3）提高控制性的设备。例如设备管理自动化系统等。

（4）增强安全性的设备。自动排烟设备、自动化灭火设备、消防电梯、事故照明等都是提供安全性的设备。

（5）提供能源的设备。其主要包括各种发电设备、供配电设备等。

因此，建筑电气不仅是建筑物必要的组成部分，而且随着建筑自动化和现代化程度的提高，建筑电气工程越发成为建筑工程发展的主要环节。

第二节　民用建筑电气系统负荷的分级及各级负荷对供电的要求

一、民用建筑电气负荷的分级

用电设备所取用的电功率称为电力负荷。根据民用建筑对供电可靠性的要求及中断供电所造成政治、经济损失或影响的程度进行分级，各民用建筑电力负荷分为以下三级：

（1）符合下列情况之一时，应为一级负荷。

1）中断供电将造成人身伤亡的。例如：医院手术室的照明及电力负荷、婴儿恒温箱、心脏起搏器等单位或设备。

2）中断供电将在政治、经济上造成重大损失或影响的。如国宾馆、国家级会堂以及用于承担重大国事活动的场所，中断供电将造成重大设备损坏、重大产品报废、连续生产过程被打乱，需要长时间才能恢复的重点企业、一类高层建筑的消防设备等用电单位或设备。

3）中断供电将影响有重大政治、经济意义的用电单位的正常工作的。如重要交通枢纽、重要通信枢纽、不低于四星级标准的宾馆、大型体育场馆、大型商场、大型对外营业的餐饮单位，以及经常用于国际活动的大量人员集中的公共场所等重要用电单位或设备。

4）中断供电将造成公共秩序严重混乱的。一些特别重要公共场所，如大型剧院、大型商场、大型体育场、重要交通枢纽等用电单位或设备。

对于国家级重要交通枢纽、重要通信枢纽、国宾馆、国家级承担重大国事活动的大会堂、国家级大型体育中心、经常用于重要国际活动的大量人员密集的公共场所等，中断供电将造成重要的政治影响或重大经济损失，不允许中断供电的一级负荷为特别重要负荷。

（2）符合下列情况之一时，为二级负荷。

1）中断供电将造成较大政治影响的。如省部级机关办公楼、民用机场中属特别重要和普通一级负荷外的用电负荷等。

2）中断供电将造成较大经济损失的。如中断供电将造成主要设备损坏、大量产品报废的企业、中型百货商场、二类高层建筑的消防设备、四星级以上宾馆客房照明等用电单位或用电设备。

3）中断供电将影响正常工作的。如小型银行（储蓄所）、通信枢纽、电视台的电视电影室等重要用电单位或用电设备。

4）中断供电将造成公共秩序混乱的。如丙级影院剧场、中型百货商场、交通枢纽等较多人员集中的公共场所用电单位或用电设备。

（3）不属于一级和二级负荷者应为三级负荷。

二、各级负荷对供电的要求

根据国标要求，各级负荷的供电必须符合以下要求。

（1）一级负荷的供电电源应符合下列要求：

一级负荷应由两个电源供电，当一个电源发生故障时，另一个电源应不致同时受到损坏。

一级负荷容量较大或有高压用电设备时，应采用两路高压电源。如一级负荷容量不大时，应优先从电力系统或临近单位取得第二低压电源，亦可采用应急发电机组，如一级负荷仅为照明或电话站负荷时，宜采用蓄电池组作为备用电源。

对一级负荷中特别重要负荷，除需要两个电源外，还必须增设应急电源。应急电源通常用下列几种：

1）独立于正常电源的发电机组。

2）供电网络中独立于正常电源的专门馈电线路。

3）蓄电池组等。

为保证对特别重要负荷的供电，严禁将其他负荷接入应急供电系统。

（2）二级负荷的供电系统应做到当发生电力变压器故障或线路常见故障时不致中断供电或中断后能迅速恢复。在负荷较小或地区供电条件困难时，二级负荷可由高压 6kV 及以上专用架空线路供电。

（3）三级负荷对供电无特殊要求，通常采用单回路供电，但应做到使配电系统简洁可靠，尽量减少配电级数，低压配电级数一般不宜超过四级。且应在技术经济合理的条件下，尽量减少电压偏差和电压波动。

第三节　建筑供电系统的组成及建筑对供电系统的要求

一、建筑供电系统的组成

建筑供电系统是整个电力系统的一个组成部分，主要是指建筑物内部的电力供应、分配和使用。现代建筑物中，为满足生活和工作用电而安装的，与建筑物本体结合在一起的各类供电系统主要由下列五个系统组成：

（1）变配电系统。建筑物内用电设备运行的允许电压（额定电压）低于 380V，但如果输电线路电压为 10kV、35kV 或以上时，必须设置建筑物供电所需的变压器室，并装设低压配电装置。这种变电、配电的设备和装置组成变配电系统。

（2）动力设备系统。一栋高层建筑物内有很多动力设备，像水泵、锅炉、空调、送风机、排风机、电梯等，这些设备及其供电线路、控制电器、保护继电器等组成动力设备系统。

（3）照明系统。照明系统包括各种电光源、灯具和照明线路。根据建筑物的不同用途，对其各个电光源和灯具特性有不同的要求，这就组成了整个建筑照明系统。

（4）防雷和接地装置。雷电是常见的自然灾害，而建筑防雷装置能将雷电引泄入地，使建筑物免遭雷击。另外，从安全角度考虑，建筑物内各用电设备的金属部分都必须可靠接地，因此整个建筑必须要有统一的防雷和接地安全装置（统一的接地体）。

（5）弱电系统。弱电系统主要用于传输各类信号，常见的有电话系统、有线广播系统、消防监测系统、闭路监控系统、共用天线电视系统、计算机管理系统等。

二、建筑对供电系统的要求

建筑对供电系统有以下三方面要求：

（1）保证供电的可靠性。根据建筑用电负荷的等级和大小、外部电源情况、负荷与电源间的距离等确定供电方式和电源的回路数，保证为建筑提供可靠的电源。

（2）满足电源的质量要求。稳定的电源质量是用电设备正常工作的根本保证，电源电压的波动、波形的畸变、多次谐波的产生都会使建筑内用电设备的性能受到影响，对计算机及其网络系统产生干扰，导致设备使用寿命降低，使某些控制回路控制过程中断或造成延误。所以应该采取措施，减少电压损失，防止电压偏移，抑制高次谐波，为建筑提供稳定、可靠的高质量的电源。

（3）减少电能的损耗。对建筑供电时减少不必要的电能浪费是节约的一个重要途径。合理安排投入运行的变压器台数，根据线缆的经济电流密度选用合理配电线缆截面；合理配光，采用节能要求的控制方法，尽量利用天然光束、减少照明，根据时间、地点、天气变化、工作和生活需要灵活地调节各种照度水平；建筑内一般有数量较多的电动机，除锅炉系统的热水循环泵、鼓风电机、输送带电动机外，还有电梯曳引电动机、高压水泵电动机等，按经济运行选择合适的电动机容量，减少轻载和空载运行时间等。这些都是节约电能的有效保证。

第四节　电力线路常用供电方式

建筑供电应力求供电可靠、接线简单、运行安全、操作方便灵活、使用经济合理，因此应根据建筑物内各用电系统的不同用电需求，提供不同类型的供电方式，保证建筑满足正常运行。

建筑物或变配电室内常用的高、低压供电方式有放射式供电、树干式供电、环形供电及混合式供电。

1. 放射式供电

放射式供电是从建筑物内的电源点（配电室）引出一电源回路直接接向各用电点（用电系统或负荷点），沿线不支持其他的用电负荷。如图 3-4-1 所示是高、低压放射式供电接线图。

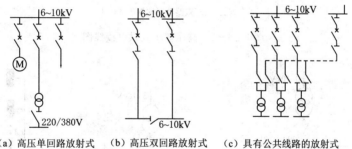

（a）高压单回路放射式　　（b）高压双回路放射式　　（c）具有公共线路的放射式

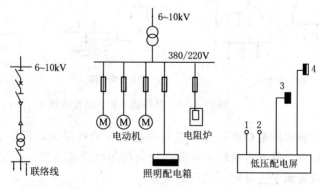

（d）具有低压联络线的放射式　　　　（e）低压放射式

图 3-4-1　高、低压放射式供电接线图

放射式供电接线简单，操作维护方便，引出线发生故障时互不影响，供电可靠性高，但有色金属消耗量较多，采用的开关设备也较多，因此投资较大。放射式供电多用于高压、用电设备容量大、比较重要负荷的供电系统或设备供电。

2. 树干式供电

树干式供电是指由变配电所高压母线或低压配电柜（屏）引出的配电干线上，沿干线直接引出电源回路到各变电所或负荷点的接线方式。如图3-4-2、图3-4-3所示分别是高、低压树干式供电接线图。

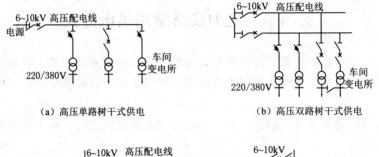

（a）高压单路树干式供电　　　　　（b）高压双路树干式供电

（c）高压双路分段式树干式供电

图3-4-2　高压树干式供电接线图

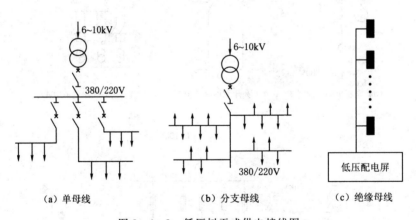

（a）单母线　　　　　（b）分支母线　　　　　（c）绝缘母线

图3-4-3　低压树干式供电接线图

该方式与放射式供电相比，引出线和有色金属消耗量少，投资少，但供电可靠性差，适用于不重要负荷、供电容量较小且分布均匀的用电设备或单元的供电。现在新研制出的一种预分支电缆就属于这种树干式供电设备。

3. 环形供电

环形供电是树干式供电的改进，两路树干式供电连接起来就构成了环形供电，如图3-4-4所示。

环形接线运行灵活，供电可靠性高。环形供电有闭环和开环两种运行方式，闭环对两回路之间的连接设备开关性能要求非常高，常常不能可靠保障其安全性，因此多采用开环方式，即环形线路中有一处开关是断开的。这种接线在现代化城市配电网中应用较广。

4. 混合式供电

混合式供电是将上述三种供电方式中某两种或两种以上接线方式结合起来的一种方式，具有各个接线方式供电的优点，目前在各新兴建筑供配电中使用得越来越广。如图 3-4-5 所示为混合式供电方式。

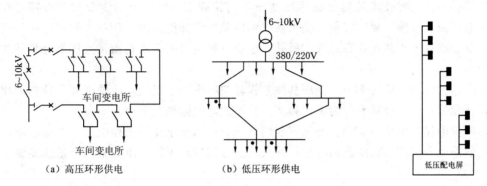

（a）高压环形供电 　　（b）低压环形供电

图 3-4-4　环形供电 　　　　　　　图 3-4-5　混合式供电方式

配电系统的供配电究竟采用什么方式，应根据具体情况，对供电可靠性、经济性等综合比较后才能确定。一般来说，配电系统宜优先考虑采用放射式供电方式。低压接线常常根据实际情况选用多种供电方式。

第五节　变压器及变配电所对建筑设计的要求

变配电所作为建筑供电一个重要环节，是电力系统的重要组成部分。它的建设必须考虑到该变电所供电范围内近期建设与远期发展的关系，适当考虑以后发展的需要。变电所的设计，必须从全局出发，统筹兼顾，根据整个工程负荷性质、用电容量、工程特点和地区供电条件，结合国家相关规范，合理地确定设计方案。变配电所的设计和施工应符合国家现行的有关标准和相关规范的规定。

一、变压器

变压器由铁芯（或磁芯）和线圈组成，是一种变换交流电压、电流和阻抗的器件。当初级线圈中通有交流电流时，铁芯（或磁芯）中产生交流磁通，使次级线圈中感应出相应的电压（或电流）。变压器线圈有两个或两个以上的绕组，其中接电源的绕组叫初级线圈，其余的绕组叫次级线圈。

1. 变压器的分类

变压器的种类很多，按不同的形式有不同的分类。

按冷却方式分类：干式（自冷）变压器、油浸（自冷）变压器、氟化物（蒸发冷却）变压器。

按防潮方式分类：开放式变压器、灌封式变压器、密封式变压器。

按铁芯或线圈结构分类：芯式变压器（插片铁芯、C形铁芯、铁氧体铁芯）、壳式变压器（插片铁芯、C形铁芯、铁氧体铁芯）、环形变压器、金属箔变压器。

按电源相数分类：单相变压器、三相变压器、多相变压器。

按用途分类：电源变压器、调压变压器、音频变压器、中频变压器、高频变压器、脉冲变压器。

不同形式的变压器的工作原理和基本构造都是相同的。

2. 变压器的特性参数

变压器的一些主要技术数据都标注在变压器的铭牌上。铭牌上的主要参数有额定频率、额定电压及其分接、额定容量、绕组联结组以及额定性能数据，例如，阻抗电压、空载电流、空载损耗、负载损耗和总重。另外，还有一些技术指标也是衡量变压器好坏的主要依据。

(1) 工作频率（单位为 Hz）。变压器铁芯损耗与频率关系很大，应根据变压器的使用频率来设计和使用，这种频率称为工作频率。我国的国家标准频率为 50Hz。

(2) 额定电压（单位为 kV）。变压器长时间运行时所能承受的工作电压。为适应电网电压变化的需要，变压器高压侧都有分接抽头，通过调整高压绕组匝数来调节低压侧输出电压。

(3) 额定容量（单位为 kV·A），是变压器在额定电压、额定电流下连续运行时，能输出的容量，对于单相变压器是指额定电流与额定电压的乘积；对于三相变压器是指三相容量之和。

(4) 空载电流。变压器次级线圈开路时，初级线圈通有一定的电流，这部分电流称为空载电流。空载电流由产生磁通和铁损（由铁芯损耗引起）的电流组成。对于 50Hz 电源变压器，空载电流基本等于产生磁通的电流。

(5) 空载电流百分比。代表变压器的励磁无功损耗，随变压器电压和容量的提高而减少。

(6) 空载损耗。空载损耗指变压器次级线圈开路时，在初级线圈测得的功率损耗，主要是铁芯损耗，其次是空载电流在初级线圈铜阻上产生的损耗（铜损），这部分损耗很小。

(7) 效率。效率指变压器次级线圈功率 P_2 与初级线圈功率 P_1 比值的百分比。通常变压器的额定功率越大，效率就越高。

(8) 电压比。电压比指变压器初级线圈电压和次级线圈电压的比值，有空载电压比和负载电压比的区别。

(9) 绝缘水平。绝缘水平指变压器的绝缘等级标准。绝缘水平的表示方法举例如下：高压额定电压为 35kV 级，低压额定电压为 10kV 级的变压器绝缘水平表示为 LI200AC85/LI75AC35，其中 LI200 表示该变压器高压雷电冲击耐受电压为 200kV，工频耐受电压为 85kV，低压雷电冲击耐受电压为 75kV，工频耐受电压为 35kV。

(10) 绝缘电阻。绝缘电阻表示变压器各线圈之间、各线圈与铁芯之间的绝缘性能。绝缘电阻的高低与所使用的绝缘材料的性能、温度高低和潮湿程度有关。

(11) 温升。温升指变压器通电工作后，其温度上升至稳定值，这时变压器温度高出周围环境的温度数值，温升越小越好。有时参数中用最高工作温度代替温升。变压器作为安全性要求极高的设备，如果因正常工作或局部产生的故障温升过高，且已超出变压器材料件如骨架、线包、漆层等所能承受的温度，变压器可能会绝缘失效，引起触电危险或着火危险。所以温升的大小也是衡量变压器好坏的主要标准之一。

（12）变压器的短路损耗。短路损耗是指给变压器一次侧加载额定电流，二次侧短路时的损耗，其损耗可视作额定电流下的铜损。变压器短路损耗 P_k 是设计部门通过计算制定的系列标准，也是变压器制造厂通过短路实验验证的一个重要参数，对确定变压器经济运行有着很重要的影响。P_k 在变压器出厂资料中已经给出，但在变压器交接、大修时还要做短路试验。通过短路试验可以发现变压器内部的某些缺陷，检查铜损是否符合标准。变压器铭牌给出的短路功率是在指绕组温度为 75℃ 条件下，额定负荷所产生的功率损耗。

（13）短路电压百分比。变压器的短路电压百分比在数值上与变压器短路阻抗百分比相等。它是指将变压器二次绕阻短路，在一次绕阻施加电压，当二次绕阻通过额定电流时，一次绕阻施加的电压与额定电压之比的百分数。它表明变压器内阻抗的大小，即变压器在额定负荷运行时变压器本身的阻抗压降大小。它对变压器在二次侧发生突然短路时，会产生多大的短路电流有决定性的意义，对变压器制造价格和变压器并列运行也有重要意义。

（14）联结组标号。根据变压器一次、二次绕组的相位关系，把变压器绕组连接成各种不同的组合，称为绕组的联结组。为了区别不同的联结组别，通常采用时钟表示法，即把高压侧线电压的相量作为时钟的长针，固定在 12 点上，把低压侧线电压的相量作为时钟的短针，看短针指在哪一个数字上，就作为该联结组的标号，如 Dyn11 表示一次绕组是（三角形）联结，二次绕组是中性点的星形联结，组号为 11 点。

3. 变压器的选择

在电力系统中变压器数量、容量及形式的选择相当重要。变压器选择得合理与否，直接影响着电力系统电网结构、供电的可靠性和经济性、电能的质量、电网的安全性、工程投资与运行费用等，但变压器的种类多，型号也多，通常根据额定电压、合理的变压器容量、变压器台数选择合理的变压器型号。

（1）变压器电压等级的选择。变压器原、副边电压的选择与用电量的多少、用电设备的额定电压以及高压电力网距离的远近等因素有关。一般变压器高压绕组的电压等级应尽量与当地的高压电力网的电压一致，而低压侧的电压等级应根据用电设备的额定电压而定，普通的民用建筑低压侧多选用 0.4kV 的电压等级。

（2）变压器容量选择。配电变压器的容量一般由使用部门提供，根据该变压器所带负荷大小、所带负荷特点来选择。对于高层用户来说，既希望变压器的容量不要选得过大，以免增加初投资，又希望变压器的运行效率高，电能损耗小，以节约运行费用。变压器容量选择过大会导致欠载运行，造成很大的浪费，但选择过小会使变压器处于过载或过电流运行，长期运行会导致变压器过热，甚至烧毁。变压器容量的选择要综合考虑变压器负载性质、现有负载的大小、变压器效率，以及近远期发展规模、一次性建设投资的大小等。

（3）变压器台数选择。主变压器台数的确定应根据地区供电条件、负荷性质、用电容量和运行方式、用电可靠性等条件综合考虑。当符合下列条件之一时，宜装设两台及两台以上变压器：

1）有大量一级或二级负荷。

2）季节性负荷变化较大。

3）集中负荷较大。

对于装有两台及以上变压器的变电所，当其中任一台变压器断开时，其余变压器的容量应满足一级负荷及二级负荷的用电。当装有多台变压器时，多台变压器的运行方式应满足并联条件，即联结组别与相位关系相同；电压和变压比相同，允许偏差相同，调压范围内的每级电压相同；防止二次绕组之间因存在电动势差，产生循环电流，影响容量输出，烧坏变压器。短路阻抗相同，控制在10％的允许偏差范围内，容量比为0.5～2；保证负荷分配均匀，防止短路阻抗和容量小的变压器过载，而容量大和短路阻抗大的变压器欠载，短路阻抗的大小必须满足系统短路电流的要求，否则应采取限制措施。

（4）变压器类型的确定。在高层建筑中，变压器室多设于地下层，为满足消防等的要求，配电变压器一般选用干式或环氧树脂浇注变压器。在国家标准中对干式变压器作了明确的定义：铁心和线圈不浸在绝缘液体中的变压器称为干式变压器。它的绝缘介质、散热介质是空气。广义上讲，可以将干式变压器分为包封式和敞开式两大类型。根据使用绝缘材料的不同，目前国内变压器市场上以铜材为导体材料的干式变压器可分为以下几种类型：SCB型环氧树脂浇注干式变压器、SGB型敞开式非包封干式变压器、SCR型缠绕式干式变压器、非晶合金干式变压器和SF_6气体绝缘干式变压器等。

目前，我国干式变压器的性能指标及制造技术已达到世界先进水平，我国已成为世界上树脂绝缘干式变压器产销量最大的国家之一。干式变压器具有性能优越、能耐冲击、机械强度好、抗短路能力强、抗开裂性能好、防潮湿、散热效果好、低噪声及节能等特点。

4. 干式变压器的安装

在安装干式变压器之前，应对变压器安装位置进行清理，并且该场地应当防风雨，变压器的安装应采取抗地震措施。为了防火，干式变压器多放于室内。干式变压器或树脂浇注变压器也可以安装在钢板制作的变压器室内。室内有与低压母线连在一起的配电柜，直接与接入的断路器相连。在安装变压器时，应将变压器可靠安装在变压器室内。室内地面应光滑平整，以利于运移变压。开关室内的地面应能承受整台变压器的重量。变压器室前面应有足够的空间，以便于铁心和绕组的搬运。开关室的门应足够大，以利于变压器进入，并且要容易拆卸。为了保证变压器满负载运行甚至瞬时过负载运行，户内变压器应始终处于良好的通风状态，与此同时，还应当有必要的防雨和防漏装置。

干式变压器所有部件安装完毕，除了变压器的容量、规格及型号、附件、备件等符合要求，必须有出厂合格证及相关的技术文件外，还应请相关电力部门做变压器交接试验，试验内容包括直流电阻和绝缘电阻测量，介质损耗因数测量，绕阻绝缘、噪声测试等，送电前进行严格检查，检查合格后方可进行送电运行验收。一般送电运行验收为空载运行。

二、变配电所对建筑设计的要求

变配电所通常有独立式变配电所、附贴楼房式变配电所、建筑物内变配电所等形式。变配电所的土建方案，应根据安装工艺和操作运行方式，由电气专业提出。变配电所土建方案要考虑房屋的抗震烈度、防火设施、通风设施等技术条件，要有建造层高、开间跨度、电缆敷设方式和路径等要求，还要有设备安装平面布置、土建施工工艺等建筑工程的全部技术条件。

现代建筑物朝着大型、超大型，高层、超高层，密集、高密集型发展，而且随着城市地价升值，独立式、附贴楼房式变配电所已不能适应新形势，建筑物内置10kV变配电在将来一段时期内将处于主导地位。

现代建筑的用电量逐步增大，在确定变配电所位置时，应尽可能使高压深入负荷中心，高压进线方便，低压出线方便，这对节约电能，减少输电配电的电缆、电线，节省有色金属，减少投资，提高供电质量都有重要意义。变配电所一般都设在主楼内。应通过经济技术比较决定变配电所的数量及其位置的分布。

除此之外，变配电所位置选择必须采取相应技术设施和技术条件，如必须有防火、抗震、通风、消声设计，应具备消防、搬运设备的通道和起重等条件。与电气无关的上下水、暖卫等管道不应穿过变配电所等。具体选择应满足下列条件：

（1）接近负荷中心，10kV变配电所低压配出线半径宜不超过400m。

（2）进出线方便，所址选择应以主变压器为中心，要求变压器运输时进出口及消防通道通行方便。

（3）接近电源侧。

（4）设备吊装、运输方便。

（5）不应设在有剧烈振动或高温的场所。

（6）不宜设在多尘、水雾（如大型冷却塔）或有腐蚀性气体的场所，如无法远离时，不应设在污染源盛行风向的下风侧。

（7）不应设在厕所、浴室或其他经常积水场所的正下方，且不宜与上述场所相贴邻。

（8）不应设在有爆炸危险环境的正上方或正下方，且不宜设在有火灾危险环境的正上方或正下方，当与有爆炸或火灾危险环境的建筑物毗连时，应符合《爆炸危险环境电力装置设计规范》（GB 50058—2014）的规定。

（9）不应设在地势低洼和可能积水的场所。

（10）高层建筑地下层变配电所的位置宜选择在通风、散热条件较好的场所。

（11）变配电所位于高层建筑（或其他地下建筑）的地下层时，不宜设在最底层。当地下仅有一层时，应采取适当抬高该所地面150～300mm等防水措施，并应避免洪水或积水从其他渠道淹渍变配电所。

（12）高层建筑的变配电所宜设在地下层或首层，当建筑物高度超过100m时，也可在高层区的避难层或上技术层内设置变电所。

（13）一类高、低层主体建筑物内，严禁设置装有可燃性油电气设备的变配电所。二类高层、低层主体建筑物内不宜设置装有可燃性油电气设备的变配电所，如受条件限制必须设置时，宜采用难燃性油的变压器并应设在首层靠外墙部位或地下层，且不应设在人员密集场所的上下方、贴邻或疏散出口两旁，并应采取相应的防火和排油措施；当变配电所的正上方、正下方为住宅、客房、办公室等场所时，变配电所应做屏蔽处理。

（14）无特殊防火要求的多层建筑中，装有可燃性油电气设备的变电所可设在底层靠外墙部位，但不应设在人员密集场所的上方、下方、贴邻或疏散出口两旁。

（15）注意对公用通信设施的抗干扰措施。

（16）变配电室的门应避免朝西开。

第六节　高压配电系统

在变配电所中承担输送和分配电能任务的电路称为一次回路（也称一次电路或主接线），一次回路中所有的电气设备称为一次设备。凡用来控制、指示、监测、保护一次设备运行的电路称为二次回路（也称二次电路或二次接线）。二次电路常接在互感器的二次侧。二次回路中的所有电气设备称为二次设备，多用于高压的测量、信号指示等。

一次回路的特点是电压高、电流大，为强电电路；二次回路的特点是电压低、电流小，为弱电电路。本书高压、低压配电系统仅讨论一次设备。

一、常用高压设备

（1）高压隔离开关。高压隔离开关具有明显的分段间隙，它主要用来隔离高压电源，保证安全检修，并能够通断一定的小电流。它没有专门的灭弧装置，不允许带负荷操作，更不能用来切断短路电流。可用来通断电流不超过2A的空载变压器、电压互感器、避雷器电路等。因隔离开关具有明显的分段间隙，所以它通常与断路器配合使用。

根据隔离开关的使用场所，可以把高压隔离开关分成户内和户外两大类。户内式有GN6、GN8（图3-6-1）系列，户外式有GW10系列。在操作隔离开关时，应该注意操作顺序，停电时先拉线路侧隔离开关，送电时先合母线隔离开关，而且在操作隔离开关前，应先检查断路器在断路位置。

（2）高压熔断器。高压熔断器是一种当所在电路的电流超过一定值并经过一定的时间后，使熔体熔化而分断电流、断开电路的一种保护电器。熔断器的主要功能是对电路或电路设备进行短路或过负荷保护。它具有外形简单、价格便宜、使用方便的特点，所以使用广泛。

高压熔断器按照使用环境分为户内式和户外式。户内式有RN1型、RN2型高压管式熔断器（图3-6-2）。户外式有RW4等高压跌落式熔断器。

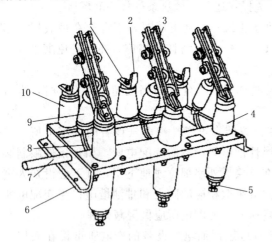

图3-6-1 GN8-10型高压隔离开关
1—上接线端子；2—静触头；3—闸刀；4—套管绝缘子；5—下接线端子；6—框架；7—转轴；8—拐臂；9—升降绝缘子；10—支柱绝缘子

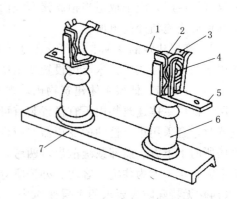

图3-6-2 RN1型、RN2型高压管式熔断器
1—瓷熔管；2—金属帽管；3—弹性触座；4—熔断指示器；5—接线端子；6—瓷绝缘子；7—底座

（3）高压负荷开关。高压负荷开关（图3-6-3）是一种功能介于高压断路器和高压隔离开关之间的电器，常与高压熔断器串联配合使用，用于控制电力变压器。高压负荷开关具有简单的灭弧装置，因此能通断一定的负荷电流和过负荷电流。但是，它不能断开短路电流，所以一般与高压熔断器串联使用，借助熔断器来进行短路保护。通常由负荷开关

和熔断器组合而成的组合电器结合了负荷开关和熔断器各自的优点，由负荷开关通断小于额定通断电流的任何负载电流，通过熔断器及其撞击器操作，通断直到组合电器额定短路通断电流的任何过负荷电流。

高压负荷开关的特点如下：

1）可以隔离电源，有明显的断开点，多用于固定式高压设备。

2）没有灭弧装置，在合闸状态下可以通过正常工作电流和短路电流。

3）严禁带负荷接通和断开电路，常与高压断路器串联使用。

高压负荷开关的主要功能是隔离电源并能通断正常负荷电流，在规定的使用条件下，可以接通和断开一定容量的空载变压器（室内 315kV·A，室外 500kV·A）；可以接通和断开一定长度的空载架空线路（室内 5km，室外 10km）；可以接通和断开一定长度的空载电缆线路。

（4）高压断路器。3kV 及以上电力系统中使用的断路器称为高压断路器，是电力系统中最重要的控制和保护设备。无论电力线路处在什么状态，当要求断路器动作时，都应可靠动作或断开。高压断路器有专门的灭弧装置，具有很强的灭弧能力，不仅能通断正常负荷电流，并能在保护装置下自动跳闸，切除短路故障。高压断路器按其采用的灭弧介质可分为真空断路器、SF$_6$断路器、油断路器、空气断路器等。高层建筑内多用真空断路器。

1）真空断路器。真空断路器具有体积小、结构简单、质量轻、断流容量大、动作快、寿命长、无噪声、维修容易、无爆炸危险等优点，但价格较贵，多用于经常频繁操作的场所和防火要求高的场所。常用的有 VS1 系列真空断路器等。

2）SF$_6$断路器。SF$_6$断路器（图 3-6-4）是利用 SF$_6$气体作为绝缘和灭弧介质的一

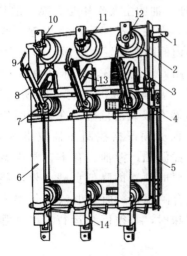

图 3-6-3 高压负荷开关
1—主轴；2—上绝缘子兼气缸；3—连杆；
4—下绝缘子；5—框架；6—高压熔断器；
7—下触座；8—闸刀；9—弧动触头；
10—绝缘喷嘴；11—主静触头；
12—上触座；13—绝缘拉杆；
14—热脱扣器

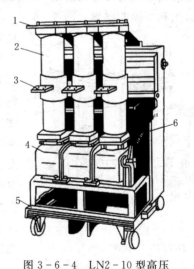

图 3-6-4 LN2-10 型高压
SF$_6$断路器
1—上接线端子；2—绝缘筒（内有气缸
和触头）；3—下接线端子；4—操动
机构箱；5—小车；6—断路弹簧

种新开发的断路器。SF_6 气体是一种无色、无味、无毒而且不易燃烧的惰性气体，在 150℃ 以下时化学性能很稳定，SF_6 气体在电弧的高温作用下分解为低氟化合物，大量吸收电弧能量，使电弧迅速冷却而熄灭。

SF_6 断路器通过吹出 SF_6 气体来完成吹弧，吹弧速度快、燃弧时间短、开断电流大，能有效保护中、高压电路的安全。SF_6 断路器在断开电容或电感电流后，不存在重燃和复燃的危险。所以，SF_6 断路器有很强的开断能力。SF_6 断路器的使用寿命很长，检修周期长，并能适应短时间内的频繁操作，有良好的安全性和耐用性。SF_6 断路器在 50kA 满容量的情况下能连续开断 19 次，断开的电流累计达到了 4200kA。SF_6 断路器使用 SF_6 气体作为绝缘介质，这种气体的绝缘水平极高，在 0.3MPa 气压下，能轻松通过各种绝缘实验，并有较大的裕度。SF_6 断路器的结构简单，密封性好，灭弧室、电阻和支柱形成独立气隔，且 SF_6 本身的含水量较低。SF_6 断路器的安装和检修方便，不需打开断路器的内部结构，能保持 SF_6 断路器内部良好的密闭性。但 SF_6 断路器对气体的管理和应用要求很高，这也是这种断路器不能得到广泛使用的主要原因。

3）油断路器。油断路器是以密封的绝缘油作为断开故障的灭弧介质的一种开关设备，有多油断路器和少油断路器两种形式，较早应用于电力系统中，技术已经十分成熟，价格比较便宜，广泛应用于各个电压等级的电网中。油断路器是用来切断和接通电源，并在短路时能迅速可靠地切断电流的一种高压开关设备。

当油断路器开断电路时，只要电路中的电流超过 0.1A，电压超过几十伏，在断路器的动触头和静触头之间就会出现电弧，而且电流可以通过电弧继续流通，只有当触头之间分开足够的距离时，电弧熄灭，电路断开。

多油和少油断路器（图 3-6-5）都要充油，油的主要作用是灭弧、散热和绝缘。它

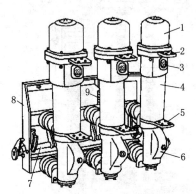

图 3-6-5　SN10-10 型少油断路器
1—铝帽；2—上接线端子；3—油标；
4—绝缘筒；5—下接线端子；
6—基座；7—主轴；8—框
架；9—断路弹簧

具有危险性，在发生故障时可能引起爆炸。爆炸后由于油断路器内的高温油发生喷溅，形成大面积的燃烧，引起相间短路或对地短路，破坏电力系统的正常运行，使事故扩大，甚至造成严重的人身伤亡事故。因此，使用油断路器有很大的危险。在运行时应经常检查油面高度，油面必须严格控制在油位指示器范围之内。发现异常，如漏油、渗油、有不正常声音等时，应采取措施，必要时须立即降低负载或停电检修。当故障跳闸，重复合闸不良，而且电流变化很大，断路器喷油有瓦斯气味时，必须停止运行，严禁强行送电，以免发生爆炸。

（5）高压开关柜。高压开关柜是按照一定的接线方案将有关的一次设备、二次设备（各种开关设备、测量仪表等）组装成的一种高压成套配电装置，在配电所中起到控制和保护发电机、电力变压器和电力线路的作用，也可起到对大型高压电动机的启动、控制和保护作用。高压开关柜安装方便、节约空间、供电可靠，对环境也有很好的美化作用。

高压开关柜按结构形式分为固定式和移开式两大类型。

高压开关柜按功能分主要有馈线柜、电压互感器柜、高压电容器柜（1GR-1型）、电能计量柜（PJ系列）、高压环网柜（HXGN型）等。

高压开关柜必须具有五种防止误操作的功能（简称高压开关柜的"五防"功能）：

1）防止带负荷分合隔离开关。

2）防止误入带电间隔。

3）防止误分、合断路器。

4）防止带电挂接地线。

5）防止带接地线合闸。

目前市场上流行的开关柜型号很多，有GG-10（F）型固定式高压开关柜、KGN-10（F）型等固定金属铠装开关柜、KYN-10（F）型移开式金属铠装开关柜等。各开关柜的型号、接线等可根据生产厂家提供的样品手册得知。

下面仅介绍GG-10（F）型固定式高压开关柜，如图3-6-6所示。

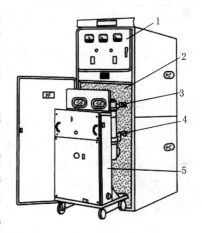

GG-10（F）型固定式金属封闭开关设备适用于三相交流50Hz，额定工作电压为12kV的变电所，作为接受分配电能之用，并对电路进行控制、保护和监控。GG-10（F）型固定式高压开关柜柜体由角钢和冷轧钢板焊接组装而成，完全能够承受短路电流引起的电动力与热应力，并具有良好的自然通风能力，所有设备均能在长期工作状态下运行且不致发热或影响寿命和功能。电器元件按标准方案布置，保证便利于操作和维修及满足安全等级。开关柜内分为断路器室、电缆室、继电器室，母线室为敞开式，室与室间用钢板隔开，柜与柜间母线部分用环氧树脂母线穿墙套管隔开。开关柜继电器室位于开关柜正面左上部，所有测量仪表及继电保护装置均安装于该室内，并有可靠的防振措施，不致因高压开关柜中断路器正常操作及故障动作的振动而影响正常工作及性能。电流互感器安装于开关柜前面下部，与断路器下接线端子及下隔离开关的接线端子连接，电流互感器安装

图3-6-6　GG-10（F）型固定式
高压开关柜（断路器未推入）
1—仪表板；2—手车室；3—上触头；
4—下触头；5—SN10-10型断路器

位置方便运行中检查、巡视，且在主回路不带电时，可进行预防性试验、检修及更换，电流互感器二次线圈可靠接地。GG-10（F）型固定式高压开关柜具有"五防"功能。

二、高压一次设备的选择

为了保障高压电气设备的可靠运行，高压电气设备选择与校验的一般条件有：按正常工作条件包括电压、电流、频率、开断电流等选择；按短路条件包括动稳定、热稳定校验；按环境工作条件如温度、湿度、海拔等选择。各种高压电气设备具有不同的性能特点，选择与校验条件不尽相同，高压电气设备的选择与校验项目见表3-6-1。

高压供电一般由电力主管部门负责施工和验收工作。高压断路器、负荷开关、隔离开关和熔断器的选择条件基本相同，除了按电压、电流、装置类型选择校验热、动稳定性外，对高压断路器、负荷开关和熔断器还应校验其开断能力。

表 3-6-1　　　　　　　　　高压电气设备的选择与校验项目

设备名称	额定电压	额定电流	开断能力	短路电流校验		环境条件	其 他
				动稳定	热稳定		
断路器	√	√	√	○	○	○	操作性能
负荷开关	√	√	√	○	○	○	操作性能
隔离开关	√	√		○	○	○	操作性能
熔断器	√	√	√			○	上下级间配合
电流互感器	√	√		○	○	○	
电压互感器	√					○	二次负荷、准确等级
支柱绝缘子				○	○	○	二次负荷、准确等级
穿墙套管	√			○	○	○	
母线		√		○	○	○	
电缆	√	√				○	

注　表中"√"为选择项目，"○"为校验项目。

第七节　低压配电系统

一、低压一次设备

低压一次设备是指配电系统中 1000V 及以下的设备。常见的低压设备如下。

（1）低压断路器。低压断路器又称自动空气开关，既能带负荷接通和切断电路，又能在短路、过负荷和低电压（失压）时自动跳闸，保护电力线路和电气设备免受破坏，被广泛用于发电厂和变电所，以及配电线路的交直流低压电气装置中，适用于正常情况下不频繁操作的电路。低压断路器的原理结构和接线如图 3-7-1 所示。

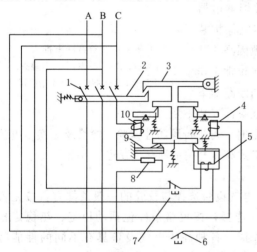

图 3-7-1　低压断路器的原理结构和接线
1—主触头；2—跳钩；3—锁扣；4—分励脱扣器；
5—失压脱扣器；6，7—脱扣按钮；8—加热电阻；
9—热脱扣器；10—过流脱扣器

低压断路器分为万能式断路器和塑料外壳式断路器两大类。万能式断路器主要有 DW15、DW16、DW17（ME）、DW45 等系列，塑料外壳式断路器主要有 D220、CM1、TM30 等系列。

DZ 型和 DW 型都是我国国产系列的低压断路器，其中 DZ 型（装置型）空气断路器的优点是导电部分全部装在胶木盒中，使用安全、操作方便、结构紧凑美观；缺点是因为装在盒中，电弧游离气体不易排除，连续操作次数有限。DW 型（断万型）断路器即框架低压断路器，结构是开启式的，体积比 DZ 型大，但保护性好。DW 型可加装延时机构，电磁脱扣器的动作电流也可以通过调节螺钉自由调节。而 DZ 型只能选择不同元件。DW 型除手动操作外还可以选择电动机或电磁铁操作。

我国生产的 TM、CM 等系列产品体积小，分断电流大（国内产品最高可达 100kA；国外产品最高可达 150kA），零飞弧（仅 CM1 型为短飞弧），并可垂直与水平安装，不会降低其使用性能。该类型断路器国内产品（除 TM30 外）大部分均为瞬动。但 TM30 产品却具有长延时、短延时（TM30 为 0.1s、0.2s、0.25s、0.3s）、瞬时三段保护功能以及接地保护和通信接口，也能接入计算机监控装置，实现远方遥控。

（2）低压熔断器。低压熔断器是低压配电系统中用于保护电气设备免受短路电流、过载电流损害的一种保护电器。当电流超过规定值一定时间后，低压熔断器本身产生热量，使熔体熔化。在低压配电系统中用作电气设备的过负荷和短路保护。常用的低压熔断器有 RC、RL、RT、RM、RZ 等型号，另外有填料管式 GF、GM 系列，高分断能力的 NT 型等。RM10 型低压熔断器结构示意图如图3-7-2所示。

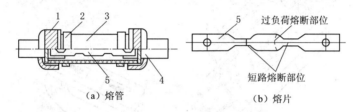

（a）熔管　　　　　　　　　（b）熔片

图 3-7-2　RM10 型低压熔断器结构示意图
1—铜管帽；2—管夹；3—纤维熔管；4—刀形触头（触刀）；5—变截面锌熔片

RT0 型低压有填料密闭管式熔断器（图 3-7-3）具有体积小、质量轻、功耗小、分断能力高等特点，广泛用于电气设备的过载保护和短路保护。

RZ1 型低压自复式熔断器结构示意图如图 3-7-4 所示。

（3）低压隔离开关（低压刀开关）。低压隔离开关种类：按其操作方式分，有单投和双投；按其级数分，有单极、双极和三极；按其灭弧结构分有不带灭弧罩和带灭弧罩。一般将隔离开关与熔断器结合使用。带灭弧装置的低压隔离开关与熔断器串联组合而成外带封闭式铁壳或开启式胶盖的开关电器，具有带灭弧罩刀开关和熔断器的双重功效，既可带负荷操作，又能进行短路保护，可用作设备和线路的开关电源。

带灭弧罩的刀开关既具有隔离作用，又具有通断负荷电流的作用；而不带灭弧罩的刀开关只能起隔离作用，不能带负荷操作。

低压熔断开关又称为低压刀熔开关，是一种由低压刀开关与低压熔断器组合而成的开关电器。常用的低压隔离开关有低压刀开关 HD 型、HK 型，低压刀熔开关 HR 型，低压负荷开关 HH 型等。

HR20 型是由刀开关和熔断器构成的组合电器，适用于户内低压电路。在正常馈电的情况下作为接通和切断电源用；在有短路或过载的情况下用于电路的保护。

（4）低压配电柜（屏）。低压配电柜（屏）是将各种低压一、二次设备组合在一起的低压成套配电装置，适用于低压配电系统中动力、照明配电。

低压配电柜的结构形式主要有固定式和抽出式两大类。

常用低压开关柜类型有 GCS 型低压配电柜（图 3-7-5）、GGD 型低压配电柜、RGGD 型交流低压配电柜（屏）、GCK 低压抽出式开关柜、MNS 型低压抽出式开关柜、

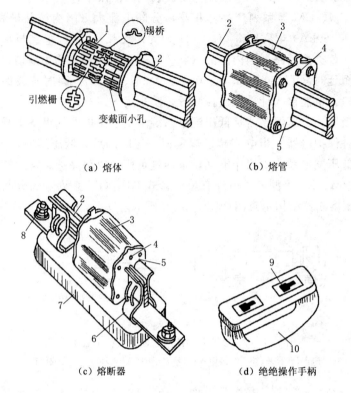

（a）熔体 （b）熔管

（c）熔断器 （d）绝绝操作手柄

图 3-7-3 RT0 型低压有填料密闭管式熔断器

1—栅状铜熔体；2—刀形触头（触刀）；3—瓷熔管；4—熔断指示器；5—盖板；

6—弹性触座；7—瓷质底座；8—接线端子；9—扣眼；10—绝缘拉手手柄

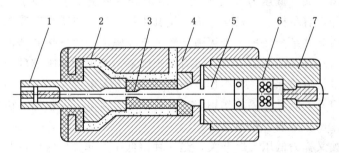

图 3-7-4 RZ1 型低压自复式熔断器结构示意图

1—接线端子；2—云母玻璃；3—氧化铍瓷管；4—不锈钢外壳；5—钠熔体；6—氩气；7—接线端子

MCS 智能型低压抽出式开关柜等。低压配电屏有 PGL 型交流低压配电屏等。

二、低压一次设备的选择

低压一次设备的选择与高压一次设备的选择相同。

这里主要讨论常用的低压断路器和熔断器的选择使用。

1. 低压断路器的选择

（1）低压断路器的选择条件如下：

1）低压断路器的类型及操作机构形式应符合工作环境、保护性能等方面的要求。

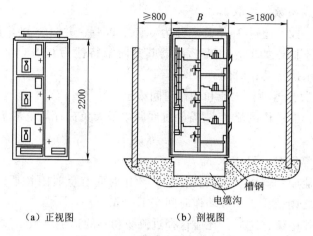

（a）正视图　　　　　　　（b）剖视图

图 3 - 7 - 5　GCS 型低压配电柜

2）低压断路器的额定电压应不低于装设地点线路的额定电压。

3）低压断路器的（等级）额定电流应不小于所能安装的最大脱扣器的额定电流。

4）低压断路器的短路断流能力应不小于线路中最大短路电流。

由于断路器的分断时间不同，在校验断流能力时，线路中最大短路电流是指 $I_k^{(3)}$ 或 $I_{sh}^{(3)}$，即：

a. 对于万能式（DW 型）断路器，其分段时间在 0.02s 以上时，有

$$I_{OC} \geqslant I_k^{(3)} \tag{3-7-1}$$

b. 对于塑壳式（DZ 型或其他型号）断路器，其分段时间在 0.02s 以下时，有

$$I_{OC} \geqslant I_{sh}^{(3)} \tag{3-7-2}$$

或

$$i_{OC} \geqslant i_{sh}^{(3)} \tag{3-7-3}$$

（2）低压断路器脱扣器的选择和整定。断路器的脱扣器主要有过电流脱扣器、欠电压脱扣器、热脱扣器、分励脱扣器几种。一般是先选择脱扣器的额定电流（或额定电压），再对脱扣器的动作电流和动作时间进行整定。

1）电流脱扣器额定电流的选择。

过电流脱扣器额定电流 $I_{N,OR}$ 应不小于线路的计算电流 I_C，即

$$I_{N,OR} \geqslant I_C \tag{3-7-4}$$

2）过电流脱扣器动作电流的整定。

a. 瞬时过电流脱扣器动作电流的整定。瞬时过电流脱扣器动作电流 $I_{op(0)}$ 应躲过线路的尖峰电流 I_{pk}，即

$$I_{op(0)} \geqslant K_{REL} I_{pk} \tag{3-7-5}$$

式中　K_{REL}——可靠系数，动作时间在 0.02s 以上的断路器，如 DW 型、ME 型等，K_{REL} = 1.35；动作时间在 0.02s 以下的断路器，如 DZ 型等，K_{REL} = 2～2.5。

b. 短延时过流脱扣器动作电流和动作时间的整定。

短延时过流脱扣器动作电流 $I_{op(s)}$ 应躲过线路短时出现的尖峰电流 I_{pk}，即

$$I_{op(s)} \geqslant K_{REL} I_{pk} \tag{3-7-6}$$

式中　　K_{REL}——可靠系数，可取 1.2。

短延时的时间一段不超过 1s，通常分为 0.2s、0.4s、0.6s 三级，但一些新产品中短延时的时间也有所不同，如 DW40 型断路器其定时限特性为 0.1s、0.2s、0.3s、0.4s 四级。可根据保护要求确定动作时间。

c. 长延时过流脱扣器动作电流和动作时间整定。

长延时过流脱扣器动作电流 $I_{op(1)}$ 需躲过线路中最大负荷计算电流 I_e，即

$$I_{op(1)} \geqslant K_{REL} I_e \qquad (3-7-7)$$

式中　　K_{REL}——可靠系数，可取 1.1。

由于长延时过流脱扣器用于过负荷保护，动作时间有反时限特征。过负荷电流越大，动作时间越短，反之则越长。一般动作时间在 1~2h。

过流脱扣器动作电流整定后，还应选择过流脱扣器的整定倍数。过流脱扣器的动作值或倍数一般是按照其额定电流的倍数来设定的。不同型号的断路器的脱扣器的动作电流整定倍数也不一样。不同类型过流脱扣器如瞬时、短延时、长延时，其动作电流倍数也不一样。有些型号断路器动作电流倍数分档设定，而有些型号断路器动作电流倍数可连续调节。应选择与 I_{op} 值最接近的脱扣器的动作电流整定值 KI_N，并满足 $KI_N \geqslant I_{op}$，其中 K 为整定倍数。

d. 过流脱扣器与配电线路的配合要求。当被保护线路因过负荷或短路故障引起导线或电缆过热而断路器不跳闸时，必须考虑低压断路器与配电线路的配合，其配合条件为

$$I_{op} \leqslant K_{OL} I_{a1} \qquad (3-7-8)$$

式中　　I_{a1}——绝缘导线或电缆的允许载流量；

K_{OL}——导线或电缆允许的短时过负荷系数，对于瞬时和短延时过流脱扣器，$K_{OL}=$ 4.5；对于长延时过流脱扣器，$K_{OL}=1$；对于有爆炸性气体和粉尘区域的配电线路，$K_{OL}=0.8$。

当上述配合要求得不到满足时，可改选脱扣器动作电流，或增大配电线路导线截面。

(3) 低压断路器热脱扣器的选择和整定。

1) 热脱扣器的额定电流应不小于线路最大计算负荷电流 I_e，即

$$I_{N,TR} \geqslant I_e \qquad (3-7-9)$$

2) 热脱扣器动作电流整定。热脱扣器的动作电流应按线路最大计算负荷电流来整定，即

$$I_{op.TR} \geqslant K_{REL} I_e \qquad (3-7-10)$$

式中　　K_{REL}——可靠系数，取 1.1，并在实际运行时调试。

3) 欠电压脱扣器和分励脱扣器选择。欠压脱扣器主要用于欠压或失压（零压）保护，当电压下降至 $(0.35~0.7)U_N$ 时便能动作。分励脱扣器主要用于断路器的分闸操作，电压为 $(0.85~1.1)U_N$ 时能可靠动作。

欠压和分励脱扣器的额定电压应等于线路的额定电压，并按直流或交流的类型及操作要求进行选择。

(4) 低压断路器灵敏度的校验。低压断路器短路保护灵敏度应满足式 (3-7-11) 条件

$$K_s = \frac{I_{K,\min}}{I_{op}} \geqslant 1.3 \qquad (3-7-11)$$

式中 K_s——灵敏度；

$\quad I_{op}$——瞬时或短延时过流脱扣器的动作整定电流；

$I_{K,\min}$——保护线路末端在运行方式下的短路电流，对于 TN 和 TT 系统，$I_{K,\min}$ 应为单相短路电流，对于 IT 系统则视为两相短路电流。

2. 熔断器的选用

(1) 低压熔断器的选择条件如下：

1) 熔断器的类型应符合工作环境条件及被保护设备的技术要求。

2) 熔断器的额定电流应不小于其熔体的额定电流。

3) 熔断器额定电压应不低于保护线路的额定电压。

(2) 熔体额定电流的选择如下：

1) 熔断器熔体额定电流 $I_{N,FE}$ 应不小于线路的计算电流 I_C，使熔体在线路正常工作时不至于熔断，即

$$I_{N,FE} \geqslant I_C \qquad (3-7-12)$$

2) 熔体额定电流还应躲过尖峰电流 I_{pk}，由于尖峰电流持续时间很短，而熔体发热熔断需要一定的时间，因此熔体额定电流应满足

$$I_{N,FE} \geqslant K I_{pk} \qquad (3-7-13)$$

式中 K——小于 1 的计算系数。

3) 熔断器保护还应考虑与被保护线路配合，使被保护线路过负荷或短路时能得到可靠的保护，还应满足

$$I_{N,FE} \geqslant K_{OL} I_{al} \qquad (3-7-14)$$

式中 I_{al}——绝缘导线和电缆最大允许载流量；

$\quad K_{OL}$——绝缘导线和电缆允许短时过负荷系数。当熔断器作短路保护时，绝缘导线和电缆的过负荷系数取 2.5，明敷导线取 1.5；当熔断器作过负荷保护时，各类导线的过负荷系数取 0.8～1，对有爆炸危险场所的导线过负荷系数取下限值 0.8。

在确定熔体额定电流时，应同时满足式 (3-7-12)～式 (3-7-14) 三个条件，当熔体额定电流不能同时满足三个条件时，应增大导线和电缆截面，或改选熔断器的型号规格。

(3) 熔断器断流能力校验。

1) 限流式熔断器应满足

$$I_{OC} \geqslant I''^{(3)} \qquad (3-7-15)$$

式中 I_{OC}——熔断器的断流能力；

$\quad I''^{(3)}$——熔断器安装地点的三相次暂态短路电流的有效值，无限大容量系统中，$I''^{(3)} = I''_{\infty}$，因限流式熔断器开断的短路电流是 $I''^{(3)}$。

2) 非限流式熔断器应满足

$$I_{OC} \geqslant I_{sh}^{(3)} \qquad (3-7-16)$$

式中 I_{OC}——熔断器的断流能力；

$I_{sh}^{(3)}$——三相短路冲击电流有效值。

3. 熔断器与断路器比较

（1）与断路器相比，熔断器具有以下特点：①选择性好，上下级熔断器的熔断体额定电流只要符合国标规定的过电流选择比为 1.6：1 的要求，即上级熔断体额定电流不小于下级的该值的 1.6 倍，就视为上下级能有选择性地切断故障电流；②限流特性好，分断能力高；③相对尺寸较小；④价格较便宜；⑤故障熔断后必须更换熔断体；⑥保护功能单一，只有一段过电流反时限特性，过载、短路和接地故障都用此防护；⑦发生某一相熔断时，对三相电动机将导致两相运转的不良后果，也可用带发报警信号的熔断器予以弥补；⑧不能实现遥控，需要与电动刀开关、负荷开关组合才有可能。

（2）熔断器的主要用途如下：①配电线路中间各级分干线的保护；②变电所低压配电柜（屏）引出的电流容量较小（如 300A 以下）的主干线的保护；③有条件时也可用作电动机末端回路的保护，但此处不宜选用全范围分断、一般用途的熔断器，而应选用部分范围分断、电动机保护用熔断器。

（3）断路器的主要特点如下：①故障断开后，可以手操复位，不必更换器件，除非切断大短路电流后需要维修；②有反时限特性的长延时脱扣器和瞬时过电流脱扣器两段保护功能，分别作过载和短路防护用，各司其职；③带电操作时可实现遥控；④具有多种保护功能，有长延时、瞬时、短延时和接地故障防护（包括零序电流和剩余电流保护），分别实现过载、短路延时、大短路电流瞬时动作及接地故障防护，保护灵敏度极高，调节各种参数方便，容易满足配电线路各种防护要求，另外，还可有级联保护功能，具有更良好的选择性动作性能；⑤有一些断路器产品具有智能特点，除有保护功能外，还有电量测量、故障记录功能，具有通信接口，可实现配电装置及系统集中监控管理；⑥上下级断路器间难以实现选择性切断，故障电流较大时，很容易导致上下级断路器均瞬时断开；⑦外形尺寸较大，价格略高；⑧部分断路器分断能力较小，例如，额定电流较小的断路器装设在靠近大容量变压器位置时，将出现分断能力不够现象，现在有高分断能力的产品可以满足要求，但价格较高；⑨价格很高，因此只宜在配电线路首端和特别重要场所的分干线上使用。

4. 低压保护电器选择注意事项

低压保护电器首先必须符合国家相关标准和规范。保护电器的额定电压应与所在配电回路的回路电压相适应；保护电器的额定电流不应小于该配电回路的计算电流；保护电器的额定频率应与配电系统的频率相适应。

保护电器要切断短路故障电流，应满足短路条件下的动稳定和热稳定要求，还必须具备足够的通断能力。分断能力应按保护电器出线端位置发生的预期三相短路电流有效值进行校核。虽然我国的保护电器产品具有国际先进水平，其通断能力足以满足配电系统的要求，但保护电器的通断能力具有不同等级。在使用保护电器时，应严格考虑保护电器安装使用场所的环境条件，以选择相适应防护等级的产品，并对各种低压保护电器容量做必要的计算和校正实验。此外，在高海拔地区应选用高海拔用产品，或者采取必要的技术措施。在靠近海边的地方，应使用防盐防雾的产品。

三、低压保护电器的级间配合

在低压配电回路中，一般装有低压断路器、熔断器、隔离开关等几种保护电器保护低压线路。为了使低压配电系统在发生短路时，能保证各级保护电器之间选择性动作，减少不必要的停电，低压保护电器在短路时各级间配合应满足以下要求。

1. 前后熔断器之间选择性配合

前后熔断器之间的选择性配合是指在线路发生短路故障时，靠近故障点的熔断器最先熔断，切除短路故障，从而使系统的其他部分迅速恢复正常运行。前后熔断器的选择性配合宜按其保护特性曲线（又称"安秒特性曲线"）来进行校验。如图 3-7-6 (a) 所示电路，有 1FU（前级）与 2FU（后级），当 k 点发生短路时，2FU 应先熔断，但由于熔断器的特性误差较大，一般为 $+30\% \sim \pm 50\%$，当 1FU 发生负误差（提前动作），2FU 为正误差（滞后动作），如图 3-7-6 (b) 所示，则 1FU 可能先动作，从而失去选择性。为保证选择性配合，要求

$$t_1' \geqslant 3t_2' \tag{3-7-17}$$

式中　t_1'——1FU 的实际熔断时间；

t_2'——2FU 的实际熔断时间。

一般前级熔断器的熔体电流应比后级大 2～3 级。

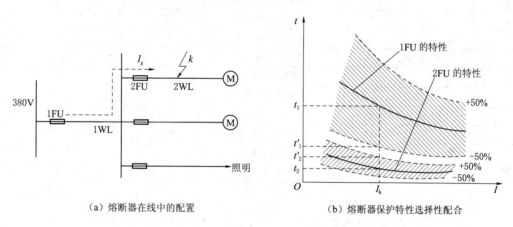

(a) 熔断器在线中的配置　　　　(b) 熔断器保护特性选择性配合

图 3-7-6　熔断器选择性配合

2. 前后级低压断路器之间选择性配合

为了保证满足前后级断路器选择性要求，一般要求前一级（靠近电源）低压断路器采用短延时的过流脱扣器，而后一级（靠近负荷）低压断路器采用瞬时脱扣器，动作电流应满足前一级大于后一级动作电流的 1.2 倍，即

$$I_{op,(1)} \geqslant 1.2 I_{op,(2)} \tag{3-7-18}$$

在动作时间选择性配合上，如果后一级采用瞬时过流脱扣器，则前一级要求采用短延时过流脱扣器，如果前后级都采用短延时脱扣器，则前一级短延时时间应至少比后一级短延时时间大一级。由于低压断路器保护特性时间误差为 $\pm 20\% \sim \pm 30\%$，为防止误动作，应把前一级动作时间计入负误差（提前动作），后一级动作时间计入正误差（滞后动作），在这种情况下，仍要保证前一级动作时间大于后一级动作时间，才能保证前后级断路器选择性配合。

3. 低压断路器与熔断器之间选择性配合

可通过各自的保护特性曲线检验低压断路器与熔断器之间是否符合选择性曲线。前一级低压断路器可按产品样本给出的保护特性曲线并考虑 $-30\% \sim -20\%$ 的负偏差，而后一

级熔断器可按产品样本给出的保护特性曲线并考虑 30%～50% 的正偏差。在这种情况下，如果两条曲线不重叠也不交叉，且前一级的曲线总在后一级的曲线之上，则前后两级保护可实现选择性动作。两条曲线之间留有裕量越大，则动作的选择性越有保证。

第八节　电力线路的敷设、导线截面选择及线路的保护

一、电力线路的敷设方式

电力线路的敷设方式有很多种。导线的敷设方式及其符号见表 3-8-1。

表 3-8-1　　　　　　　　　　　导线的敷设方式及其符号

序号	敷 设 方 式	符号
1	暗敷	C
2	明敷	E
3	用铝皮线卡敷设	AL
4	用电缆桥架敷设	CT
5	穿金属软管敷设	F
6	穿水煤气管敷设	G
7	瓷绝缘子敷设	K
8	用钢索架空敷设	M
9	穿金属线槽敷设	MR
10	穿电线管敷设	T
11	穿塑料管敷设	P
12	用塑料线卡敷设	PL
13	用塑料线槽敷设	PR
14	穿钢管敷设	S
15	直埋敷设	DB

导线经常用到的有架空敷设、穿管敷设、直埋敷设、电缆沟敷设、电缆桥架敷设等。

（1）架空敷设。凡将线缆（导线和电缆）用绝缘子支持，架设在电杆或构架上，档距超过 25m 的高、低压电路均称为架空线路。架空线路具有架设简单、施工成本较低、维修方便、易于发现和排除故障等优点，其缺点是占有一定范围的空间，相对不够安全，不够美观等。目前，架空线路在我国的中小城市、郊县、农村运用很广泛。

架空线路敷设必须根据周围环境合理选择架设路径，确定杆的类型大小。根据导线的截面类型合理考虑杆与杆之间距离。架空线路工程的设计、施工和维护要严格遵守国家的相关法律法规文件。

（2）穿管敷设。线缆穿管敷设从管子材质来分，有焊接钢管、电线管、塑料硬管、阻燃塑料硬管、金属管、瓷管等。根据不同的外部环境，可以选择相应的配管。从敷设方式看，穿管敷设有明敷和暗敷两种。选择管径的粗细主要根据导线的截面积、管内穿入导线的数目、管子敷设的长度及敷设的路径来决定，导线总截面积应占管内空间的 30%～40%。导线穿管敷设保护，通过墙壁内、墙壁外、地坪内、地坪外等敷设到设备，因为管外环境不同，其导线运行时散热不同，所以穿管敷线时，导线的载流量稍小于规范要求。

管子敷设需要弯曲时，其弯曲角度一般应大于90°。管路敷设时应尽量减少中间接线盒，只有在管路较长或有弯曲（管入盒处弯曲除外）时，才允许加装拉线盒或放大管径。管路敷设时拉线之间的距离和管与管之间的连接应遵循相应的规范。

（3）直埋敷设。一般都是铠装电缆直埋。直埋敷设时必须挖好壕沟，然后在沟底敷设100mm的沙土，将电缆敷设于沙土上，填上沙土，沙土上盖上保护板，再回填上土。直埋敷设施工简单，电缆运行中散热效果好，投资比较少。但电缆直埋须遵循以下规则：

1）室内埋设需穿钢管保护，埋深在300mm及以下即可。室外可直接埋设，埋设深度是由电缆外皮至地坪的埋深，不得小于800mm，如图3-8-1所示。穿越农田段的埋深，不应小于1000mm；当电缆埋深未超过土壤冻结深度时，应采取措施以防止电缆受到损坏。通过道路和汽车行驶段时需穿钢管保护，埋深1000mm。

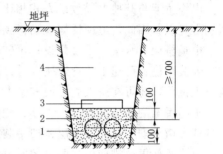

图3-8-1 电缆直埋敷设
1—电力电缆；2—沙子；
3—保护盖板；4—填土

2）沿直埋电缆的上、下侧，应铺100mm厚的软土或砂层，并盖以混凝土标志板，板宽超出电缆两侧各50mm。

3）电缆间或与控制电缆间平行敷设的净距宜大于100mm；控制电缆间平行敷设时，可不留空隙。

4）严禁将电缆平行敷设于管道的正上方或下侧。

5）电缆与热力管道并行敷设的净距宜大于2000mm，交叉处的净距宜大于500mm。

6）电缆与工业水管、沟并行或交叉处的净距宜大于500mm。

直埋敷设中低压电缆线路在安装敷设过程中或者安装运行一段时间之后，因其检修不便，并易受机械损伤和土壤中酸性物质的腐蚀，容易出现问题。直埋敷设一般适用于电缆量较少，土壤质地干燥，敷设距离比较长，而投资比较小的场合。

（4）电缆沟敷设。电缆沟敷设是将电缆敷设在预先砌好的电缆沟中的一种电缆安装方式。当地面载重负荷较轻，电缆与地下管网交叉不多，地下水位较低，且无高温介质和熔化金属液体流入的地区，同一路径的电缆数为18根及以下时，宜采用电缆沟敷设。电缆沟一般采用混凝土或砖砌结构，其顶部用盖板。盖板面一般和地面齐平，以便于开启，也有的稍低于地面，在盖板上粉刷一层水泥，以防止盖板与地面高低不平或雨水进入电缆沟。根据所敷设电缆的根数不同，可以将电缆单层搁置在电缆沟底，也可以将电缆分层敷设在电缆沟的支架上。若分层敷设，层与层之间应该留有一定的安全距离。

电缆沟敷设虽然先期投资较大，但其具有检修方便、占地面积少等很多优点，近几年，在配电系统中得到很广泛的应用。电缆沟敷设应注意以下问题：①经常有工业水溢流、可燃粉尘弥漫、化学腐蚀液体或高温熔化金属溢流的场所，或有载重车辆频繁经过的地段，不得用电缆沟；②当电缆沟与热力管沟交叉或平行时必须符合相关的法规；③电缆在电缆沟内敷设时，其支架层间垂直距离和通道宽度应符合相关规范；④电缆支架的长度，在电缆沟内不宜大于0.35m；在盐雾地区或化学气体腐蚀地区，电缆支架应涂防腐漆或采用铸铁支架；⑤电缆沟应采取防水措施；⑥如果电缆沟一侧有几层支架，各层支架敷设电缆的规格、数量必须遵从相关的规范。

（5）电缆桥架敷设。电压在10kV以下的电力电缆、控制电缆、照明配线等，可以用电缆桥架敷设。电缆桥架敷设具有以下优点：①电缆敷设在高空中，散热条件比较好，且不必通风排水，运行费用低，建设周期短，一旦电缆发生故障，处理也很方便；②装置扩建时，增设的新电缆可充分利用电缆桥架的备用位置，扩建十分方便；③可利用缆式探测器对电缆进行监护，一旦某处温度过高，超过了探测器的设定值，可马上报警，使值班人员及时巡检，消除隐患，以防造成事故。厂区主干线路或某个装置内的配线均可采用电缆桥架敷设方式。

电缆桥架与其他电缆敷设方式相比，具有敷设路径不受地域控制、选择敷设电缆不受限制等优点。因此，电缆桥架现已得到广泛的应用。

电缆桥架可水平、垂直敷设；可转角、T字形分支；可调宽、调高、变径。

安装环境：可随工艺管道架空敷设；楼板梁下吊装；室内外墙壁、柱壁、隧道、电缆沟壁上侧装，还可在露天立柱或支墩上安装。

电缆桥架的安装可悬吊、直立、侧壁，也可安装成单边、双边和多层等。还可在露天立柱或支墩上安装。大型多层桥架吊装或立装时，要尽量采取双边敷设，避免偏载过大。

电缆桥架层次排列应将弱电控制电缆排在最上层，一般控制电缆、低压动力电缆、高压动力电缆依次往下排。

电缆桥架应有可靠的接地。如利用桥架作为接地干线，应将每层桥架的端部用16mm^{2}软铜线并联起来，与总接地干线相通。长距离的电缆桥架每隔30～50m接地一次。

除需屏蔽保护罩外，室外安装电缆桥架装置时应在其顶层加装保护罩，防止日晒、雨淋。如需焊接安装时，焊件四周的焊缝厚度不得小于母材的厚度，坡口必须进行防腐处理。

总之，选择布线方式和布线路径时，不但应该符合相关的规范和法规要求，而且还要考虑布线的安全、可扩展、经济和美观，还应便于运行中的维修和保护。

二、线缆的类型

线缆是电力电线和电力电缆的简称。线缆的主要作用是传输分配电能和电信号。电力线路、控制线路和通信线路能否安全、可靠、经济、合理地运行，直接取决于线缆选择是否合理。从线芯材料来看，常用的电力电缆有铜芯和铝芯。按电压等级分，常用的电力电缆可分为低压电缆、中低压电缆、高压电缆。低压电缆一般适用于固定敷设在交流50Hz，额定电压3kV及以下的输配电线路上。中低压电缆一般指35kV及以下的电缆，常用的有聚氯乙烯绝缘电缆、交联聚乙烯绝缘电缆等。高压电缆一般为110kV及以上的电缆，常用的有聚乙烯电缆、交联聚乙烯绝缘电缆等。按敷设结构形式分，电力线路有架空线路和电缆线路以及室内线路等。

（1）电力电缆。电力电缆一般由电缆芯、绝缘层、屏蔽层和保护层四部分组成。电缆芯由单根或几根绞绕的导线构成，导线线芯多为铜、铝两种材料，线芯是电力电缆的导电部分，用来输送电能，是电力电缆的主要部分。

绝缘层是将线芯与不同相的线芯间在电气上彼此隔离，保证电能输送，是电力电缆结构中不可缺少的组成部分，分匀质和纤维质两类：前者有橡胶、沥青、聚乙烯等，防潮性好，弯曲性能好，但受空气和光线直接作用时易"老化"，耐热性差；后者包括棉麻、丝绸、纸等，此种材料易吸水，且不可做大的弯曲。10kV及以上的电力电缆一般都有导体屏蔽层和绝缘屏蔽层。

电缆线的保护层的作用是保护电力电缆免受外界杂质和水分的侵入,防止外力直接损坏电力电缆,分为内保护层和外保护层两部分。内保护层多用麻筋、铅包、涂沥青纸带、浸沥青麻被或聚氯乙烯等材料制作,外保护层多用钢铠、麻被或铝铠、聚氯乙烯外套等材料制作。电力电缆按保护层区分,主要有铅护套电缆、铝护套电缆、橡胶护套电缆、塑料护套电缆几种类型。根据电缆的型号表示便可确定该电缆属于哪种类型的电缆,如图3-8-2所示。

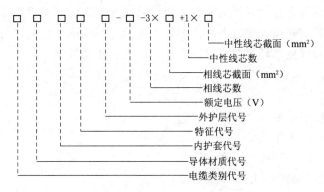

图3-8-2 电力电缆的型号表示和含义

电缆类别代号:Z—油浸纸绝缘电力电缆;V—聚氯乙烯绝缘电力电缆;YJ—交联聚乙烯绝缘电力电缆;X—橡胶绝缘电力电缆。

导体材质代号:L—铝导体;T—铜导体。

内护套代号:Q—铅包;V—聚氯乙烯护套。

特征代号:P—滴干式;D—不滴流式;F—分相铅包式。

外护层代号:02—聚氯乙烯套;03—聚乙烯套;20—裸钢带铠装;30—裸细圆钢丝铠装;40—裸粗圆钢丝铠装。

(2)电线。常用电线按绝缘外皮材料分为塑料绝缘和橡胶绝缘。电线的型号表示和电缆相同。常用塑料绝缘线型号有:BLV(BV),BLVV(BVV),BVR。优点是绝缘性能良好,价格低,经常在室内敷设用。

(3)电缆和电线的区别。电缆和电线都用来传输分配电能和电信号。它们的区别是:电线由一根或几根柔软的导线组成,外面包以轻软的护层;电缆由一根或几根绝缘包导线组成,外面再包以金属或橡胶制的坚韧外层。电缆比电线使用范围广,价格相对较高。比如电力电缆传输持续性电流,电压等级范围较宽,一般为1~220kV,导体截面大,电缆线芯数有3芯、4芯(三相四线制)、5芯(三相五线制)等。

三、线缆的截面选择

电力线缆的选择:应根据其使用电压、敷设条件和使用环境条件,结合导线性能和用途选定导线类型,而后计算选择导线截面。

1.线缆截面的选择应满足的条件

(1)线缆的允许载流量不应小于通过相线的负荷计算电流。

(2)线缆通过计算电流发热时的温度不应超过线缆正常运行时的最高允许温度。

（3）线缆通过计算电流时产生的电压损耗不应超过正常运行时允许的电压损耗值。

（4）高压线路及特大电流的低压线路一般应按规定的经济电流密度选择导线和电缆的截面。

（5）所选绝缘导线线芯截面应不小于最小允许截面。由于线缆的机械强度一般很好，因此电缆不校验机械强度，但需要校验短路热稳定度。

（6）对电缆应进行热稳定校验。

2. 线缆截面选择条件说明

（1）按允许载流量选择。导线的允许载流量就是在规定的环境温度条件下，导线能够连续承载而不致使其发热温度超过允许值的最大电流。当实际环境温度与规定的环境温度不一致时，应根据敷设处的环境温度进行校正。温度校正系数为

$$K = \sqrt{\frac{t_1 - t_2}{t_1 - t_0}} \tag{3-8-1}$$

式中　K——温度校正系数；

$\quad\quad t_1$——导体最高工作温度，℃；

$\quad\quad t_0$——敷设处的实际环境温度，℃；

$\quad\quad t_2$——载流量数据中采用的环境温度，℃。

实际环境温度是指按允许载流量选择的线缆的特定温度。在室内取当地最热月平均最高气温加5℃，在室外取当地最热月平均最高气温。

因此，导线实际载流量

$$I_s = K I_y \tag{3-8-2}$$

式中　I_y——导线的允许载流量，A；

$\quad\quad I_s$——导线实际载流量，A。

按发热条件选择线缆截面，线缆的相线截面和中性线、保护线截面分类选择。

1）线缆相线（A、B、C）截面的选择。应使三相系统中相线截面的允许载流量不小于通过相线时的计算电流。

2）线缆中性线（N线）截面的选择：①一般三相四线制线路的中性线截面应不小于相线截面的50%；②由三相四线线路引出的两相三线线路和单相线路，由于其中性线电流与相线电流相等，所以它们的中性线截面应与相线截面相同；③对三次谐波比较突出的三相四线制线路，由于各相的三次谐波电流都要通过中性线，中性线电流可能接近甚至超过相电流，在这种情况下中性线截面宜大于或等于相线截面。

3）保护线（PE线）截面的选择。保护线常常考虑三相系统发生短路故障后单相短路电流通过时的短路热稳定度。根据电气相关规范的规定：①当供电系统相线截面面积大于35mm² 时，其保护线（PE线）截面面积应大于或等于0.5倍的相线截面面积；②当相线截面面积小于 35mm² 而大于 16mm² 时，其保护线（PE线）截面面积大于或等于16mm²；③当相线截面面积小于 16mm² 时，其保护线截面大于或等于相线截面。

导线的实际载流量也受导线的敷设方式和导线数量等外界环境的影响，按发热条件选择的导线和电缆截面还必须要校验它与相应的保护装置（熔断器或低压断路器的过电流脱扣器）是否配合得当，如配合不当，可能发生线缆因过电流而发热起燃但保护装置不动作的情况，这是绝对不允许的。

4) 保护线截面面积 S_{PE} 的选择。按 $S_{PE} \geqslant 0.5 S_{相}$ 的要求，选 $S_{PE} = 25 \text{mm}^2$。

（2）按最高允许温度选择。线缆中长期连续通过电流时会产生电能损耗，使导线发热而温度升高，与周围空气产生温差，线缆通过电流越大，温差也越大。导线的工作温度越高，运行时间越长，由于金属受热电阻增大，导线的强度损失就越大。导线的最高允许工作温度是由导线强度损失决定的，因此按发热条件选择导线截面很有必要。选择线缆截面时要求线缆在最高环境温度和最大导线载流负荷的情况下，保证导线不因发热而被烧坏。

（3）按允许电压损失选择。电压损失是线路始、末两端电压的代数差值。电压损失一般以电压损失的代数差值与额定电压之比的百分数表示。由于在线缆通过正常最大负荷电流（即计算电流）时，线路上产生的电压损失不应超过正常运行时允许的电压损失，电压损失越大，用电设备端子上的电压偏移就越大，电压偏移超过允许值时会严重影响电气设备的正常运行。因此，电气规范规定：高压配电线路的电压损失一般不超过线路额定电压的 5%；从变压器低压侧母线到用电设备受电端的低压配电线路的电压损失一般不超过 5%；对视觉要求较高的照明电路则为 2%～3%。

按电压损失来选择导线的截面积，一般用于负载的电流比较大，距离供电的变压器又比较远的情况。

（4）按经济电流密度选择。经济电流密度是指使线路的年运行费用支出最小的电流密度，如图 3-8-3 所示。可见，增大导线截面积能减少电能损耗费用，但会加大建设及维修费用；反之，减小导线截面虽然降低建设和维修费用，但增加了电能损耗费用。显然，线缆截面选择直接影响线路投资和线路运行中的电能损耗。为了节省投资，要求综合考虑确定线缆截面，按这两种原则选择的使线路的年运行费用接近最小的线缆截面称为"经济截面"。因此，为供电经济性，取其年运行费用最低者为最经济的线缆选择。实践证明，按经济电流密度选择导线截面，可达到运行费用最低而又节省线缆的目的。

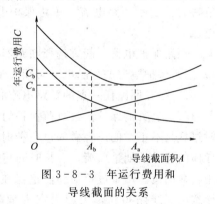

图 3-8-3 年运行费用和导线截面的关系

（5）短路热稳定校验。线缆发生短路时，无论何种保护电器都需要一定的动作时间。因此，在故障切除前，导体在短路电流热效应的作用下，导体温度会急剧上升，达到很高的温度，导体必须能承受短路电流的这种热效应而不致使绝缘材料软化烧坏，也不致使线芯材料的机械强度降低，这种能力即为导体的短路热稳定性。当导体通过短路电流时的最高温度小于导体规定的短时发热允许温度，则认为导体在短路条件下是热稳定的，否则是热不稳定的。

为了保证导线在短路时的最高温度不超过导线材料允许的最高温度，用热稳定条件校验导线截面时，应按导线首端最大三相短路电流来校验，所选取的导线截面应不小于导线的最小热稳定截面。对持续时间不超过 5s 的短路，绝缘导体的热稳定校验公式为

$$S \geqslant \frac{I_k}{K} \sqrt{t} \qquad\qquad (3-8-3)$$

式中 S——绝缘导体线芯的截面积，mm^2；

I_k——短路电流有效值，A；

t——在已达到允许最高持续工作温度的导体内短路电流持续作用的时间，s；

K——导线不同绝缘材料的计算系数。

因此，选择导线截面时，根据具体使用条件及负荷选择上述原则和方法。一般地，消耗有色金属量比较大的线路，宜按经济电流密度选择截面，以便节约有色金属和投资。使用比较广的是按发热条件选择导线截面。只有合理使用导线截面的选择方法，才能使线缆截面的选择满足线路使用安全、运行可靠、方案优质和投资经济的条件。

四、线路的保护

配电线路遍布生活的各个角落，专业人员和众多线路非专业人员都会触及。如果配电线路设计和施工不当，在运行中不但会使线路损坏，甚至会导致重大财产损失或人员伤亡事故。因此，在配电线路设计施工中，应严格执行相关的配电线路设计和施工规范，严格执行相关的法律法规文件，才能为人身和财产提供必要的安全保障。下面就低压线路保护来了解电气线路保护的必要性。

低压配电线路保护一般包括短路保护、过负荷保护、接地故障保护等。

（1）短路保护。短路保护即线路在发生短路故障时，线路前面的保护装置能及时动作，迅速切断电源以保护后面的线路，以免造成大的损伤或损坏。低压配电线路应装设短路保护，短路保护电器应在短路电流使导体及其连接件产生的热效应及机械应力造成危害之前切断短路电流。短路保护电器的分断能力应该能够切断安装处的最大预期短路电流。

短路保护电器一般宜选择断路器或熔断器，且能满足以下要求：

1）保护电器的分断电流必须大于装置安装处的预期短路电流。

2）断开回路任一点的短路电流的时间应小于导体允许的极限温度的时间。

（2）过负荷保护。过负荷保护的含义是指为防止过负荷危险采取的保护。电气线路短时过载是不正常的。轻微的过负荷时间较长，也将对线路的绝缘、接头、端子造成损害。导体的绝缘长期过负荷，会长时间超过允许温升，导体绝缘将会加速老化，绝缘导体的使用寿命缩短。严重过负荷会使绝缘在短时间内软化变形，介质损耗增大，耐压水平降低，导致电气线路短路，引起火灾等危险。过负荷保护的目的在于防止短路和接地故障的发生。

可见，实施配电线路保护就是要保证保护电器在正常工作（包含设备启动）时不应动作，而在故障时要可靠动作；保证在下级保护电器后面任一点发生故障时，只应由最近的保护电器迅速动作，而上级不应动作。只有解决好这两个问题，保护才能真正起到保护线路的作用。

思　考　题

1. 建筑电气工程的含义是什么？建筑电气工程的主要功能包括哪些？

2. 建筑供电由哪些部分组成？

3. 各民用建筑电力负荷是如何分类的？

4. 线缆常用的安装方式都有哪些？至少举四个例子。

5. 常用的高压、低压供电方式有哪些？各有什么特点？

6. 什么是一次设备？什么是二次设备？

7. 常用的高压一次设备有哪些？低压一次设备有哪些？

8. 合理选择一台变压器都考虑哪些因素？

9. 线缆截面的选择必须考虑哪些因素？

第四章 建筑供暖系统

第一节 供暖系统简介

一、供暖系统及供暖期

我国寒冷地区和严寒地区的冬季室外温度低于室内温度，因而房间的热量不断地传向室外，为使室内保持所需要的温度，必须向室内供热。这种向室内供给热量以满足人们生活工作需要或保持设备正常运行的工程设备系统，称为供暖系统。

供暖期是指从开始供暖到结束供暖的日期。我国规范规定的供暖期是历年日平均温度低于或等于供暖室外临界温度（5℃与8℃两个标准）的总日数。一般民用建筑和生产厂房、辅助建筑物供暖室外临界温度采用5℃；中高级民用建筑物采用8℃。

二、供暖系统的组成

所有供暖系统都是由三个基本部分组成的，即热源、输送管道和散热设备。此外，因系统的不同还有膨胀水箱或膨胀罐、集气罐、除污器、循环水泵、疏水器、控制附件等设备及附件。

（1）热源。热源为产生热量的设备，一般为锅炉，燃料在其中燃烧产生热能，加热热媒。

（2）输送管道。输送管道是将被锅炉加热的热媒输送到散热器，并将散热后的热媒送回热源的设备。

（3）散热设备。散热设备是将热量传至所需空间的设备，如散热器、暖风机等。

（4）膨胀水箱或膨胀罐。自然循环热水系统中膨胀水箱一般设置在系统的最高点，作用主要是吸收系统中热水膨胀的体积，补充因冷却和漏失造成的系统水的不足和排气。机械循环热水供暖系统中膨胀水箱一般设置在回水干管循环水泵入口之前，除吸收和补充膨胀与收缩的水量、排气外，还起定压作用。

（5）集气罐。集气罐的作用是收集并排除系统中的空气，保证系统正常运行。

（6）除污器。除污器是热水系统中用来清除和过滤热网中的污物的设备，防止堵塞水泵叶轮、调压板孔及管路，保证系统管路畅通。

（7）循环水泵。为了保证热媒能顺利地在由热源、供热管道和散热设备组成的封闭回路中循环流动，当系统的沿程阻力损失和局部损失之和较大时，需要依靠循环水泵对其进行加压。

（8）疏水器。疏水器是蒸汽系统中的重要设备。其作用是自动防止蒸汽溢漏，迅速排出系统中的凝水、空气和其他不凝性气体。

（9）控制附件。控制附件主要是指各种阀门，如减压阀、溢流阀等。减压阀的作用是对蒸汽进行节流从而达到减压的目的，并将阀后压力维持在一定范围内。溢流阀的作用是保证系统的压力不超过允许压力范围。

三、供暖系统的分类及其使用特点

1. 按供暖的范围分

（1）局部供暖系统。局部供暖系统是指供暖系统的热源、管道和散热器（设备）在构造上联成一个整体的供暖系统。

（2）集中供暖系统。集中供暖系统是指采用锅炉或水加热器对水集中加热，通过管道向一幢或数幢房屋供热的供暖系统。

（3）区域供暖系统。区域供暖系统是指以集中供热的热网作为热源，向城镇某个生活区、商业区或厂区供热的供暖系统，其规模比集中供暖系统更大。

2. 按热媒的不同分

（1）热水供暖系统。其热媒是热水，是依靠热水在散热设备中所放出的显热（热水温度下降所放出的热量）来供暖的。根据供水温度的不同，可分为低温水供暖系统和高温水供暖系统。

（2）蒸汽供暖系统。其热媒是蒸汽，主要是依靠水蒸气在供暖系统的散热设备中放热（主要是蒸汽凝结成水所放出的热量）来供暖的。蒸汽相对压力小于 70kPa 时，称为低压蒸汽供暖系统；蒸汽相对压力为 70~300kPa 时，称为高压蒸汽供暖系统。

（3）热风供暖系统。热风供暖系统是以热空气作热媒的供暖系统。

第二节　热水供暖系统

按热媒温度的不同，热水供暖系统可分为低温系统和高温系统。低温热水供暖系统的供水温度为 95℃，回水温度为 70℃；高温热水供暖系统的供水温度多为 120~130℃，回水温度为 70~80℃。

在热水供暖系统中，热媒是水，按照水在系统中的循环动力不同，热水供暖系统可分为自然循环热水供暖系统、机械循环热水供暖系统、低温热水地板辐射供暖系统和高层建筑热水供暖系统。

一、自然循环热水供暖系统

1. 组成

自然循环热水供暖系统一般由热水锅炉、供水管道、散热器、集气罐、回水管道、膨胀水箱以及循环水泵等组成，如图 4-2-1 所示。

自然循环热水供暖系统的循环作用压力的大小取决于水温在循环环路的变化状况。

2. 主要形式

（1）双管上供下回式。图 4-2-2 中左边所示为双管上供下回式系统。其特点是各层散热器都并联在供、回水立水管上，水经回水立管、干管直接流回锅炉。如不考虑水在管道中的冷却，则进入各层散热器的水温相同。

上供下回式自然循环热水供暖系统管道布置的主要特点是：系统的供水干管必须有向膨胀水箱方向上升的坡度，坡度

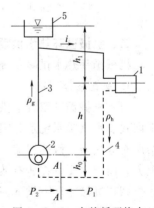

图 4-2-1　自然循环热水供暖系统工作原理图
1—散热器；2—热水锅炉；3—供水管道；4—回水管道；5—膨胀水箱

宜采用 0.5%～1.0%；散热器支管的坡度一般取 1.0%。回水干管应有沿水流向锅炉方向下降的坡度。

（2）单管上供下回式。图 4-2-2 中右边所示为单管上供下回式系统。其特点是热水送入立管后由上向下流过各层散热器，水温逐层降低，各组散热器串联在立管上。每根立管（包括立管上各层散热器）与锅炉、供回水干管形成一个循环环路，各立管环路是并联关系。

与双管系统相比，单管系统的优点是系统简单，节省管材，造价低，安装方便，上下层房间的温度差异较小；其缺点是顺流式不能进行个体调节。

3. 不同高度散热器环路的作用压力

如图 4-2-3 所示的双管系统中，由于供水同时在上、下两层散热器内冷却，形成了两个并联环路和两个冷却中心。

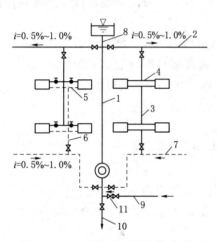

图 4-2-2　自然循环热水供暖系统
1—总立管；2—供水干管；3—供水立管；4—散热器
供水支管；5—散热器回水支管；6—回水立管；
7—回水干管；8—膨胀水箱连接管；9—充
水管；10—泄水管；11—止回阀

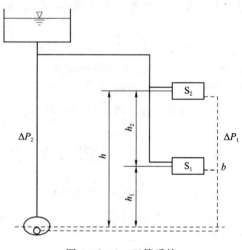

图 4-2-3　双管系统

二、机械循环热水供暖系统

机械循环热水供暖系统有以下几种主要形式。

1. 垂直系统

（1）机械循环双管上供下回式热水供暖系统。如图 4-2-4 所示为机械循环双管上供下回式热水供暖系统示意图。该系统与每组散热器连接的立管均为两根，热水平行地分配给所有散热器，散热器流出的回水直接流回锅炉。由图可见，供水干管布置在所有散热器上方，而回水干管在所有散热器下方，所以称为上供下回式热水供暖系统。

（2）机械循环下供下回式热水系统。机械循环下供下回式热水系统如图 4-2-5 所示，一般采用双管式，其供、回水干管都在散热器之下。双管下供下回式热水系统一般应用在平屋顶建筑顶棚下不允许设置供水干管的情况。如建筑物设有地下室，供回水干管可设于底层地沟中。此系统最应注意的问题是排气问题。一般有两种方法，一是在顶层散热器设置排气阀，如图 4-2-5 所示主立管左侧的立管；二是在供水立管上部接出专用的空气管，使空气汇集到集气罐或排气阀中，统一排出，如图4-2-5所示主立管右侧的立管，为了避免立管的水通过空气管流入其他立管，集气罐或排气阀必须设置在水平空气管的下方一定高度处，一般不小于300mm，起到隔断作用。

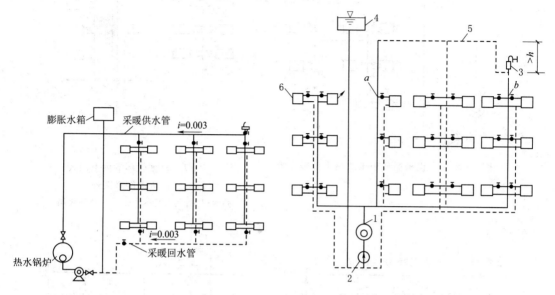

图4-2-4 机械循环双管上供下
回式热水供暖系统

图4-2-5 机械循环双管下供下回式热水供暖系统
1—热水锅炉；2—循环水泵；3—集气罐；
4—膨胀水箱；5—空气管；6—放气阀

(3) 机械循环中供式热水供暖系统。从系统总立管引出的水平供水干管敷设在系统的中部，下部系统为上供下回式；上部系统可采用下供下回式，也可采用上供下回式。中供式系统可用于原有建筑物加建楼层或上部建筑面积小于下部建筑面积的情况。机械循环中供式热水供暖系统如图4-2-6所示。

(4) 机械循环下供上回式（倒流式）热水供暖系统。该系统的供水干管设在所有散热器设备的上面，回水干管设在所有散热器下面，膨胀水箱连接在回水干管上。回水经膨胀水箱流回锅炉房，再被循环水泵送入锅炉，如图4-2-7所示。

2. 同程式系统与异程式系统

循环环路是指热水从锅炉流出，经供水管到散热器，再由回水管流回到锅炉的环路。如果一个热水供暖系统中各循环环路的热水流程长短基本相等，称为同程式热水供暖系统，如图4-2-8所示；热水流程相差很多时，称为异程式热水供暖系统，如图4-2-9所示。较大建筑物宜采用同程式热水供暖系统。

3. 水平式系统

水平式热水供暖系统按供水与散热器的连接方式可分为顺流式[图4-2-10（a）]和跨越式[图4-2-10（b）]两类。

三、低温热水地板辐射供暖系统

根据系统热源的不同，低温地板辐射供暖系统可分为低温热水地板辐射供暖系统（图4-2-11）和低温电地板辐射供暖系统。

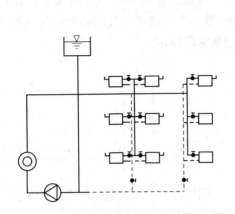

图 4-2-6　机械循环中供式热水供暖系统

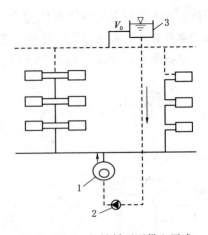

图 4-2-7　机械循环下供上回式
（倒流式）热水供暖系统

1—热水锅炉；2—循环水泵；3—膨胀水箱

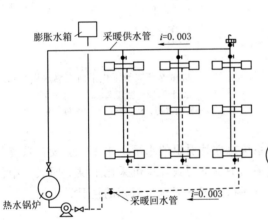

图 4-2-8　同程式热水供暖系统

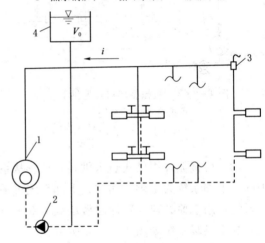

图 4-2-9　异程式热水供暖系统

1—热水锅炉；2—循环水泵；3—集气罐；4—膨胀水箱

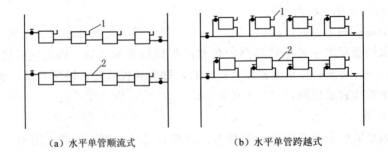

（a）水平单管顺流式　　　　（b）水平单管跨越式

图 4-2-10　水平式热水供暖系统

1. 低温热水地板辐射供暖系统的优缺点

（1）优点。低温热水地板辐射供暖系统与散热器热水供暖系统相比，具有以下优点：

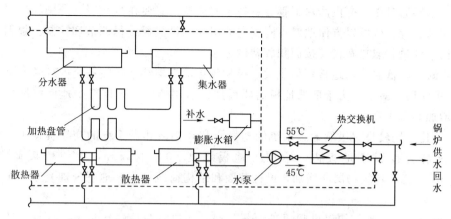

图 4-2-11 低温热水地板辐射供暖系统图

1）高效、节能。地暖系统可利用低温热源，如地热水、工厂、电厂废热水；在建立同样舒适条件的前提下，因辐射供暖方式比对流供暖方式热效率高，室内设计温度比其他供暖方式低 2℃，供水温度仅需 50～60℃，可节能 35％左右；室内温度沿高度方向分布较均匀，温度梯度小，热媒低温传送，传热过程中无效热损失大大减小；控制阀门设置于分水器，方便调节室内温度，无人时可关闭。

2）舒适、卫生、美观。采用地暖系统时，由于地面温度较高，相对人体和室内其他表面有较强的辐射，因此减弱了周围温度较低的表面对人体的冷辐射。地面温度约为26℃，距离地面 5～15mm 处（人体最敏感处）温度高出 8～10℃，人头部位置为 20℃，头顶为 19℃，该室内温度垂直分布曲线与人体感觉舒适时的室内温度曲线一致，也符合我国传统医学"温足凉顶"的健身理论，可以改善血液循环，促进新陈代谢，具有最佳的舒适感和保健功能。同时，由于地板供暖室内空气平均流速较小，有效减少室内尘埃飞扬，保证卫生。地暖系统的加热盘管设于楼板下，室内没有管道及散热设备，比较美观，使用面积增加。

3）有利于阻力平衡。由于地暖系统的加热盘管的长度很大，其阻力损失远大于因楼层高度产生的垂直水头以及各分立管之间水平干管中的沿程阻力损失和局部阻力损失，所以，相对于散热器供暖，地暖系统可以充分克服垂直失调和水平失调，即有利于平衡阻力。

4）使用寿命长。传统的对流散热器经常需要维修，15～20 年就需要更换，而低温热水地板辐射供暖系统的加热盘管通常采用铝塑复合管（PAP、XPAP）、无规共聚聚丙烯管（PP-R）、聚丁烯管（PB）、交联聚乙烯管（PE-X）等，并由整管按照一定间距盘绕固定在绝缘保温层上，管子无接头，两端与分水器、集水器相连。运行时，水温不高，水流稳定，水质在管内不腐蚀、不结垢，不产生化学反应，安全可靠，使用寿命可达 50 年。

5）热稳定性好。由于地暖系统的构造层由混凝土等材料组成，蓄热量大，热稳定性好，在间歇运行的情况下，室内温度变化缓慢，不会使人产生忽冷忽热的感觉。试验证明，在 20℃时关闭系统，室温在 12h 内仍可保持在 18℃。

6）便于分户计量。在设计时根据房间的大小，可在一个房间设置一个或几个环路，小的房间也可以几个房间设置一个环路。各环路的供水管、回水管连接到分水器上。每个用户的分水器通过楼内的供回水干管与室外管网连接，只要在分水器处分别为环路设置调节阀或控制装置，就可以方便地对不同朝向的房间的供热量进行调节和控制。根据北欧的经验，按热计量收取热费代替按面积收费的方法可以节约能源20%～30%。

（2）缺点。低温热水地板辐射供暖系统相较于散热器热水供暖系统也有以下缺点：

1）房间层高减小。由于低温地板需要增加构造层的厚度，使整个地面厚度比普通供暖方式增加60～100mm。

2）土建费用较高。虽然地暖系统的初投资和高档散热器系统的初投资持平，但是由于其加热盘管设置于地板内，增加了地板厚度60～100mm，致使楼板荷载增加2.4 kN/m^2，相应建筑物层高增加，梁柱截面和结构荷载增大，地基处理复杂，土建费用提高。

3）可修性差。地板辐射供暖属于隐蔽工程，加热管敷设在地板下，一旦系统出现问题，如渗漏、堵塞等，需要剖开大片地面进行维修，并难以和原来装修一致。不过，可采用有效措施克服此缺点，如隐蔽加热管段不允许有接头，管网中加过滤器等。

4）对地板要求严格。由于低温地面辐射供暖的特殊性，对地板的要求非常严格。地板必须是具备热传导性好，热稳定性好，环保性能好，抗变形好的复合地板。

5）屋内设置受限。一方面，室内家具及其他物品的布置对地板的遮挡会影响散热，尤其是小房间更应该慎重考虑其散热效果；另一方面，地面温度较高也会使家具变形损坏。地板上如果铺设地毯会影响供暖效果。卫生间由于防水需要，不便铺设，还要借助于电暖器。

6）快速加热能力不足。地暖系统一般需1.5h后才能达到设计温度。

7）地面易产生裂缝。由于地暖系统由地板向上散热，容易引起填充层、找平层混凝土收缩，产生温度应力，导致地面产生轻微裂缝。

8）水泵能耗高。因为地暖系统要求供水、回水温差不大于10℃，又要求热媒管内流速不应小于0.25m/s，所以，循环水量比常规供暖系统大了一倍多，水泵电动能耗高。

2. 低温热水地板辐射供暖系统的结构

低温辐射供暖形式在近几年得到广泛应用，适用于安装散热器会影响到建筑物协调及美观的民用建筑与公共建筑。

（1）低温热水辐射供暖系统加热构件的构造。低温热水辐射供暖的加热构件是包括隔热层、加热管或加热体、覆盖层在内的热交换体，是低温热水辐射系统的主要组成部分。低温热媒通过加热构件将携带的热量通过地面传递给房间，其构成、性能、寿命和成本对辐射供暖系统的成败起决定性作用。在我国，目前广泛使用的是利用豆石混凝土作为覆盖层的地板辐射供暖做法和采用预制板式的地板辐射供暖加热构件的做法。

1）传统的低温辐射地板供暖系统加热构件的构造，如图4-2-12所示。

2）LG预制板式地板供暖加热构件的构造。LG预制板式地板供暖是韩国LG公司研制成功的一种新型地板供暖技术。其加热构件是将一种特殊材料做成的1200mm×600mm的块状体直接铺设在楼板上，其内部空腔可以通过热媒，块与块之间用专用的弯头连接，下面铺设隔热层，加热构件的上面是传热铝板和地面材料。

（2）地下加热盘管布置类型。传统的低温热水地板辐射供暖加热盘管布置的类型可以分为直列型、旋转型和往复型，如图4-2-13所示。

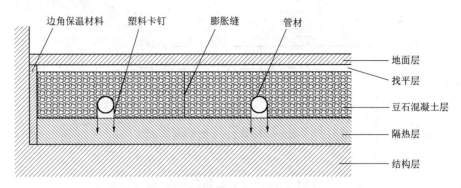

图 4-2-12 低温辐射地板供暖系统加热构件的构造

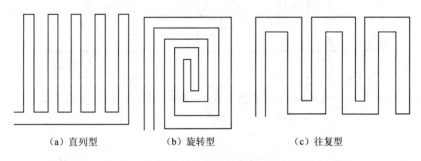

(a) 直列型   (b) 旋转型   (c) 往复型

图 4-2-13 低温热水地板辐射供暖加热盘管布置类型

四、高层建筑热水供暖系统

1. 高层建筑热水供暖系统的特点

高层建筑热水供暖系统的特点主要表现在以下两个方面。

(1) 随着建筑高度的增加，系统内的水静压力增加，要求散热设备和管材具有更高的承压能力。铸铁散热设备和管材的承压能力较差，虽然钢制的散热设备和管材承压能力较强，但是随着对承压能力要求的提高，其造价越来越高。所以，当建筑高度超过 50m 时，宜竖向分区供热。

(2) 在热水供暖系统中存在垂直失调现象，随着建筑高度的增加越来越严重。因此，一般垂直单管热水供暖系统所供层数不宜超过 12 层。

2. 高层建筑热水供暖系统的形式

高层建筑热水供暖系统常见的形式主要有竖向分区式、双线式和单双管混合式三种。

(1) 竖向分区式热水供暖系统。高层建筑热水供暖系统在垂直方向上分成两个或两个以上相互独立的系统，称为竖向分区供暖系统。竖向分区式供暖系统的低层通常直接与室外热网相连，其层次的多少取决于室外管网的压力及散热器的承载能力。高区与外网有多种连接方式，主要包括设热交换器的分区热水供暖系统 (图 4-2-14)、设双水箱的分区热水供暖系统 (图 4-2-15)、设阀前压力调节器的分区热水供暖系统 (图 4-2-16) 和设断流器与阻旋器的分区热水供暖系统 (图 4-2-17)。

(2) 双线式热水供暖系统。双线式热水供暖系统有垂直双线单管式 (图 4-2-18) 和水平双线单管式 (图 4-2-19) 两种形式。双线单管式系统由垂直或水平的 U 形单管连

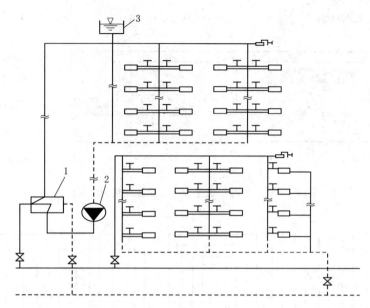

图 4-2-14　设热交换器的分区热水供暖系统
1—热交换器；2—循环水泵；3—膨胀水箱

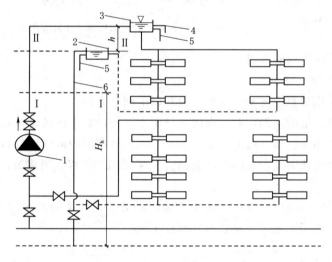

图 4-2-15　设双水箱的分区热水供暖系统
1—加压水泵；2—回水箱；3—进水箱；4—进水箱溢流管；5—信号箱；6—回水箱溢流管

接而成。垂直双线式系统在同一房间垂直方向上有上升和下降两个立管，因此，散热器的平均温度可近似地认为是相同的。

（3）单双管混合式热水供暖系统。如图 4-2-20 所示，在高层建筑热水供暖系统中，将散热器沿垂直方向分成若干组，每组有 2~3 层，各组内散热器采用双管连接，组与组之间采用单管连接，即为单双管混合式系统。该系统的优点如下：①当楼层过高时，可避免双管式的垂直失调问题；②可避免单管顺流式的散热器支管管径过大的缺点。但该系统仍然不能消除高区水静压力对低区的影响。

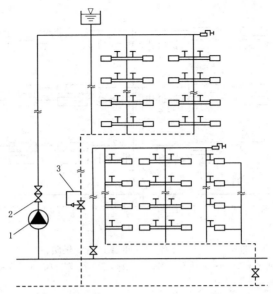

图 4-2-16 设阀前压力调节器的分区热水供暖系统

1—加压水泵；2—单向阀；3—阀前压力调节器

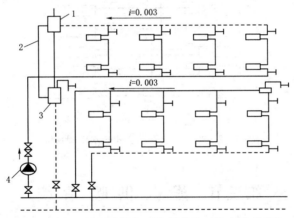

图 4-2-17 设断流器与阻旋器的分区热水供暖系统

1—断流器；2—连通管；3—阻旋器；4—加压控制系统

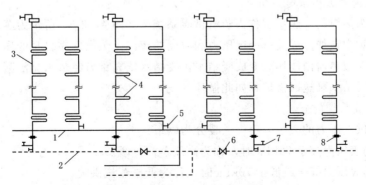

图 4-2-18 垂直双线单管式热水供暖系统

1—供水干管；2—回水干管；3—双线立管；4—散热器或加热盘管；

5—截止阀；6—调节阀；7—排气阀；8—节流孔板

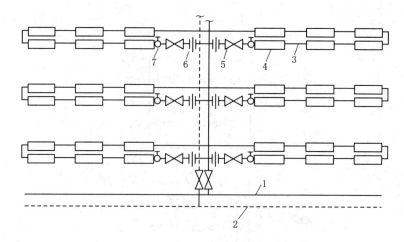

图 4-2-19 水平双线单管式热水供暖系统

1—供水干管；2—回水干管；3—双线水平管；4—散热器；5—调节阀；6—节流孔板；7—截止阀

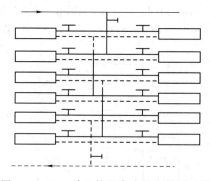

图 4-2-20 单双管混合式热水供暖系统

第三节 蒸 汽 供 暖 系 统

一、蒸汽供暖系统的工作原理与分类

1. 蒸汽供暖的工作原理

以水蒸汽为热媒的供暖系统称为蒸汽供暖系统。如图 4-3-1 所示为蒸汽供暖系统的原理。水在锅炉中被加热成具有一定压力和温度的蒸汽，蒸汽依靠自身的压力通过管道流入散热器，并在散热器内放热后变成凝结水，凝结水依靠重力经疏水器沿凝水管道返回凝结水箱，再由凝结水泵送回锅炉，如此循环往复。

2. 蒸汽供暖系统的分类

(1) 按照供汽压力的大小，蒸汽供暖分为以下三类：

1) 供汽的表压力高于 70kPa 时，称为高压蒸汽供暖。

2) 供汽的表压力等于或低于 70kPa 时，称为低压蒸汽供暖。

3) 当系统中的压力低于大气压力时，称为真空蒸汽供暖。

(2) 按照蒸汽供暖系统的干管位置情况可分为上供式、中供式和下供式三种。

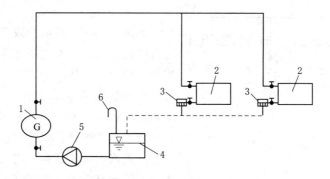

图 4-3-1 蒸汽供暖系统

1—蒸汽锅炉；2—散热器；3—疏水器；4—凝结水箱；5—凝结水泵；6—空气管

（3）按照立管的布置特点，蒸汽供暖系统可分为单管式和双管式。目前，国内绝大多数蒸汽供暖系统采用双管式。

（4）按照回水动力不同，蒸汽供暖系统可分为重力回水和机械回水两类。高压蒸汽供暖系统都采用机械回水方式。

二、低压蒸汽供暖系统的基本形式

1. 重力回水低压蒸汽供暖系统

如图 4-3-2 所示为重力回水低压蒸汽供暖系统。在系统运行前，锅炉充水至Ⅰ—Ⅰ平面。运行后锅炉加热产生的低压蒸汽经分汽缸分配到管路系统，克服流动阻力，经室外蒸汽管、室内蒸汽主立管、蒸汽干管、立管和散热器支管进入散热器内。低压蒸汽可将供汽管道和散热器内的空气驱入凝结水管后，从 B 处排入大气。蒸汽在散热器内放热后成凝结水流出，经凝结水支管、立管、干管返回锅炉，重新被加热变成蒸汽送入供暖系统。

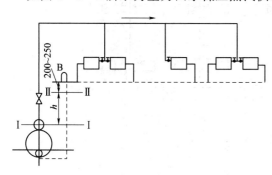

图 4-3-2 重力回水低压蒸汽供暖系统

重力回水低压蒸汽供暖系统形式简单，无须设置凝结水箱和凝结水泵，运行时不消耗电能，宜在小型系统中采用。但在供暖系统作用半径较大时，采用较高的蒸汽压力才能将蒸汽输送到最远散热器。如仍用重力回水方式，凝结水管里水面Ⅱ—Ⅱ高度就可能达到甚至超过底层散热器的高度，底层散热器就会充满凝结水，并积聚空气，蒸汽就无法进入，从而影响散热。因此，当系统作用半径较大、供汽压力较高（通常供汽表压力高于 20kPa）时，采用机械回水系统。

2. 机械回水低压蒸汽供暖系统

如图 4-3-3 所示为机械回水低压蒸汽供暖系统。机械回水系统不同于重力回水系统，凝结水不直接返回锅炉，而是首先进入凝结水箱，然后用凝结水泵将凝结水送回热源重新加热。在机械回水系统中，锅炉可以不必安装在底层散热器以下，而只需将凝结水箱安装在低于底层散热器和凝结水管的位置。机械回水系统的最大优点是扩大了供暖范围，因而应用最为普遍。

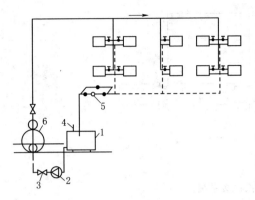

图 4-3-3 机械回水低压蒸汽供暖系统
1—凝结水箱；2—凝结水泵；3—止回阀；
4—空气管；5—疏水器；6—锅炉

3. 双管上供下回式低压蒸汽供暖系统

如图 4-3-4 所示为双管上供下回式低压蒸汽供暖系统。该系统是低压蒸汽供暖系统常用的一种形式。从锅炉产生的低压蒸汽经分汽缸分配到管道系统，蒸汽在自身压力的作用下，克服流动阻力，经室外蒸汽管道、室内蒸汽主管、蒸汽干管、立管和散热器支管进入散热器。蒸汽在散热器内放出汽化潜热变成凝结水，凝结水从散热器流出后，经凝结水支管、立管、干管进入室外凝结水管网流回锅炉房内凝结水箱，再经凝结水泵注入锅炉，重新被加热变成蒸汽后送入供暖系统。

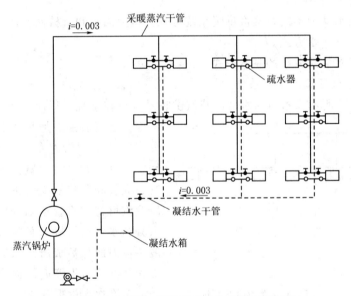

图 4-3-4 双管上供下回式低压蒸汽供暖系统

4. 双管下供下回式低压蒸汽供暖系统

如图 4-3-5 所示为双管下供下回式低压蒸汽供暖系统。该系统的室内蒸汽干管与凝结水干管同时敷设在地下室或特设地沟。在室内蒸汽干管的末端设置疏水器以排除管内沿途凝结水，但该系统供汽立管中凝结水与蒸汽逆向流动，运行时容易产生噪声，特别是系统开始运行时，因凝结水较多容易发生水击现象。

5. 双管中供式低压蒸汽供暖系统

如图 4-3-6 所示为双管中供式低压蒸汽供暖系统。多层建筑顶层或顶棚下不

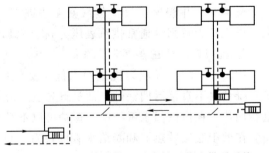

图 4-3-5 双管下供下回式低压蒸汽供暖系统

便设置蒸汽干管时可采用中供式系统,这种系统不必像下供式系统设置专门的蒸汽干管末端疏水器,总立管长度也比上供式小,蒸汽干管的沿途散热也可得到有效利用。

6. 单管上供下回式低压蒸汽供暖系统

如图 4-3-7 所示为单管上供下回式低压蒸汽供暖系统。该系统采用单根立管,可节省管材,蒸汽与凝结水同向流动,不易发生水击现象,但低层散热器易被凝结水充满,散热器内的空气无法通过凝结水干管排除。

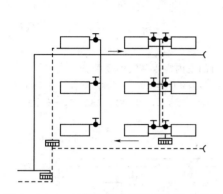

图 4-3-6　双管中供式低压蒸汽供暖系统

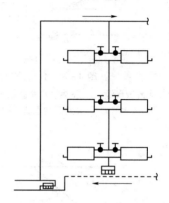

图 4-3-7　单管上供下回式低压蒸汽供暖系统

三、高压蒸汽供暖系统

与低压蒸汽供暖相比,高压蒸汽供暖有以下特点:

(1) 高压蒸汽供气压力高,流速大,系统作用半径大,但沿程热损失也大。对同样热负荷所需的管径小,但沿途凝水排泄不畅时水击严重。

(2) 散热器内蒸汽压力高,因而散热器表面温度高。对同样热负荷所需散热面积较小;但易烫伤人,烧焦落在散热器上面的有机灰尘发出难闻的气味,安全条件与卫生条件较差。

(3) 凝水温度高。高压蒸汽多用在有高压蒸汽热源的工厂里。室内的高压蒸汽供暖系统可直接与室外蒸汽管网相连。在外网蒸汽压力较高时可在用户入口处设减压装置。下面就室内高压蒸汽供暖系统的特征与布置细节加以简要介绍。如图 4-3-8 所示为带有用户入口的室内高压蒸汽供暖系统。如图 4-3-9 所示为上供上回式高压蒸汽供暖系统。

四、蒸汽供暖系统和热水供暖系统的比较

与热水供暖系统相比,蒸汽供暖系统具有以下特点:

(1) 低压或高压蒸汽供暖系统中,散热器内热媒的温度大于等于100℃,高于低温热水供暖系统中热媒的温度。所以,蒸汽供暖系统所需要的散热器片数少于热水供暖系统。蒸汽供暖系统管路造价也比热水供暖系统少。

(2) 蒸汽供暖系统管道内壁的氧化腐蚀比热水供暖系统快,凝结水管道更易损坏。

(3) 在高层建筑供暖时,蒸汽供暖系统不会产生很大的静水压力。

(4) 真空蒸汽供暖系统要求的严密度很高,并需要有抽气设备。

(5) 蒸汽供暖系统的热惰性小,即系统的加热和冷却过程都很快,适用于间歇供暖的场所,如剧院、会议室等。

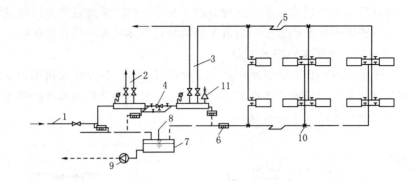

图4-3-8　带有用户入口的室内高压蒸汽供暖系统

1—室外蒸汽管；2—室内高压蒸汽供热管；3—室内高压蒸汽管；4—减压装置；5—补偿器；
6—疏水器；7—开式凝结水箱；8—空气管；9—凝水泵；10—固定支点；11—安全阀

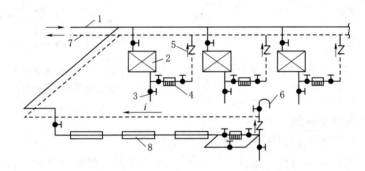

图4-3-9　上供上回式高压蒸汽供暖系统图

1—蒸汽管；2—暖风机；3—泄水管；4—输水管；5—单向阀；6—空气管；7—凝水管；8—散热器

（6）热水供暖系统的散热器表面温度低，供热均匀；蒸汽供暖系统的散热器表面温度高，容易使有机灰尘剧烈升华，对卫生不利。

第四节　其他形式供暖系统

1. 热风系统

利用热空气做媒介的对流方式称作热风，而对流方式则是利用对流换热或以对流换热为主的方式。

热风系统所用热媒可以是室外的新鲜空气、室内再循环空气，也可以是室内外空气的混合物。若热媒是室外新鲜空气，或是室内外空气的混合物时，热风兼具建筑通风的特点。

空气作为热媒被加热装置加热后，通过风机直接送入室内，与室内空气混合换热，维持或提高室内空气温度。

热风系统可以用蒸汽、热水、燃气、燃油或电能来加热空气。宜用0.1～0.3MPa的高压蒸汽或不低于90℃的热水。当采用燃气、燃油加热或电加热时，应符合国家现行标准《城镇燃气设计规范》（GB 50028—2006）和《建筑设计防火规范》（GB 50016—2014）的要求。相应的加热装置称作空气加热器、燃气热风器、燃油热风器和电加热器。

热风具有热惰性小、升温快、设备简单、投资省等优点，适用于耗热量大的建筑物，间歇使用的房间和有防火防爆要求、卫生要求，必须采用全新风的热风的车间。

根据送风的方式不同，热风的形式有集中送风、管道送风、悬挂式和落地式暖风机送风。

1）集中送风系统是在一定高度上，将热风从一处或几处以较大的速度送出，使室内形成射流区和回流区的热风。

集中送风的气流组织有平行送风和扇形送风两种形式。平行送风的射流中流速向量是平行的，主要特点是沿射流轴线方向的速度衰减较慢，射程较远。扇形送风属于分散射流，空气出流后，便向各个方向分散，速度衰减很快。对于换气量很大，但速度不允许太大的场合适宜采用这种射流形式。选用的原则主要取决于房间的大小和几何形状，而房间的大小和几何形状影响送风的地点、射流的数目、射程和布置、喷口的构造和尺寸的决定。

相比其他形式的送风系统，集中送风可以大大减小温度梯度，减小屋顶传热量，并可节省管道与设备。它适用于允许采用空气再循环的车间，或有大量局部排风车间的补风和送风系统。对于内部隔断较多、散发灰尘或大量散发有害气体的车间，一般不宜采用集中送风形式。

在热风系统中，用蒸汽和热水加热空气，常用的空气加热器型号有 SRZ 和 SRL 型两种，分别为钢管绕钢片和钢管绕铝片的换热器。

2）管道送风系统有机械循环空气的，也有依靠热压通过管道输送空气的，这是一种有组织的自然通风。集中地区的民用和公用建筑常用这种方式。由于热压值较小，这种系统的作用范围（主风道的水平距离）不能过大，一般不超过 20～25m。

3）暖风机是由通风机、电动机及空气加热器组合而成的一种通风联合机组。

暖风机分为轴流式与离心式两种。目前国内常用的轴流式暖风机主要有蒸汽、热水两用的 NC 型（图 4-4-1）和 NA 型暖风机和冷热水两用的 S 型暖风机。轴流式暖风机体积小、结构简单，一般悬挂或支架在墙上或柱子上，出风气流射程短，出口风速小，取暖范围小。离心式大型暖风机有蒸汽、热水两用的 NBL 型暖风机（图 4-4-2），它配用的离心式通风机有较大的作用压头和较高的出口风速，因此气流射程长，通风量和产热量大，取暖范围大。

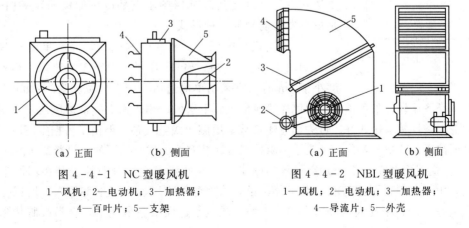

图 4-4-1　NC 型暖风机　　　　图 4-4-2　NBL 型暖风机

1—风机；2—电动机；3—加热器；　　　1—风机；2—电动机；3—加热器；

4—百叶片；5—支架　　　　　　　4—导流片；5—外壳

可以单独采用暖风机，也可以由暖风机与散热器联合，散热器可作为值班采暖设备。

采用小型的（轴流式）暖风机时，为使车间温度场均匀，保持一定的断面速度，应使室内空气的换气次数大于等于 1.5 次/h。

布置暖风机时，宜使暖风机的射流互相衔接，使空间形成一个总的空气环流。

选用大型的（离心式）暖风机时，由于出口风速和风量都很大，所以应沿车间长度方向布置，出风口离侧墙的距离不宜小于 4m，气流射程不应小于车间区的长度，在射程区域内不应有构筑物或高大设备。

2. 空气幕

空气幕是利用特制的空气分布器喷出一定速度和温度的幕状气流，借此封闭大门、门厅、门洞、柜台等，减少和隔绝外界气流的侵入，以维持室内或某一工作区域一定的环境条件，同时还可阻挡灰尘、有害气体和昆虫的进入。

下列建筑的大门或适当部位宜设置空气幕或热空气幕。

（1）设空气幕的建筑。

1）设有空气调节系统的民用建筑及工业建筑大门的门厅和门斗里。

2）某些要求较高的商业建筑的营业柜台。

（2）设热空气幕的建筑。

1）位于严寒地区、寒冷地区的公共建筑和工业建筑，外门经常开启，且不设门斗和前室时。

2）公共建筑和工业建筑，当生产或使用要求不允许降低室内温度时或设置热空气幕在技术经济上合理时。

3）有大量散湿的房间或邻近外门有固定工作岗位的民用和工业建筑大门的门厅和门斗里。

（3）空气幕按安装位置分类。空气幕按照空气分布器的安装位置可以分为上送式、侧送式和下送式三种。

1）上送式空气幕。如图 4-4-3 所示，安装在门洞上部，喷出气流的卫生条件较好，安装简便，占空间面积小，不影响建筑美观，适用于一般的公共建筑，如影剧院、会堂等，也越来越多地用在工业厂房，尤其是大门宽度超过 18m 时。尽管上送式空气幕挡风效率不如下送式空气幕（尤其是抵挡冬季下部冷风的侵入），但它仍然是最有发展前景的一种形式。

图 4-4-3　上送式空气幕

2）侧送式空气幕。安装在门洞侧边，分为单侧和双侧两种，如图 4-4-4、图 4-4-5 所示。对于工业建筑，当外门宽度小于 3m 时，宜采用单侧送风；当大门宽度为 3～18m 时，应经过技术经济比较，采用单侧、双侧送风或由上向下送风。侧送式空气幕挡风效率不如下送式，但卫生条件较下送式好。过去工业建筑常采用侧送式空气幕，但由于占据空间较大，近年来其渐被上送式空气幕代替。为了不阻挡气流，装有侧送式空气幕的大门严禁向内开启。

3）下送式空气幕。下送式空气幕如图 4-4-6 所示。空气分布器安装在门洞下部的地沟内，由于其射流最强区在门洞下部，正好抵挡冬季冷风从门洞下部侵入，所以冬季挡风效果最好，而且不受大门开启方向的影响。缺点是送风口在地面下，容易被脏物阻塞和污染空气，维修困难，另外在车辆通过时，因空气幕气流被阻碍而影响送风效果，因此目前很少使用。

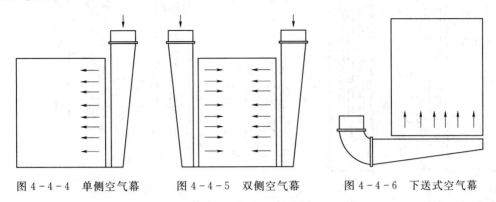

图 4-4-4　单侧空气幕　　　图 4-4-5　双侧空气幕　　　图 4-4-6　下送式空气幕

（4）空气幕按送出气流温度分类。空气幕按送出气流温度可分为热空气幕、等温空气幕和冷空气幕。

1）热空气幕：在空气幕内设有加热器，以热水、蒸汽或电为热媒，将送出空气加热到一定温度，适用于严寒地区。

2）等温空气幕：空气幕内不设加热（冷却）装置，送出的空气不经处理，因而构造简单、体积小，适用范围更广，是非严寒地区目前主要采用的形式。

3）冷空气幕：空气幕内设有冷却装置，送出一定温度的冷风，主要用于炎热地区而且有空调要求的建筑物大门。

空气幕设备由空气处理设备、风机、空气分布器及风管系统组成。可将空气处理设备、风机、空气分布器三者组合形成工厂生产的产品。热空气幕设有空气加热器，冷空气幕设有表面冷却器。

第五节　供　暖　设　备

一、供暖系统的主要设备

供暖系统中热媒是通过供暖房间内设置的散热设备传热的。目前，常用的散热设备有散热器和钢制辐射板。

1. 散热器

散热器是安装在供暖房间内的散热设备，热水或蒸汽在散热器内流过，所携带的热量便通过散热器以对流、辐射的方式不断地传至室内空气，达到供暖的目的。

（1）常见的散热器类型有铸铁散热器、钢制散热器、铝合金散热器和复合材料型铝制散热器。工程中常用的铸铁散热器有长翼形散热器（图 4-5-1）和柱形散热器（图 4-5-2）。钢制散热器的主要形式有闭式钢串片散热器（图 4-5-3）、板式散热器（图 4-5-4）和钢制柱式散热器等。

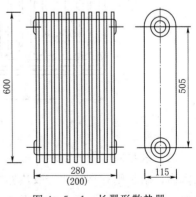

图 4-5-1　长翼形散热器

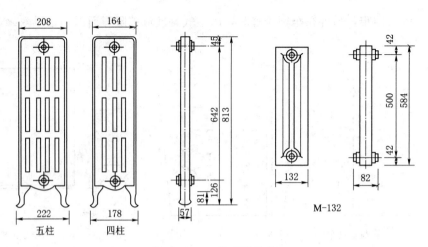

图 4-5-2 柱形散热器

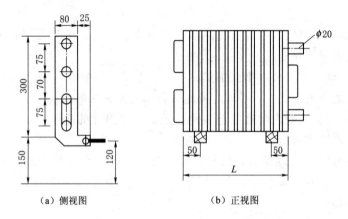

（a）侧视图　　　　　　（b）正视图

图 4-5-3 闭式钢串片散热器

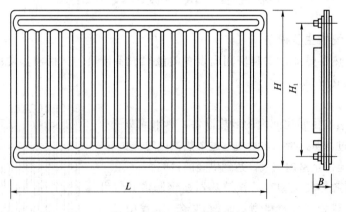

图 4-5-4 板式散热器

（2）散热器的安装要求。散热器的安装形式有明装和暗装两种。明装是指散热器裸露在室内；暗装则有半暗装（散热器的一半宽度置于墙槽内）和全暗装（散热器宽度方向完全置于墙槽内，加罩后与墙面平齐）。

1）散热器的组对（铸铁散热器）。散热器是由散热器片通过对丝组合而成。对丝一头为正丝口，另一头为反丝口。散热器片两侧的接口螺纹也是方向相反的，与对丝织纹相对应。两个散热器片之间夹有垫片，当热媒温度低于100℃时，可采用石棉橡胶垫片；当热媒温度高于100℃时，可采用石棉绳加麻绕在对丝上做垫片。

2）散热器的安装。散热器安装可按国家标准图施工。

3）散热器的布置。有外窗时，一般应布置在每个外窗的窗台下；在进深较小的房间散热器也可沿内墙布置；在双层门的外室及门斗中不宜设置散热器。

4）水压试验。试压时直接升压至试验压力，稳压2～3min，对接口逐个进行外观检查，不渗不漏为合格。

2. 钢制辐射板

供暖所用的散热器是以对流和辐射两种方式进行散热的。如前所述，一般铸铁散热器主要以对流散热为主，对流散热占总散热量的75%左右。用暖风机时，对流散热几乎占100%。而辐射板主要是依靠辐射传热的方式，尽量放出辐射热（还伴随着一部分对流热），使一定的空间里有足够的辐射强度，以达到目的。根据辐射散热设备的构造不同，钢制辐射板可分为单体式的（块状、带状辐射板，红外线辐射器）和与建筑物构造相结合的辐射板（顶棚式、墙面式、地板式等）。

二、热水供暖系统的设备

（1）膨胀水箱。膨胀水箱的作用是储存热水供暖系统加热的膨胀水量，在自然循环上供下回式系统中还起着排气作用。膨胀水箱的另一个作用是恒定供暖系统的压力。

膨胀水箱一般用钢板制成，通常是圆形或矩形。箱上连有膨胀管、溢流管、信号管、排水管及循环管等管路。膨胀水箱在系统中的安装位置如图4-5-5所示。

（2）集气罐。集气罐一般是用 $\phi100\sim\phi250$ 的钢管焊制而成的，可分为立式和卧式两种，如图4-5-6所示。

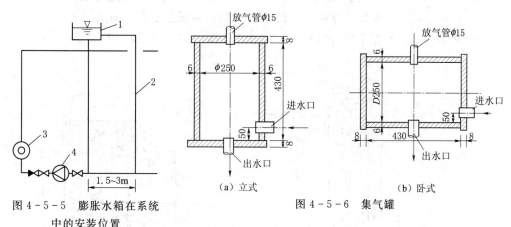

图4-5-5 膨胀水箱在系统中的安装位置

1—膨胀水箱；2—循环管；
3—热水锅炉；4—循环水泵

图4-5-6 集气罐

（3）自动排气罐。自动排气罐靠本体内的自动机构使系统中的空气自动排出系统外。如图4-5-7所示为铸铁自动排气罐，其工作原理是依靠罐内水的浮力自动打开排气阀。罐内无空气时，系统中的水流入罐体将浮漂浮起。浮漂上的耐热橡皮垫将排气口封闭，使

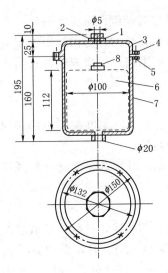

图 4-5-7　铸铁自动排气罐

1—排气孔；2—橡胶石棉垫；
3—罐盖；4—螺栓；5—橡
胶石棉垫；6—浮体；7—
罐体；8—耐热橡皮

水流不出去。当系统中的气体汇集到罐体上部时，罐内水位下降使浮漂离开排气口将空气排出。空气排出后，水位和浮漂重又上升将排气口关闭。

（4）手动排气阀。手动排气阀适用于公称压力 $P \leqslant 600kPa$，工作温度 $t \leqslant 100℃$ 的热水或蒸汽供暖系统的散热器上，多用于水平式和下供下回式系统中，旋紧在散热器上部专设的丝孔上，以手动方式排除空气。

（5）除污器。除污器是一种钢制筒体，可用来截流、过滤管路中的杂质和污物，以保证系统内水质洁净，减少阻力，防止堵塞压板及管路。除污器一般应设置于供暖系统入口调压装量前、锅炉房循环水泵的吸入口前和热交换设备入口前。

（6）散热器温控阀。散热器温控阀是一种自动控制散热器散热量的设备，由阀体部分和感温元件部分组成。当室内温度高于给定的温度值时，感温元件受热，其顶杆压缩阀杆，将阀口关小，进入散热器的水流量会减小，散热器的散热量也会减小，室温随之降低。当室温下降到设置的低限值时，感温元件开始收缩，阀杆靠弹簧的作用抬起，阀孔开大，水流量增大，散热器散热量也随之增加，室温开始升高。控温范围为 $13 \sim 28℃$，温控允许误差为 $\pm 1℃$。

三、蒸汽供暖系统的设备

（1）疏水器。蒸汽疏水器的作用是自动而且迅速地排出用热设备及管道中的凝水，并能阻止蒸汽逸漏。在排出凝水的同时，排出系统中积留的空气和其他非凝性气体。

按其工作原理可分为机械型疏水器、热动力型疏水器和恒温型疏水器。

1）机械型疏水器主要有浮筒式（图 4-5-8）、钟形浮子式和倒吊筒式。

2）热动力型疏水器主要有脉冲式、圆盘式（图 4-5-9）和孔板式等。

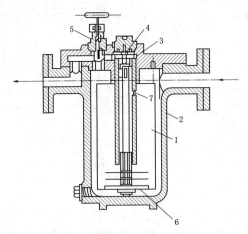

图 4-5-8　机械型浮筒式疏水器

1—浮筒；2—外壳；3—顶针；4—阀孔；5—放
气阀；6—可换重块；7—水封套筒上的排气孔

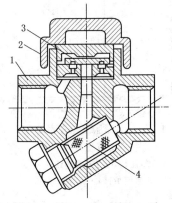

图 4-5-9　圆盘式疏水器

1—阀体；2—阀片；3—阀盖；4—过滤器

3）恒温型疏水器主要有双金属片式、波纹管式和液体膨胀式等，如图4-5-10所示。

（2）减压阀。减压阀靠启闭阀孔对蒸汽进行节流达到减压的目的。减压阀应能自动地将阀后压力维持在一定范围内，工作时无振动，完全关闭后不漏气。目前，国产减压阀有活塞式、波纹管式和薄片式等几种。如图4-5-11所示为波纹管式减压阀。

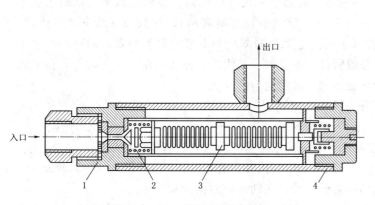

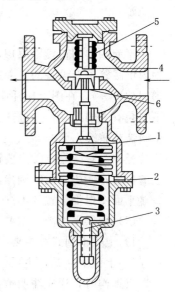

图4-5-10　恒温型疏水器

1—过滤器；2—锥形阀；3—波纹管；4—校正螺丝

图4-5-11　波纹管式减压阀

1—波纹箱；2—调节弹簧；

3—调节螺钉；4—阀瓣；

5—辅助弹簧；6—阀杆

（3）其他凝水回收设备。

1）水箱。水箱用以收集凝水，有开式（无压）和闭式（有压）两种。水箱容积一般应按各用户的15~20min最大小时凝水量设计。

2）二次蒸发箱。二次蒸发箱的作用是将用户内各用气设备排出的凝水在较低的压力下分离出一部分二次蒸汽，并靠箱内蒸汽压力输送二次汽至低压用户。

第六节　建筑供暖施工图的识读及其施工

一、室内供暖施工图的组成

供暖系统施工图一般由设计说明、平面图、供暖系统图、详图、主要设备材料表等部分组成。施工图是设计结果的具体体现，表示出建筑物的整个供暖工程。

1. 设计说明

设计图纸无法表达的问题一般用设计说明来表达。设计说明是设计图的重要补充，其主要内容有以下几项：

（1）建筑物的供暖面积、热源种类、热媒参数、系统总热负荷。

（2）采用散热器的型号及安装方式、系统形式。

（3）在安装和调整运转时应遵循相关标准和规范。

（4）在施工图上无法表达的内容，如管道保温、油漆等。

（5）管道连接方式，所采用的管道材料。

（6）在施工图上未作表示的管道附件安装情况，如在散热器支管上与立管上是否安装阀门等。

2. 平面图

平面图是用正投影原理，采用水平全剖的方法连同房屋平面图一起画出的，表示建筑物内供暖管道及设备的平面布置，一般包括：①建筑的平面布置（各房间分布，门窗和楼梯间位置等），在图上应注明轴线编号、外墙总长尺寸、地面及楼板标高等与供暖系统施工安装有关的尺寸；②散热器的位置（一般用小长方形表示）、片数及安装方式（明装、半暗装或暗装）；③干管、立管（平面图上为小圆圈）和支管的水平布置，同时，注明干管管径和立管编号；④主要设备或管件（如支架、补偿器、膨胀水箱、集气罐等）在平面上的位置；⑤用细虚线画出的供暖地沟、过门地沟的位置。

平面图根据位置的不同可分为以下几种：

（1）底层平面图，主要标注引入口位置。

1）上供下回式，主要标注回水干管（凝水干管）的位置、管径、坡度。

2）上供上回式，主要标注供、回水干管的位置、管径。

有地沟时，还应注明地沟的位置和尺寸，活动盖板的位置和尺寸。

（2）顶层平面图，主要标注总立管、水平干管的位置、坡度及干管上的阀门，管道的固定支架、伸缩器、集气罐、膨胀水箱等设备的平面位置、规格型号、选用的标准图号等。

（3）标准层平面图，主要标注是指中间（相同）各层的平面图。标注散热器的安装位置、规格、片数及安装形式、立管的位置及数量等。

3. 供暖系统图

供暖系统图就是供暖系统的轴测图，与平面图相配合，表明了整个供暖系统的全貌。其包括水平方向和垂直方向的布置情况。散热器、管道及其附件（阀门、疏水器）均在图上表示出来。另外，还标注各立管编号、各段管径和坡度、散热器片数、干管的标高。

4. 详图

详图（大样图）是当平面图和轴测图表示不够清楚而又无标准图时，绘制的补充说明图。有标准图的节点，也可以用详图的形式绘制于工程图上，以便安装时查阅。标准图的主要内容有散热器的连接、膨胀水箱制作与安装、补偿器和疏水器的安装详图等。

5. 主要设备材料表

为了便于施工备料，保证安装质量，避免浪费，使施工单位能按设计要求选用设备和材料，一般的施工图均应附有设备及主要材料表，简单项目的设备材料表可列在主要图纸内。设备材料表的主要内容包括编号、名称、型号、规格、单位、数量、质量、附注等。

二、室内供暖施工图的常用图例、符号

供暖施工图常用图例、符号见表 4-6-1。

表 4 - 6 - 1 供暖施工图常用图例、符号

序号	名称	图例、符号	说明	序号	名称	图例、符号	说明
1	管道		用于一张图内只有一种管道	12	方型伸缩器	012	
		010	用图例表示管道类别	13	球阀	013	
2	丝堵	002		14	角阀	014-1 或 014-2	
3	滑动支架	003		15	管道泵	015	
4	固定支座	004	左图：单管；右图：多管	16	三通阀	016-1 或 016-2	
5	截止阀	005		17	四通阀	017	
6	闸阀	006		18	散热器	018	左图：平面；右图：立面
7	单向阀	007		19	集气罐	019	
8	安全阀	008		20	除污器（过滤器）	020	左图为立式除污器，中图为卧式除污器，右图为Y形过滤器
9	减压阀	或 009	左图：低压；右图：高压	21	疏水器	021	
10	膨胀阀	010		22	自动排气阀	022	
11	供暖供水（汽）管、回（凝结）水管	011					

三、室内供暖施工图的识读要点

1. 平面图的识读要点

（1）从平面图上可以看出，建筑物内散热器的平面位置、种类、片数以及散热器安装方式，即散热器是明装还是暗装。

（2）了解供水、回水水平干管及凝结水干管的布置、敷设、管径及阀门、支架补偿器等的平面位置和型号。

（3）通过立管编号查清系统立管的数量和布置位置。

（4）在热水供暖平面图上还标有膨胀水箱、集气罐等设备的位置、型号以及设备上连

接管道的平面布置和管道直径。

（5）在蒸汽供暖平面图上还有疏水器的平面位置及其规格尺寸。识读时，要注意疏水器的规格及疏水装置的组成。一般在平面上仅注出控制阀门和疏水器所在，安装时还要参考有关的详图。

（6）查明热媒入口及入口地沟情况。热媒入口无节点图时，平面图一般将入口组成的设备如减压阀、分水器、分气缸、除污器等和控制阀门表示清楚，并注有规格，同时，还注出管径、热媒来源、流向、参数等。如果热媒入口主要配件、构件与国家标准图相同时，则注明规格和标准图号，识读时可按给定的标准图号查阅标准图。当有热媒入口节点图时，平面图上注有节点图的编号，识读时，可按给定的编号查找热媒入口节点详图进行识读。

2. 系统轴测图的识读要点

（1）查明管道系统的连接，各管段管径大小、坡度、坡向、水平管道和设备标高，以及立管编号等。供暖系统轴测图使管道的布置形式一目了然，清楚地表明干管与立管之间以及立管、支管与散热器之间的连接方式，阀门的安装位置和数量。散热器支管有一定的坡度，其中，供水支管坡向散热器，回水支管坡向回水立管。

（2）了解散热器的类型、规格及片数。当散热器为翼型散热器或柱型散热器时，要查明规格、片数以及带脚散热器的片数；当采用其他供暖设备时，应弄清楚设备的构造和底部、顶部的标高。

（3）注意查清楚其他附件与设备在系统中的位置，凡注明规格尺寸者，都要与平面和材料表等进行核对。

（4）查明热媒入口处各种设备、附件、仪表、阀门之间的关系，同时，弄清楚热媒来源、流向、坡向、标高、管径等，如有节点详图时要查明详图编号，以便查找。

3. 详图的识读要点

室内供暖施工图的详图包括标准图和节点详图。标准图是室内供暖管道施工图的一个重要组成部分，供热管、回水管与散热器之间的具体连接形式、详细尺寸和安装要求，一般都用标准图反映出来。作为室内供暖管道施工图，设计人员通常只画平面图、系统轴测图和通用标准图中没有的局部节点图。供暖系统的设备和附件的制作与安装方面的具体构造和尺寸，以及接管的详细情况，都要参阅标准图。

供暖标准图主要包括以下几项：

（1）膨胀水箱和凝结水箱的制作、配管与安装。

（2）分汽缸、分水器、集水器的构造、制作与安装。

（3）疏水器、减压阀、调压板的安装与组成形式。

（4）散热器的连接与安装。

（5）供暖系统立、支管的连接。

（6）管道支、吊架的制作与安装。

（7）集气罐的制作与安装。

（8）水泵基础及安装等。

四、室内供暖施工图的识图步骤

供暖施工图表示的设备和管道一般采用统一的图例，在识读图样前应查阅和掌握有关的图例。按照图样种类，首先读平面图，然后对照平面图读系统图，最后读详图。读平面图时，先读底层平面图，再读各楼层平面图。读底层平面图时，按照热水或蒸汽的流向，按照从锅炉或热媒入口开始，经供水干管、立管、回水立管、回水干管、水泵，回到锅炉的顺序识读。读系统图时，先找系统图与平面图相同编号的立管，然后对照平面图识读。另外，还应结合图样说明来识读平面图和系统图，以了解设备管道材料、安装要求及所需的标准图和详图。

五、室内供暖施工图的识图实例

下面以如图4-6-1～图4-6-6所示的某办公楼供暖施工图为例，介绍供暖施工图的识读。

首先，浏览各样图，了解该工程的图样数量，供暖系统的形式，如本例为上供下回异程式，弄清楚热媒的入口、供回水干管立管的位置、散热器的布置等。然后，按照识图步骤中介绍的顺序先读平面图、系统图，然后将平面图、系统图、详图结合起来，沿着热水流向对照细读，弄清楚各部分的布置尺寸、构造尺寸及相互关系。

该工程图样包括一层平面图、二层平面图、三层平面图、系统图（详图略）。由平面图可知，该建筑部分为三层，部分为一层。由一层平面图可知，供暖热媒入口装置在⑥轴和K轴相交处。引入管标高-1.400m，由室外引入室内，然后与总立管相接。供水总立管布置在K轴与⑥轴相交处。在G轴至K轴、①轴至⑫轴间，干管沿K轴、①轴、⑫轴、G轴暗敷于三层的顶棚内。回水干管明敷于一层地面上。各立管置于外墙与内墙交角处。散热器布置在外墙窗台下，散热器的型号数量注于图中，如2S-1100，"2"指2排，"S"指双排竖放散热器的连接方式，"1100"代表每排散热器的长度为1100mm。⑦轴至⑮轴、C轴至G轴、⑫轴至⑭轴、G轴至J轴间的单层建筑供暖系统的供水干管和散热器沿外墙四周布置为单管水平串联式热水供暖系统。

六、室内供暖系统的安装

1. 管道及配件的安装

（1）室内供暖管道的安装工艺。室内供暖管道的安装工艺为：管道的加工准备→管子切断→弯管加工→管道连接→管道安装。

1）管道的加工准备。为了管道改变方向、分支及系统控制调节的需要，供暖管道上要安设各种管子配件和阀门，所以，上述各组成部分都由管子配件、阀门和连接设备的管段组成。另外，由于建筑结构施工存在误差，造成图样中标注的安装尺寸与建筑结构位置尺寸存在偏差，所以，首先要测绘，实测出在建筑结构上的安装尺寸和施工图样的差异，据此绘制实际安装草图，计算、量取管段及管件的实际加工制作尺寸，然后按其下料加工。在下料时，应以施工图标注的建筑长度为依据，确定每个管段的尺寸：①确定水平管段尺寸时，两个连接管件的中心距（建筑长度）减去其中管件的有效尺寸即为安装长度，若管段为直管段，则安装长度就是加工长度；若管段中有弯管，则安装长度加上管段因弯曲而增加的长度为加工长度。②确定竖直管段尺寸时，首先应根据某两个管件（管段）的标高差，确定两个管件（管段）之间的建筑长度，对照图中干管与三通之间的管段尺寸确定：干管的标高依据施工图给定，三通的位置可由散热器的位置推算确定，二者标高差即为此管段的建筑长度，在去掉管件的有效尺寸即为安装长度，若此管段是直管段，则安装长度就是加工长度；若此管段中有弯管，应将弯管展开，安装长度加上管段因弯曲而增加

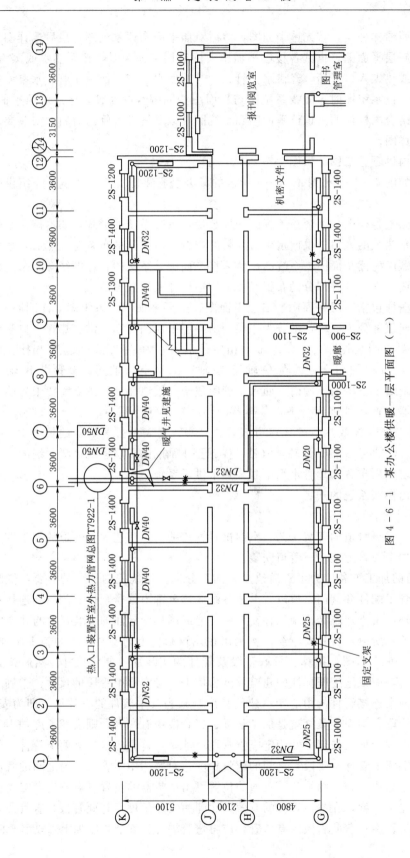

图 4 - 6 - 1　某办公楼供暖一层平面图（一）

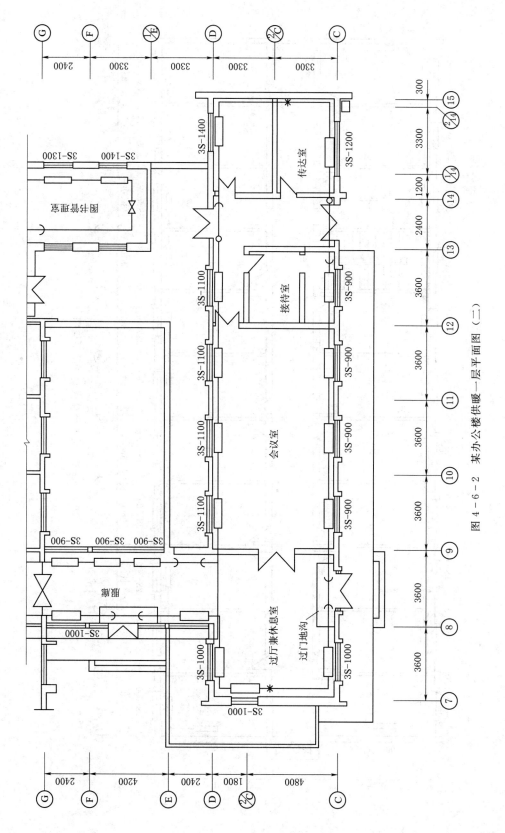

图 4 - 6 - 2　某办公楼供暖一层平面图 (二)

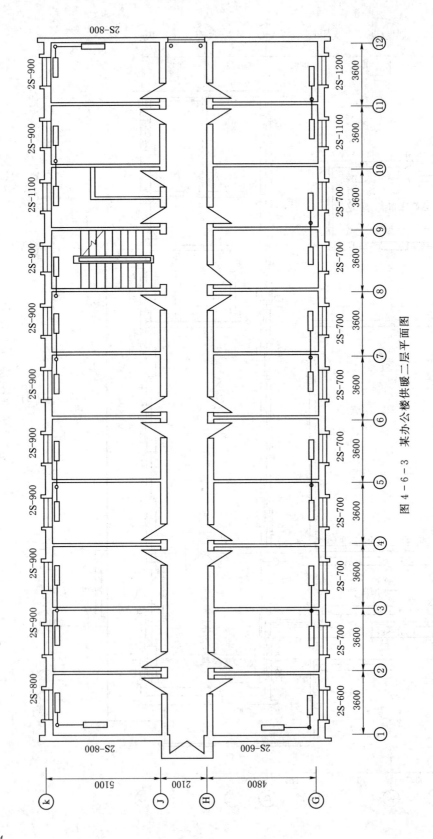

图 4 - 6 - 3 某办公楼供暖二层平面图

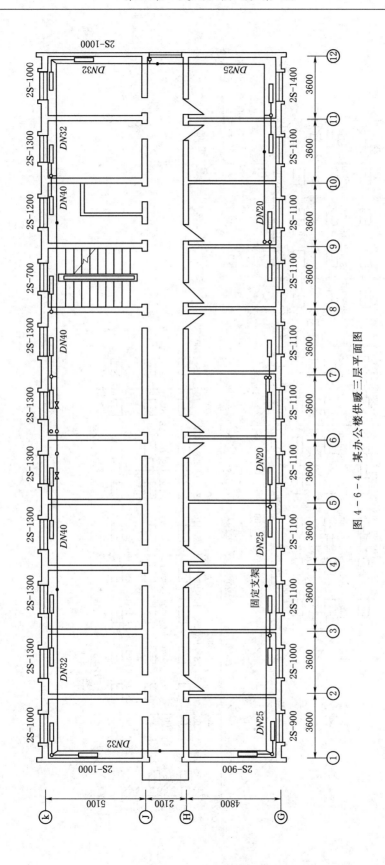

图 4－6－4 某办公楼供暖三层平面图

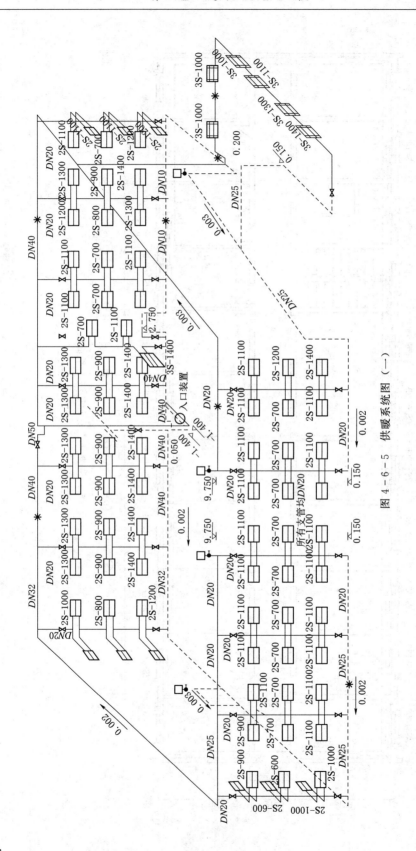

图 4-6-5　供暖系统图（一）

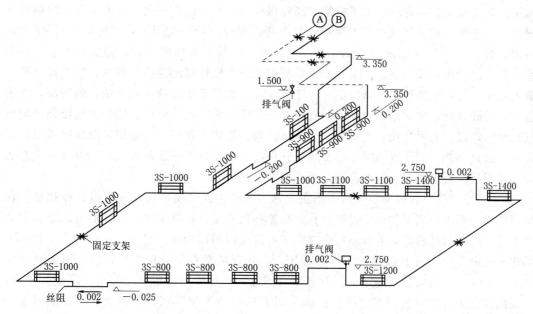

图 4-6-6 供暖系统图（二）

的长度为加工长度。

加工长度确定后，首先进行管子的变形检查和调直。管道的弯曲变形可采用目测检查和滚动检查法来进行检测。如果存在变形，可采用冷态校正法、热态校直法或残缺割除法予以调直。然后，可以进行选材、划线。

2）管子切断。管子切断时可用人工切断法、机械切断法、热力切断法。人工切断包括钢锯切断、滚刀切管器切断等；机械切断包括砂轮切断机切断、切断坡口机联合切断等；热力切断包括氧气乙炔焰切断、等离子弧切割法等。

3）弯管加工。弯管（也称弯头）是管道安装工程中常用的管件之一，因为成品不齐全，所以，有时需要在施工现场加工制作。根据制作方法的不同，弯头可分为焊接弯头、褶皱弯头、光滑弯头。焊接弯头由几个有斜截面的直管段焊接而成，加工时应注意各直管段的下料。褶皱弯头利用加热挤压，在弯曲管段内侧形成褶皱而加工成形。加工时主要褶皱的成形要求是分布均匀，大小统一，形状一致、不歪斜。光滑弯头是采用冷弯法或热弯法将直管段直接弯曲成形制成。施工时，注意管壁的变薄量和断面的椭圆率。

焊接弯头不受管径大小、管壁厚度的限制，其弯曲角度、弯曲半径、组成节数可根据设计要求或实际情况而定，弯头规格不受限制，而且焊接工艺应用普遍，加工制作条件简单，成本低，所以，焊接弯头在施工安装中得到广泛应用。褶皱弯头无焊口，弯头弯曲面外侧管壁厚度和长度无变化，所以，其刚度小，强度较低，由于制作工艺比光滑弯曲省力，多用在 $DN100 \sim DN600$ 管壁较薄的弯头制作中。光滑弯头无焊口，无褶皱，水力学性能良好，机械弹性好，在管道工程中得到优先采用。

4）管道连接。管子、管件的接口连接质量的好坏、接口的强度和严密性直接关系着工程结构的强度和施工质量的优劣。施工中，管道的接口连接应该严格按照设计和施工规范进行。管道的接口形式有螺纹连接、法兰连接和焊接连接三种：①螺纹连接是采用管钳或链钳等连接工具将管端加工了内螺纹和外螺纹的管件拧接在一起，并采用合适的填料密封的一种连接方式。其优点在于拆卸安装方便。螺纹连接一般用于管径为 $DN15\sim DN50$ 的黑铁管、管径为 $DN15\sim DN100$ 的白铁管及一些仪表管路的连接。②法兰连接是固定在管口上的带螺栓孔的圆盘。法兰连接是利用若干个螺栓将法兰盘与管道、法兰盘与法兰盘连接在一起，并使用垫片密封的一种连接方式。法兰连接的特点在于结合强度高，严密性好，拆卸方便，故常用在中、高压管路系统和低压大管径管路中。③焊接连接是采用氧气乙炔焰焊接、电弧焊接、电渣焊、气体保护焊、等离子弧焊、电阻焊、摩擦焊或冷压焊等方法通过加热、加压或同时加热加压使管件或管段连接在一起的方法。随着焊接工艺的发展，焊接在管道连接工程中得到广泛应用。

5）管道安装。管道安装包括：①主立管安装。主立管安装前首先根据管径和是否保温等情况检查土建施工预留的过楼板孔洞位置和尺寸是否符合要求，具体的方法是孔洞挂铅垂线，配以尺寸测量，若有不符合要求之处应及时加以调整。另外，还应在主立管的下部弯头处设支座，用于承受主立管的质量。主立管通常都是采用焊接，自下而上逐层安装。安装时，穿楼板管段应加上套管并临时固定，再把管子固定在支架上。②干管安装。首先应确定干管的安装位置，可根据施工图上标出的干管标高、管径以及是否保温等情况，在建筑物墙（柱）上划出支架位置。一般施工图只标出干管一端的标高，可结合管长和坡度推算出另一端的标高和支架位置以及过墙洞位置，打通墙洞后由两端支架拉线得出干管上各支架的标高。供暖干管管段的下料长度应根据施工现场的条件决定，尽可能用整条管子，减少接口数量。管段在支架上做最后的接口后对其位置进行调整，干管离墙距离、干管的标高和坡度均应符合相关规范要求，然后用管卡将管道固定在支架上。③立管安装。立管是室内供暖系统中结构比较复杂的管段。立管安装前也应检查、修整预留孔洞的位置和尺寸，直至符合要求，然后在建筑结构上标出立管的中心线。按照立管中心线在干管上开孔焊制三通管，一般此管段采用乙字弯的短管。根据建筑物层高和立管的根数，在相应的位置上埋好立管管卡。待埋栽管卡的水泥砂浆达到强度后，进行立管的固定和支管段的安装。④散热器支管安装。先根据散热器的安装位置、散热器支管的管长和坡降要求，确定连接散热器支管管件（弯头、三通、四通）的位置和立管上阀门的位置，准确地对立管的各管段下料，用螺纹连接各管段。安装散热器支管，应注意散热器支管运行和安装的特点。如系统运行时，散热器支管主要受立管热应力变形的影响，使其坡度值变化。另外，散热器支管一般很短，根据设计上的不同要求，散热器支管可由三段或两段管组成，由于管子配件多、管道接口多，工作时受力变形较大，所以，散热器支管是室内供暖系统中结构较复杂、安装难度较大的管段。为保证散热器支管安装的准确性，施工时可取管子配件或阀门实物逐段比量下料、安装。

（2）室内供暖管道的安装要点。

1）主立管的安装要求：①管道穿楼板、墙壁预留孔尺寸；②管道穿楼板，应设置铁皮或钢制套管，其顶部应高出地面 20mm 左右，底部应与楼板底面平齐；③主立管上的管卡只起到固定主立管安装位置和垂直的作用，而不应妨碍主立管的伸缩；④主立管垂直度要求为，每米长度管道垂直度允许偏差为 2mm，全长 5m 以上允许偏差不大于 10mm。

2）干管的安装要求：①管道支架的安装，应符合下列规定：位置应准确，埋设应平整牢固；与管道接触应紧密，固定应牢靠，对活动支架应采用 U 形卡环，既能让管道纵向自由伸缩，又能限制管道上下位移，以保证管道坡度，对固定支架则必须将管道固定牢固；②支架的数量和位置可根据设计要求确定；③供暖干管过墙壁的孔洞尺寸；④供暖干管过墙壁时应设置套管，其两端应低于饰面 10mm；⑤明装管道成排安装时，直管部分应互相平齐，转弯处，当管道水平并行时，应与直管部分保持等距；管道水平上下并行时，曲率半径应相等；⑥应保证供暖干管的坡度要求：当热水供暖系统运行时，要保证供暖系统的正常工作和保证其散热效果，须排除系统中的空气；系统维修时要将系统中的水泄出；蒸汽供暖系统工作时要排除管道中的凝结水，需要管道具有一定的坡度；⑦供暖干管上管道变径的位置应在三通后 200mm 处；⑧在底层地面上敷设的供暖干管过外门时，应设局部不通行地沟，管道要保温、设排气阀、泄水阀或丝堵；⑨供暖干管纵、横方向弯曲偏差：管径小于或等于 100mm，每米管长允许偏差为 0.5mm，全长（25m 以上）允许偏差不大于 13mm；管径大于 100mm，每米管允许偏差为 1mm，全长（25m 以上）允许偏差不大于 25mm。

3）立管的安装要求：①立管与干管的连接应采取正确的连接方式，如图 4 - 6 - 7 所示。②安装管径小于或等于 32mm 不保温的供暖双立管管道，两管中心距为 80mm，允许偏差为 5mm，供水或供汽管应置于面向的右侧。③立管管卡安装，主要为保证立管垂直度，防止倾斜。当层高小于或等于 5m，每层须安装一个；当层高大于 5m，每层不得少于 2 个。管卡安装高度：距离地面 1.5～1.8m，两个以上管卡可匀称安装。④双立管系统的抱弯应设在立管上，且弯曲部分侧向室内。这是考虑到安装或拆卸散热器时，都必须先装或卸散热器支管，不需动立管。⑤过楼板套管及立管垂直度等要求同主立管。

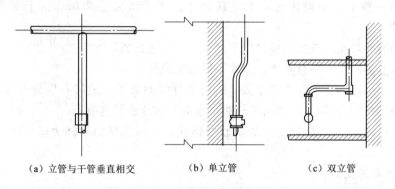

（a）立管与干管垂直相交　　　（b）单立管　　　（c）双立管

图 4 - 6 - 7　立管与干管的连接方式

4）散热器支管的安装要求：①连接散热器的支管应有坡度。当支管全长小于或等于 500mm 时，坡度值为 5mm；当支管全长大于 500mm 时，坡度值为 10mm，当一根立管接往两根支管，任其一根超过 500mm 时，其坡度值为 10mm。②应按设计要求，保证散热器支管的坡向，以利于空气经立管排除。③散热器支管长度大于 1.5m，应在中间安装管卡或托钩。散热器支管管径一般都较小，多为 DN15 或 DN20，若管内介质和管道自重之和超出了管材刚度所允许的负荷，在散热器支管中间没有支撑件，就会造成弯曲使接口漏气、漏水。

2. 散热器的安装

散热器是室内供暖系统的散热设备，热媒通过它向室内传递热量。散热器的种类很多，不同的散热器的安装方法和要求不尽相同，下面以目前应用较广泛的铸铁长翼型散热器为例，介绍散热器的安装。

（1）散热器的组对。不同房间因其热负荷不同，布置散热器的数量也不同，所以，安装铸铁长翼型散热器，首先要根据设计片数进行组对。

散热器组对前，应将每片散热器片内部和管口清理干净，散热器片表面要除锈，刷一遍防锈漆。

组对散热器使用的主要材料是散热器对丝、垫片、散热器补芯和丝堵。其中，对丝是两片散热器之间的连接件，它是一个全长上都有外螺纹的短管，一端为左螺纹，另一端为右螺纹。散热器补芯是散热器管口和散热器支架之间的连接件，起变径的作用。散热器丝堵用于散热器不接支管的管口堵口。由于每片或每组散热器两侧接口一为左螺纹，一为右螺纹，因此，散热器补芯和丝堵也都有左螺纹和右螺纹之分以便对应使用。散热器组对使用的工具称为散热器钥匙。

组对时，先将一片散热器放到组对平台上，把对丝套上垫片放入散热器接口中，再将第二片散热器（这片散热器与接口的螺纹方向必须相反）的接口对准第一片散热器的接口中的对丝，用两把散热器钥匙同时插入对丝孔内，同时、同向、同速度转动，使对丝同时在两片散热器接口入扣，利用对丝将两片散热器拉紧，每组散热器片数与组数按设计规定应在组对前统计好。

散热器组对的要求有以下几点：

1）散热器组对前应检查，长翼型散热器顶部掉翼数，只允许1个，其长度不得大于50mm。侧面掉翼数，不得超过2个，其累计长度不得大于200mm，且掉翼面应朝墙安装。

2）散热器的对丝，应逐个接口用手试拧，不应过松或过紧。

3）组对散热器，应平直紧密，垫片不得露出颈外。

4）组对好的散热器一般不应平放，若受条件限制必须平放时，堆放高度不应超过十层，且每层间应用木板隔开。竖向堆放时，也应用木片或草绳隔开。

（2）散热器的试压。散热器水压试验的标准是：水压试验时间为2~3min，以不漏、不渗为合格。

（3）散热器的安装。

1）散热器位置的确定。散热器一般布置在外窗下面，这样，从窗外渗入的冷风与从散热器上升的热气流混合后，流入室内，给人以舒适的感觉。散热器中垂线应与外窗中心线重合，即在外窗下面对称布置。散热器中心距墙面的尺寸应按照散热器的类型确定，可参见相关标准。散热器安装时，若散热器及其下面布置回水管道，窗台至地面的距离应满足所需的尺寸。

2）埋栽散热器托钩。散热器安装有两种方式：一种是安装在墙上的托钩上；另一种是安装在地上的支座上。散热器托钩可用圆钢或扁钢制作。

当散热器安装在墙上时，应首先确定散热器托钩的数量和位置。散热器托钩的数量因散热器的型号、组装片数不同而变化。散热器托钩位置取决于散热器安装位置。在墙上划线时，应注意到上下托钩中心即是散热器上下接口中心，还要考虑到散热器接口的间隙，一般每个接口间隙按2mm计。

打墙洞时可用钢管锯成斜口管子錾子，也可用电锤，打洞深度一般不少于120mm。栽托钩时，先用水将墙洞浸湿，将托钩放入墙洞内，对正位置后，灌入水泥砂浆，并用碎石挤紧，最后用水泥砂浆填满墙洞并抹平。

3）安装散热器。待墙洞中的水泥砂浆达到强度后，即可安装散热器，安装时，要轻抬轻放。避免碰坏散热器托钩。

室内供暖安装结束后要进行试压、清洗与试运行。情况正常即可进行系统的初调节工作，达到均衡供暖的目的。

3. 低温热水地板辐射系统的安装

（1）工艺流程。传统的低温热水地板辐射供暖系统安装的工艺流程为：清理地面→铺设绝热板→铺设加热盘管→试压、冲洗→回填豆石混凝土填充层→分水器、集水器的制作、安装、连接→通水试验、初次启动。

1）清理地面。在铺设绝热板之前，要做水泥砂浆找平层，将地面清扫干净，不得有凹凸不平的地面，不得有砂石碎块、钢筋头等。

2）铺设绝热板。绝热板采用贴有铝箔的自熄型聚苯乙烯绝缘板，必须铺设在水泥砂浆找平层上，地面不允许有高低不平的现象，绝热板铺设时，铝箔面朝上，铺设平整。钢筋、电线管及其他管道只允许垂直穿过地板绝热层，不准斜插，其插管接缝用胶带封贴严实。

3）铺设加热盘管。加热盘管铺设的顺序是由远至近逐环铺设。加热盘管穿过地面膨胀缝处，要用膨胀条将地面隔开，加热盘管在此处需加加热盘管专用伸缩节。

加热盘管铺设完毕后，要用专用的塑料U形卡及卡钉逐一固定管子。

4）试压、冲洗。安装完地板上的加热盘管后进行水压试验。先接好临时管路及试压泵，灌水后打开排气阀，将管内的空气放净后再关闭排气阀，接口无异样后，即可加压，在此过程中观察接头是否渗漏。进行1.0MPa表压试验，10min压降小于0.3MPa，不渗、不漏为合格。

5）回填豆石混凝土填充层。当验收合格后，立即浇筑豆石混凝土，其强度等级由设计确定。采用人工插捣，不可用振捣器，此时管道应保持有不低于0.4MPa的压力。铺设混凝土时不允许踩压已铺好的环路。填充的豆石混凝土中掺加5%的防龟裂添加剂。

6）分水器、集水器的制作、安装、连接。按设计图纸进行钢制分水器、集水器上的放样、划线、下料、切割、坡口、焊制成形、安装。分水器、集水器上的分水管、集水管与埋地加热盘管的连接应符合设计要求。仪表、阀门、过滤器、循环泵不得装反。

7）通水试验、初次启动。系统正式通水前，先将管网系统进行冲洗打压后再与地板供暖器接通，以防脏物进入地板系统中。初次启动本系统应按要求进行，即首先通入25～30℃的水，运行一周后，每周提高供水温度5～10℃，直至供水温度达到60℃。

（2）安装要点。

1）地面下敷设的盘管埋地部分不应有接头。

2）严禁踩在塑料管上进行接头。

3）盘管隐蔽前必须进行水压试验，试验压力为工作压力的1.5倍，且不小于0.6MPa。

4）加热盘管弯曲部分不得出现硬折弯现象，曲率半径应符合下列规定：塑料管不应小于管道外径的 8 倍；复合管不应小于管道外径的 5 倍；加热盘管出地面部分要加护甲。

5）加热盘管管径、间距和长度应符合设计要求，间距允许偏差不大于 10mm。

6）地热供暖施工应在入冬前完成，不宜冬期施工。

思 考 题

1. 供暖系统由哪些部分组成？

2. 供暖系统根据不同的分类方法分为哪几类？

3. 自然循环热水供暖系统的作用压力大小主要与哪些因素有关？

4. 机械循环热水供暖系统有哪几种形式？各有什么特点？

5. 常用的散热器有哪几种类型？

6. 室内供暖系统施工图由哪些部分组成？

7. 室内供暖施工图的识读要点有哪些？

8. 简述室内供暖管道安装工艺流程。

9. 室内供暖管道安装要点是什么？

第五章 建筑通风工程

第一节 通风系统常用设备、附件

自然通风的设备装置比较简单，只需进、排风窗以及附属的启闭装置。而机械通风系统则由较多的构件和设备组成。除利用管道输送空气以及使用通风机造成空气流通的作用压力外，一般的机械排风系统由有害物收集和净化除尘设备、风道、通风机、排风口或伞形风帽等组成。机械送风系统由进气室、风道、通风机、进气口组成。在整个机械通风系统中，除上述设备和附件外还设有阀门，用来调节和启闭进、排气量。

一、风机

风机是通风系统中的主要设备，为通风系统提供空气流动的动力，克服风道以及其他设备、附件等产生的空气流动阻力，主要有离心式、轴流式和斜流式三种类型。

（一）离心式风机

离心式风机主要由叶轮、机壳、机轴、吸气口、排气口、轴承和底座等部件组成。离心式风机的工作原理主要是借助叶轮旋转使气体获得压能和动能。

在一些特殊场合，为降低噪声、便于安装，在离心式风机外面加一个风机箱，即称为柜式风机。其进风与出风方向可以有多个选择，可以吊装，有的柜式风机直接用风机箱代替蜗壳。

离心式风机的主要性能参数有以下几项。

（1）风量。是指风机在标准状态下工作时，单位时间内所输送的气体体积，用符号 Q 表示，单位为 m^3/h 或 m^3/s。

（2）风压。是指风机在标准状态（同上）下工作时，空气进入风机后所升高的压力（包括动压和静压），用符号 H 表示，单位为 Pa。

（3）功率（有效功率）、轴功率。功率是指在单位时间内风机传递给气体的能量，用符号 N_y 表示，单位为 W。表达式为

$$N_y = \frac{QH}{3600} \tag{5-1-1}$$

式中　N_y——风机的有效功率，W；

　　　Q——风机所输送的风量，m^3/h；

　　　H——风机所产生的风压，Pa。

由于风机在运行中自身要损失一部分能量，因此电动机传递给风机轴的功率要大于风机的有效功率，这个功率称为风机的轴功率，用符号 N_z 表示。

（4）效率。风机的效率是指风机的有效功率与轴功率之比，用符号 η 表示。其表达式为

$$\eta=\frac{N_y}{N_z} \tag{5-1-2}$$

式中　η——风机的效率，%；

　　　N_y——风机的有效功率，W；

　　　N_z——风机的轴功率，W。

离心式风机按其产生的作用压力分为三类：低压风机（$H \leqslant 1000Pa$），一般用于送排风系统或空调系统；中压风机（$1000Pa < H \leqslant 3000Pa$），一般用于除尘系统或管网较长，阻力较大的通风系统；高压风机（$H > 3000Pa$），在大型加热炉等设施中进行空气或物料的输送。

通风空调系统在实际工程中常用低、中压风机。

（二）轴流式风机

轴流式风机主要由叶轮、外壳、电动机和支座等部分组成。

轴流式风机的叶片与螺旋相似，其工作原理是：电动机带动叶片旋转时，产生推力，促使空气沿轴向流入圆筒形外壳，并沿机轴平行方向排出。

轴流式风机与离心式风机在性能上最大、最主要的区别是轴流式风机产生的全压较小，离心式风机产生的全压较大。因此，轴流式风机一般只用于无需设置管道的场合、管道阻力较小的系统或作为风扇散热设备用于炎热的车间；而离心风机则往往用在阻力较大的系统中。

（三）斜流式风机

斜流式风机与混流式风机较相似，但比混流式风机更接近轴流式风机。其叶轮为轴流式风机的变形，气流沿叶片中心为散射形，并向气流方向倾斜。机号相同的情况下，斜流式风机流量大于离心式风机，全压高于轴流式风机；斜流式风机体积小于离心式风机，具有高速运行宽广、噪声低、占地少、安装方便等优点。斜流式风机不影响管道布置和管道走向，最适合为直管道加压和送排风。对于空间狭小的机身，可显示出斜流式风机的结构紧凑的优越性。

混流式风机和斜流式风机都有单速和双速两种，双速风机可以用于通风和排烟合二为一的系统。它们均可根据不同的使用场合，采用改变安装角度、改变叶片数、改变转速、改变机号等方法达到多方面使用要求。

二、排风净化处理设备

为防止大气污染并回收可以利用的物质，排风系统的空气排入大气前，应根据实际情况采取必要的净化、回收以及综合利用措施。

一般情况下排风的处理主要有净化、除尘及高空排放。

消除有害气体对人体及其他方面的危害称为净化。净化设备有各种吸收塔及活性炭吸附器等。

除尘是指使空气中的粉尘与空气分离的过程。根据其除尘机理，常用除尘器有重力沉降室、旋风除尘器、过滤式（袋式）除尘器、静电除尘器和湿式除尘器等。

1. 重力沉降室

重力沉降室是利用重力作用使粉尘自然沉降的一种最简单的除尘装置，是一个比输送气体的管道增大了若干倍的除尘室。如图5-1-1所示，含尘气流在沉降室的一端由上方进入，由于断面积的突然扩大，流动速度降低，在气流缓慢地向另一端流动的过程中，气

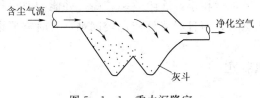

图 5-1-1 重力沉降室

流中的尘粒在重力的作用下,逐渐向下沉降,从而达到除尘的目的。净化后的空气由重力沉降室的另一端排出。

重力沉降室主要用于净化密度大、颗粒粒径大的粉尘,特别是磨损性很强的粉尘,能有效地捕集粒径为 $50\mu m$ 以上的尘粒。

重力沉降室的主要缺点是占地面积大、除尘效率低。优点是结构简单、投资少、维护管理方便以及压力损失小(一般为 $50\sim150Pa$)等。

2. 旋风除尘器

旋风除尘器利用气流旋转过程中作用在尘粒上的惯性离心力,使尘粒从气流中分离出来,从而达到净化空气的目的,如图 5-1-2 所示。

旋风除尘器由筒体、锥体、排出管等部分组成,含尘气流通过进口起旋器产生旋转气流,粉尘在离心力作用下脱离气流向筒锥体边壁运动,到达筒壁附近的粉尘在重力的作用下进入收尘灰斗,去除了粉尘的气体汇向轴心区域由排气芯管排出。

旋风除尘器结构简单、体积小、维护方便,对于 $10\sim20m$ 的粉尘,去除效率为 90% 左右,是工业通风中常用的除尘设备之一,多应用于小型锅炉和多级除尘的第一级除尘中。

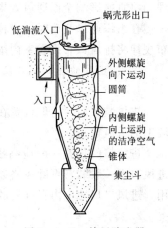

图 5-1-2 旋风除尘器

3. 过滤式(袋式)除尘器

过滤式除尘器是利用多孔的袋状过滤元件从含尘气体中捕集粉尘的一种除尘设备,主要由过滤装置和清灰装置两部分组成。前者的作用是捕集粉尘,后者则用以定期清除滤袋上的积尘,保持除尘器的处理能力。通常还设有清灰控制装置,使除尘器按一定的时间间隔和程序清灰。

按清灰方式分,袋式除尘器的主要类型有:气流反吹类、脉冲喷吹类、机械振打类。

4. 静电除尘器

静电除尘器是利用静电将气体中粉尘分离的一种除尘设备,简称电除尘器。

电除尘器由本体及直流高压电源两部分构成。本体中排列有数量众多的、保持一定间距的金属集尘极(又称极板)与电晕极(又称极线),用以产生电晕,捕集粉尘。还设有清除电极上沉积粉尘的清灰装置、气流均布装置、存输灰装置等。

静电除尘器是一种高效除尘器,理论上可以达到任何要求的去除效率。但提高去除效率,会增加除尘设备造价。静电除尘器压力损失小,较节省运行费用。

5. 湿式除尘器

湿式除尘器主要利用含尘气流与液滴或液膜的相互作用实现气尘分离。其中粗大尘粒与液滴(或雾滴)的惯性碰撞、接触阻留(即拦截效应)得以捕集,而细微尘粒则在扩散、凝聚等机理的共同作用下,使尘粒从气流中分离出来达到净化含尘气流的目的。

湿式除尘器的优点是结构简单，投资低，占地面积小，除尘效率较高，并能同时进行有害气体的净化。其缺点主要是不能干法回收物料，而且泥浆处理比较困难，有时需要设置专门的废水处理系统。

三、室内送、排风口以及室外的进、排风装置

（一）室内送、排风口

室内送、排风口是分别将一定量的空气，按一定的速度送到室内，或由室内将空气吸入排风管道的构件。

送、排风口一般应满足以下要求：风口风量应能够调节；阻力小；风口尺寸应尽可能小。在民用建筑和公共建筑中室内送、排风口形式应与建筑结构的美观相配合。

室内排风口同样是全面排风系统的一个组成部分，室内被污染的空气由排风口进入排风管道。排风口种类较少，通常做成百叶式。

室内送、排风口的布置，是决定通风气流方向的一个重要因素，而气流方向是否合理，将直接影响全面通风效果。

在组织通风气流时，应将新鲜空气直接送到工作地点或洁净区域，要根据有害物的分布规律将排风口布设在室内浓度最大的地方。

（二）室外的进、排风装置

1. 进风装置

进风装置应尽可能设置在空气较洁净的地方，可以是单独的进风塔，也可以是设在外墙上的进风窗口。

进风口的位置一般应高出地面 2.5m，设置在屋顶上的进风口应高出屋面 1m 以上。进风口上一般装有百叶风格以防止杂质吸入，在百叶格里面装有保温门，以便冬季关闭使用，进风口尺寸应由百叶格的风速确定，百叶窗进风口风速一般为 2~5m/s。

2. 排风装置

排风装置即排风道的出口，经常做成风塔安装在屋顶上。要求排风口高出屋面 1m 以上，避免污染附近空气环境。为防止雨、雪或风沙倒灌，在出口处应设有百叶格或风帽。

四、风管

（一）风管常用材料

风管的材料有很多种，但常用的主要有以下几种。

1. 金属薄板

金属薄板是制作风管部件的主要材料。通常采用普通薄钢板、镀锌薄钢板、不锈钢钢板、铝和铝合金板及塑料复合钢板。它们易于工业化加工制作、安装方便、能承受较高温度。

普通薄钢板由碳素软钢经热轧或冷轧制成，一般用于工业通风。热轧钢板表面为蓝色发光的氧化铁薄膜，性质较硬而脆，加工时易断裂；冷轧钢板表面平整光洁无光，性质较软，易于现场加工。由于表面易生锈，制作时需进行防腐处理。

镀锌薄钢板是用普通薄钢板表面镀锌制成，俗称"白铁皮"。在引进工程中常用镀锌钢板卷材，方便风管的制作。由于表面锌层起防腐作用，一般不刷油防腐，因而常用作输送不受酸雾作用的潮湿环境中的通风系统及空调系统的风管和配件。

不锈钢钢板耐锈耐酸、美观，常用于输送含腐蚀性介质（如硝酸类）的通风系统或制作厨房排油烟风管等。

铝和铝合金板加工性能好，耐腐蚀，常用于有防爆要求的通风系统。使用铝板制作风管，一般以纯铝为主。

塑料复合钢板是在普通的薄钢板（Q215、Q235钢板）表面上喷一层0.2～0.4mm的软质或半软质聚氯乙烯塑料层，常用于防尘要求较高的空调系统和－10～70℃温度下耐腐蚀系统的风管，有单面覆层和双面覆层两种。

2. 非金属材料

硬聚氯乙烯塑料板表面平整光滑，耐酸碱腐蚀性强，物理机械性能良好，制作方便，不耐高温和太阳辐射，适用于0～60℃的环境、有酸性腐蚀作用的通风管道。

玻璃钢是以玻璃纤维制品（如玻璃布）为增强材料，以树脂为粘结剂，经过一定的成型工艺制作而成的一种轻质高强度的复合材料。它具有较好的耐腐蚀性、耐火性，成型工艺简单，常用于排除腐蚀性气体的通风系统中。

保温玻璃钢风管将管壁制成夹层，夹心材料为聚苯乙烯、聚氨酯泡沫塑料、蜂窝纸等保温材料，用于需要保温的通风系统。

（二）风管的形状和规格

通风管道的断面有圆形和矩形两种，在同截面积下，圆断面风管周长最短，在同样风量下，圆断面风管压力损失相对较小，因此，一般工业通风系统都采用圆形风管（尤其是除尘风管）。矩形风管易于和建筑配合，占用建筑层高较低，且制作方便，所以空调系统及民用建筑通风一般采用矩形风管。

通风、空调管道选用的通风管道应规格统一，优先采用圆形风管或长、短之比不大于4的矩形截面风管。实际工程中，为减少占用建筑层高，往往采用较小的厚度，风管尺寸会超过标准宽度。

五、风阀

风阀一般安装在风道或风口上，用于调节风量、关闭支风道、分隔风道系统的各个部分，还可以启动风机或平衡风道系统的阻力，常用的风阀有蝶阀、插板阀、多叶调节阀等。

（1）蝶阀只有一块阀板，转动阀板即可调节风量。蝶阀严密性差，不宜作为关断阀用，一般多设置在分支风道或送风口前。

（2）插板阀又叫闸板阀，体积大，能上下移动（有槽道）。拉动手柄，改变插板位置，即可调节通过风道的风量大小。插板阀关闭严密，一般多设置在风机出口或主干风道上。

（3）多叶调节阀。外形类似活动百叶，通过调节叶片的角度来调节风量大小。一般多用于风机出口和主干风道上。

六、防排烟装置

（一）风机

机械加压送风输送的是室外新鲜空气，而排烟风机输送的是高温烟气，因此对风机的要求不同。

机械加压送风可采用轴流风机或中、低压离心式风机；排烟风机可采用排烟轴流风机或离心风机，并应在入口处设有当烟气温度达到280℃时能自行关闭的排烟防火阀。同时，排烟风机应保证在280℃时能连续工作30min。

（二）防排烟阀门

用于防火防排烟的阀门种类很多，根据功能主要分为防火阀、正压送风口和排烟阀三大类。

1. 防火阀

防火阀一般安装在通风空调管道穿越防火分区处，平时开启，火灾时关闭，用以切断烟、火沿风道向其他防火分区蔓延。这类阀门可分为四种：

（1）由安装在阀体中的温度熔断器带动阀体连动机械动作的防火阀，其温度熔断器的易熔片或易熔环的熔断温度一般为70℃，是使用最多的一类阀。

（2）防火阀内带有0～90℃无级调节功能的防火调节阀。

（3）由设在顶棚上的烟感器连动的防火阀，称为防烟防火阀。

（4）由设在顶棚上的温感器连动的防火阀，这类阀门在国内工程中很少使用。

2. 正压送风口

前室的正压送风口由常闭型电磁式多叶调节阀组成，每层设置。楼梯间的送风口多采用自垂式百叶风口。

3. 排烟阀

安装在专用排烟管道上，按防烟分区设置。排烟阀分为排烟口和排烟防火阀。

第二节 通 风 系 统

建筑通风包括从室内排除污浊的空气和向室内补充新鲜空气。前者称为排风，后者称为送风。通风系统就是为了实现送、排风而采用的一系列设备、装置的总称。

一、按通风系统的作用范围分为全面通风和局部通风系统

（一）全面通风系统

全面通风也称为稀释通风，对整个车间或房间进行通风换气。一方面用新鲜空气稀释整个车间或房间内空气中的有害物浓度，同时，不断地将污浊空气排至室外，保证室内空气中有害物浓度低于卫生标准所规定的最高允许浓度。

全面通风所需风量比较大，相应的通风设备也比较庞大。全面通风系统适用于有害物分布面积广以及不适合采用局部通风的场合，在公共建筑以及民用建筑中使用广泛。

（二）局部通风系统

局部通风系统分为局部送风和局部排风两大类，都利用局部气流，使局部工作地点不受有害物的污染，从而创造良好的空气环境。

局部送风是将新鲜空气或经过处理后的空气送到车间的局部地区，以改善局部区域的空气环境。而局部排风是将有害物在产生的地点就地排除，以防扩散。

二、按通风系统的工作动力分为自然通风和机械通风系统

（一）自然通风系统

自然通风借助于风压和热压作用交换室内外的空气，从而改变室内空气环境。风压是由空气流动而形成的压力。在风压作用下，室外空气通过建筑物迎风面的门缝、窗孔口进入室内，而室内空气则通过背风面的门缝、窗孔口排出。

热压作用是指室内热空气密度小而上升排出，室外温度低而密度略大的空气不断补充进来形成自然循环而达到通风换气的目的。

总之，自然通风不消耗机械动力，是一种经济的通风方式，对于产生大量余热的车间，利用自然通风可达到巨大的通风换气量。由于自然通风易受室外气象条件的影响，因此，自然通风难以有效控制，通风效果也不够稳定，主要用于热车间排除余热的全面通风。

（二）机械通风系统

机械通风就是利用通风机所产生的吸力或压力，借助通风管道进行室内外空气交换的通风方式。按其作用范围，也可如上述分为局部通风和全面通风。

机械通风与自然通风相比较，由于机械通风有通风机的压力作用，故往往可连接一些阻力较大并对空气进行加热、冷却、加湿、干燥、净化等处理的设备，共同组成一个机械通风系统，将空气处理至达到一定质量和数量后输送到指定的地点。

第三节　高层建筑防排烟

高层建筑的功能复杂，设备繁多，一些可燃和化学合成材料在装修上的应用更增加了火灾的隐患和对人们生命财产安全的威胁。高层建筑内一旦起火，楼梯间、电梯间、管道井等竖井的烟囱效应会助长火势；另外，高层建筑的高度大，层数多，人员集中，因此进行疏散和扑救更为困难，容易造成大的财产损失和人员伤亡事故。为减少火灾造成的损失，高层建筑内应有完善的防火与排烟设施。

高层建筑的防火与排烟中，由暖通专业所承担的部分是针对空调和通风系统而言的，其目的是阻止火势通过空调和通风系统蔓延；而所承担的防排烟任务是针对整个建筑物的。目的是将火灾产生的烟气在着火处就地排出，防止烟气扩散到其他防烟分区中，从而保证建筑物内人员的安全疏散和火灾的顺利扑救。

一、防火分区与防烟分区

高层建筑中，防火分区与防烟分区的划分是极其重要的。在高层建筑设计时，将建筑平面和空间划分为若干个防火分区与防烟分区，一旦起火，可将火势控制在起火分区并加以扑灭，同时，对防烟分区进行隔断以控制烟气的流动和蔓延。因此首先要了解建筑的防火分区与防烟分区。

（一）防火分区

防火分区的划分通常在建筑构造设计阶段完成。防火分区之间用防火墙、防火卷帘和耐火楼板进行隔断。

高层建筑通常在竖向以每层划分防火分区，以楼板作为隔断。如建筑内设有上下层相连通的走廊、自动扶梯等开口部位时，应把连通部分作为一个防火分区考虑。

（二）防烟分区

防烟分区的划分通常由建筑专业人员在建筑构造阶段完成，但由于防烟分区与暖通专业的防排烟设计关系紧密，设计者应根据防排烟设计方案提出意见。防烟分区应在防火分区内划分，其间用隔墙、挡烟垂壁等进行分隔，每个防烟分区建筑面积不宜超过 $50mm^2$。

二、建筑物的防排烟

高层建筑发生火灾时，建筑物内部人员的疏散方向为：房间→走廊→防烟楼梯间前室→防烟楼梯间→室外。由此可见，防烟楼梯间是人员唯一的垂直疏散通道，而消防电梯是消防队员进行扑救的主要垂直运输工具。出于疏散和扑救的需要，必须确保在疏散和扑救过程中防烟楼梯间和消防电梯井内无烟，因此，应在防烟楼梯间及其前室、消防电梯间前室和两者合用前室设置防烟设施。为保证建筑内部人员安全进入防烟楼梯间，应在走廊和房间设置排烟设施。排烟设施分为机械排烟设施和可开启外窗的自然排烟设施。另外，高度在 100m 以上的建筑物由于人员疏散比较困难，因此还应设有避难层或避难间，并应设置防烟设施。

（一）防烟设施

防烟设施应采用可开启外窗的自然排烟设施或机械加压送风设施。如能满足要求，应优先考虑采用自然排烟，其次考虑采用机械加压送风。

1. 自然排烟设施

自然排烟利用烟气的热压或室外风压的作用，在与防烟楼梯间及其前室、消防电梯间前室和两者合用前室相邻的阳台、凹廊或在外墙上设置便于开启的外窗或排烟窗，进行无组织的排烟。

自然排烟无需专门的排烟设施，其构造简单、经济，火灾发生时不受电源中断的影响，而且平时可兼做换气。但因受室外风向、风速、建筑本身密闭性、热压作用的影响，排烟效果不够稳定。

2. 机械加压送风设施

机械加压送风通过通风机所产生动力来控制烟气的流动，即通过增加防烟楼梯间及其前室、消防电梯间前室和两者合用前室的压力以防止烟气侵入。机械加压送风的特点与自然排烟相反。没有条件采用自然排烟方式时，在防烟楼梯间、消防电梯间前室或合用前室、采用自然排烟措施的防烟楼梯间、不具备自然排烟条件的前室以及封闭避难层，都应设置独立的机械加压送风防烟措施。

防烟楼梯间与前室或合用前室采用自然排烟方式与机械加压送风方式的组合有多种形式。它们之间的组合关系以及防烟设施的设置部位见表 5-3-1。

表 5-3-1　　　　　　垂直疏散通道防烟部位的设置

组 合 关 系	防烟部位
不具备自然排烟条件的防烟楼梯间	楼梯间
不具备自然排烟条件的防烟楼梯间与采用自然排烟的前室或合用前室	楼梯间
采用自然排烟的防烟楼梯间与不具备自然排烟条件的前室或合用前室	前室或合用前室
不具备自然排烟条件的防烟楼梯间与合用前室	楼梯间、合用前室
不具备自然排烟条件的消防电梯间前室	前室

（二）排烟设施

排烟设施应采用可开启外窗的自然排烟设施或机械排烟设施。如果能够满足要求，应优先考虑采用自然排烟，然后考虑采用机械排烟。

1. 自然排烟设施

如在走廊、房间、中庭或地下室采用自然排风，内走廊长度不超过 60m，可开启外窗面积不小于该走廊面积的 2%；需要排烟的房间可开启的外窗面积不小于该房间面积的

2%；中庭的净高不小于12m，可开启天窗或高侧窗的面积不小于该中庭地面面积的5%。

2. 机械排烟设施

机械排烟是通过降低走廊、房间、中庭或地下室的压力将着火时产生的烟气及时排出建筑物。建筑中下列部位应设置独立的机械排烟设施：

(1) 长度超过60m的内走廊，或无直接自然通风且长度超过20m的内走廊。

(2) 面积超过100m²，且经常有人停留或可燃物较多的地上无窗房间或设置固定窗的房间。

(3) 不具备自然排烟条件或净高超过12m的中庭。

(4) 除具备自然排烟条件的房间外，全部房间总面积超过200m²或一个房间面积超过50m²，且经常有人停留或可燃物较多的地下室。

思 考 题

1. 通风系统的主要设备及构件有哪些？简述其分类和作用。
2. 简述通风系统的分类和工作原理。
3. 根据除尘机理不同，除尘设备一般可以分为哪几种？
4. 简述局部通风和全面通风的特点。
5. 自然通风和机械通风的区别是什么？
6. 如何划分防火分区和防烟分区？
7. 为什么要设置防排烟系统？
8. 高层建筑应在哪些部位设置防排烟设施？

第六章 建筑空调工程

第一节 空气调节系统简介

空气调节系统简称空调。空调采用技术手段把某种特定内部的空气环境控制在一定状态之下，使其能够满足人体舒适或生产工艺的要求。通风与空调的区别在于空调系统往往将室内空气循环使用，把新风与回风混合后进行热湿处理，然后再送入被调房间；通风系统不循环使用回风，而是对送入室内的室外新鲜空气不作处理或仅作简单处理，并根据需要对排风进行除尘、净化处理后排出或是直接排出室外。

一、空气调节的任务与作用

空气调节（简称空调）是用人工的方法把某种特定空间内部的空气环境控制在一定状态下，使其满足生产、生活需求，改善劳动卫生条件。空气控制的内容主要包括温度、湿度、空气流速、压力、洁净度以及噪声等参数。

对上述参数产生干扰的来源主要有两个：一是室外气温变化，太阳辐射通过建筑围护结构对室温的影响和外部空气带入室内的有害物；二是内部空间的人员、设备与工艺过程产生的热、湿与有害物。

为此，需要采用一定的技术手段和方法消除室内的余热、余湿，清除空气中的有害物，保持内部空间具有足够的新鲜空气。

一般将为生产或科学实验过程服务的空调系统称为工艺性空调；将为保证人体舒适的空调系统称为舒适性空调。工艺性空调往往同时需要满足工作人员的舒适性要求，所以二者又是相互关联的、统一的。

舒适性空调主要应用于公共和民用建筑中，除了要求保证一定的空气温、湿度以外，还要求保证足够的新鲜空气、适当的空气成分，以及一定的空气洁净度和流速。

对于现代化生产来说，工艺性空调是必不可少的。一般来说工艺性空调对新鲜空气量没有特殊要求，而对温度、湿度、洁净度的要求比舒适性空调要高。

二、空调参数的控制指标

使用目的不同的空调房间的参数控制指标是不同的。一般来说，工艺性空调的参数控制指标是以空调参数基数加波动范围的形式给出的。如：精密机械加工业与机密仪器制造业要求空气温度的变化范围不超过$\pm(0.1\sim0.5)$℃，相对湿度变化范围不超过$\pm5\%$。另外，电子工业中，不仅要保证一定的温、湿度，还要保证空气的洁净度；药品工业，食品工业以及医院的病房、手术室则不仅要求一定的空气温、湿度，还需要控制空气洁净度与含菌数。

三、空调系统的分类

空调系统类型很多，分类方法也有多种。主要介绍以下两种。

（一）按处理空调负荷的介质分

无论何种空调系统，都需要一种或几种流体作为介质带走空调负荷下室内余热、余湿或有害物，从而控制室内环境。

1. 全空气系统

全空气系统是指完全由处理过的空气作为承载空调负荷的介质的系统。这种系统要求风道断面较大或是风速较高，会占据较多的建筑空间。

2. 全水系统

全水系统是指完全由处理过的水作为承载空调负荷的介质的系统。这种系统管道占建筑空间较小，但是无法解决房间的通风换气，通常不单独使用。

3. 空气-水系统

空气-水系统是指由处理过的空气承担部分空调负荷，再由水承担其余部分负荷的系统。例如风机盘管加新风系统。这种系统既可以减少对建筑空间的占用，又可满足房间内的新风换气要求。

4. 直接蒸发机组系统

直接蒸发机组系统是指由制冷剂直接作为承载空调负荷的介质的系统。例如分散安装的空调器内部带有制冷机，制冷剂通过直接蒸发器与室内空气进行热湿交换，达到冷却去湿的目的，属于制冷剂系统。由于制冷剂不宜长距离输送，因此不宜作为集中式空调系统使用。

（二）按空气处理设备的集中程度分

1. 集中式空调系统

集中式空调系统是指空气处理设备（过滤器、冷却器、加热器、加湿器等）集中设置在空调机房内，空气经过集中处理后，经风道送入各个房间的系统。

2. 半集中式空调系统

半集中式空调系统是指在空调机房集中处理部分或全部风量，然后送往各个房间，由分散在各个被调房间内的二次设备（又称为末端装置）再进行处理的系统。

3. 分散式空调系统（也称局部式系统）

分散式空调系统是指不设集中空调机房，而是把冷热源、空气处理设备与风机整体组装后的空调器直接设置在被调房间内或被调房间附近，控制局部、一个或几个房间空气参数的系统。

四、空调系统的组成

根据上述各种空调系统的分类，可以看到不同的空调系统组成是不同的。一般来说，一个完整的空调系统应由冷热源、空气处理设备、空气输配系统以及被调房间四个基本部分组成。

以下针对各类空调系统分别加以介绍。

（一）集中式空调系统

集中式空调系统属于典型的全空气系统，组成及原理示意如图6-1-1所示。集中式空调系统的工作过程如下：室外空气通过进风口进入空调机房，经过过滤、加湿（或除湿）、加热（或冷却）等处理，由送风机经送风风道送至各空调房间，送入的空气由设在空调房间上部的送风口送入室内；回风口设在房间的下部，空气由回风口进入回风风道，通过回风机，一部分排出室外，另一部分回到空调机房。

利用一部分室内回风，可减少室外进风，目的是减少处理新风的能量消耗。根据利用

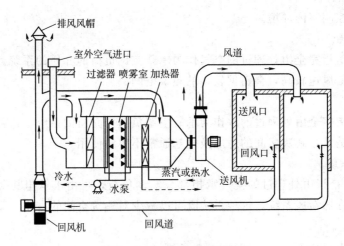

图 6-1-1 集中式空调系统

回风的程度不同，集中式空调系统又可分为四种类型。

1. 直流式空调系统

直流式空调系统如图 6-1-2（a）所示。这种系统的送风全部来自室外，不利用室内回风。室外空气经过处理达到所需的温、湿度和洁净度后，再由风机送入空调房间。送风在室内吸收房间余热、余湿后全部经排风口排至室外。直流式空调系统的优点在于送风洁净。其缺点是，因系统送风全部利用室外空气，冷、热消耗量大，所以设备投资和系统运行费用高。这种系统一般用于不允许使用室内回风的场合，如放射性实验室以及散发大量有害物的车间等。

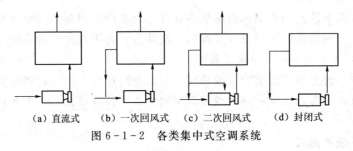

（a）直流式　　（b）一次回风式　　（c）二次回风式　　（d）封闭式

图 6-1-2 各类集中式空调系统

2. 一次回风式空调系统

该系统如图 6-1-2（b）所示。这种系统的送风除部分新风外，使用相当数量的循环空气（回风）。在热湿处理设备前会混合一次新风和回风。该系统是普通应用最多的全空气空调系统。

3. 二次回风式空调系统

该系统如图 6-1-2（c）所示。这种系统的送风除部分新风外，使用相当数量的循环空气（回风）。在热湿处理设备前后会各混合一次新风和回风。这种系统是减小送风温差而又不用再次加热的空调方式。

4. 封闭式空调系统

该系统如图 6-1-2（d）所示。这种系统的送风全部为循环空气，系统中无新风加入，适用于战时和无人居留的场所。

（二）局部式空调系统

局部式空调系统又称为空调机组，如图6-1-3所示。局部式空调系统的优点主要是安装方便、灵活性大，并且各房间没有风道相通，有利于防火。但是机械故障率高，日常维护工作量大，噪声大。

（三）半集中式空调系统

这种系统除有集中式空调机房里的空气处理设备外，还有分散在空调房间的空气处理设备，可以对室内空气进行就地处理或对来自集中处理设备的空气再进行补充处理，又称为混合式系统。该系统有诱导式空调系统和风机盘管式空调系统两种形式，兼有集中式与局部式空调系统的优点，既减轻了集中处理和风道的负荷，又可以满足用户对不同空气环境的要求。目前，风机盘管式空调系统得到了广泛的应用。

风机盘管就是由风机、电机、盘管、空气过滤器、室温调节装置和箱体组成的机组，可以布置于窗下、挂在顶棚下或是暗装于顶棚内，如图6-1-4所示。保持风机转动，就能使室内空气循环，并通过盘管冷却或加热，以满足房间的空调要求。由于冷热媒是集中供应的，所以风机盘管式空调系统是一种半集中式系统。

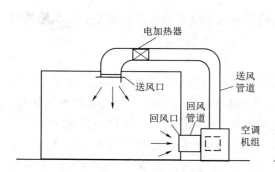

图6-1-3 局部式空调系统

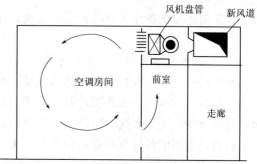

图6-1-4 风机盘管式空调系统

风机盘管机组分为暗装和明装两种形式，有卧式和立式两种。卧式机组为前面出风后面进风，而立式机组为下面进风上面出风。

风机盘管式空调系统具有布置灵活、占用建筑空间小、单独调节性能好、各房间空气互不串通、避免相互污染等优点，适用于高层建筑。另外，对于需要增设空调的一些小面积、多房间的旧建筑改造，采用这一种方式也是比较可行的。

五、空调的各种处理过程

空气调节工程中，需要将空气处理到某个送风状态点，然后向室内送风。对空气的主要处理过程包括热湿处理和净化处理两大类，其中热湿处理是最基本的处理方式。

空气热湿处理过程可以简单地分为四种：加热、冷却、加湿、除湿。实际的空气处理过程都是上述各个单一过程的组合，为得到同一个送风状态点，可以有不同的空气热湿处理途径，可能采用的空气处理方案见表6-1-1。

为了达到一种送风状态，可以采用不同的空气热湿处理方案。实际工程中应经过技术经济比较分析后综合确定。

六、空气调节制冷原理

降温去湿的空调系统必须配备冷源。冷源有天然冷源和人工冷源两大类。

表 6-1-1   空 气 处 理 方 案

季节	处 理 方 案
夏季	1. 喷水室喷冷水（或用表冷器）冷却减湿→加热器再热
	2. 固体吸湿剂减湿→表冷器冷却
	3. 液体吸湿剂减湿冷却
冬季	1. 加热器预热→喷蒸汽加湿→加热器再热
	2. 加热器预热→喷水室绝热加湿→加热器再热
	3. 加热器预热→喷蒸汽加湿
	4. 喷水室喷热水加热加湿→加热器再热
	5. 加热器预热→部分喷水室绝热加湿→与另一部分未加湿空气混合

适合空调的天然冷源有地下水和地道风等，均具有廉价并且无需复杂技术设备的特点，但是往往受地理条件等限制。

人工冷源（人工制冷）以消耗一定的能量（如机械能或热能）为代价，使低温物体的热量向高温物体转移。

人工制冷的设备称为制冷机或冷冻机。在空调系统中应用最为广泛的是蒸气压缩式制冷机。

（一）蒸气压缩式制冷的基本原理

液体物质蒸发时吸收周围物体的热量，而周围物体因失去热量导致本身温度下降，达到制冷的目的。蒸气压缩式制冷技术的基本原理：某些低沸点的液体在气化时吸收热量，同时自身维持不变。而这种用以实现制冷工艺过程的工作物质，称为制冷剂或制冷工质。

目前，常用的制冷剂有氨和卤代烃（商品名氟利昂），它们各自具有不同的特点。在中小型空调制冷系统中，一般多采用氟利昂作为制冷剂，如 R12（CF_2Cl_2）和 R22（CHF_2Cl）最为常用。但 R12 和 R22 扩散到大气层中受强烈辐射会分解出氯，将会使臭氧层衰减。因此，现在已有 R-134a 的环保型离心式、螺杆式制冷压缩机问世。

R-134a 是一种新型制冷剂，其主要热力性质与 R12 相似，是比较理想的 R12 替代品，但目前价格较贵。

蒸气压缩式制冷系统是由压缩机、冷凝器、膨胀阀和蒸发器四个关键设备组成，并且用管道连接成一个封闭的循环系统。制冷剂在上述四个热力设备中进行压缩、放热、节流和吸热四个主要热力过程，以完成制冷循环。

其工作原理是：在蒸发器中，低压低温的制冷剂液体吸收被冷却介质（如冷水）的热量，蒸发成为低压低温的制冷剂蒸汽；低压低温的制冷剂蒸汽被压缩机吸入，并被压缩成高温高压的蒸汽后进入冷凝器；在冷凝器中，高温高压的制冷剂蒸汽被冷却水冷却，冷凝成高压液体放出热量；冷凝器排出的高压液体，经膨胀阀节流后变成低温低压液体，进入蒸发器再进行蒸发制冷，如此循环。

（二）蒸气压缩式制冷系统

该系统按制冷剂可以分为氨制冷系统和氟利昂制冷系统两类。而在这两类系统中除具备图 6-1-5 所述四个主要部件外，还需配备一些辅助设备，如油分离器（分离压缩后制冷剂蒸气夹带的润滑油）、贮液器（存放冷凝后的制冷剂液体，并调节和稳定液体的循环量）、过滤器和自动控制装置等。另外，氨系统配有集油器和紧急泄氨器等；氟利昂系统配有热交换器和干燥器等。如图6-1-5、图6-1-6所示分别为氨制冷系统及氟利昂制冷系统流程示意图。

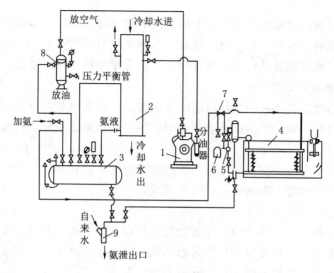

图6-1-5 氨制冷系统流程图

1—氨压缩机；2—立式冷凝器；3—氨贮液器；4—螺旋管式蒸发器；5—氨浮球调节阀；
6—滤氨器；7—手动调节阀；8—集油器；9—紧急泄氨器

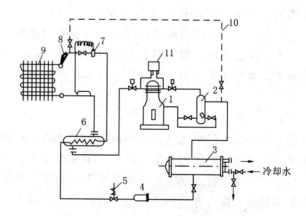

图6-1-6 氟利昂制冷系统流程图

1—压缩机；2—油分离器；3—冷凝器；4—干燥过滤器；5—电磁阀；6—气液热交换器；
7—热力膨胀阀；8—分液器；9—蒸发器；10—热氟冲霜管；11—高低压力继电器

第二节 空调工程常用设备

空气调节的含义就是对空调房间的空气参数进行调节，因此需要各种设备完成不同的空气处理过程。

一、空气处理设备

(一) 空气过滤器

由于空调房间对空气的洁净度有一定的要求，因此新风或室内回风均需经空气过滤器净化。

根据效率可以将过滤器分为初效、中效和高效过滤器三种。一般的空调系统，通常只设置一级初效过滤器；有较高要求时，设置初效和中效两级过滤器；有超净要求时，在两级过滤后，再用高效过滤器进行第三级过滤。下面介绍两种常用过滤器。

1. 浸油金属网格过滤器

浸油金属网格过滤器由不同孔径网眼的多层波浪形金属网格叠配而成，在使用前浸上黏性油，气流通过时，灰尘被油膜表面粘住而被阻留，从而达到除尘过滤的目的。

2. 高效过滤器

高效过滤器用于有超净要求的空调系统的终级过滤，应在初级、中级过滤器的保护下使用。滤料用超细玻璃纤维和超细石棉纤维制成。

(二) 表面式换热器

表面式换热器是空调工程中最常用的空气处理设备。该设备构造简单、占地少、水质要求低。常用的表面式换热器有空气加热器和表面式冷却器两类。空气加热器是用热水或蒸汽作为热媒，表面式冷却器则是以冷水或制冷剂作为冷媒。

表面式换热器多用肋片管。管内流通冷水、热水、蒸汽或制冷剂，空气掠过管外与管内介质换热。如前所述风机盘管机组中的盘管就是一种表面式换热器。

(三) 电加热器

在空调工程中常用的电加热器有裸露电阻丝（裸露式）和电热元件（管式电加热器）两类。实际工程中，电加热器经常做成抽屉式。电加热器表面温度均匀、供热量稳定、效率高、体积小、反应灵敏、控制方便，除在局部系统中使用外，还普遍应用于室温允许波动范围较小的空调房间中，主要将送风由蒸汽或热水加热器加热到一定温度后再进行"精加热"。

(四) 喷水室

喷水室的空气处理方法是对流过的空气直接喷淋大量的水滴，被处理的空气与这些水滴接触，进行热湿交换从而达到所要求的状态。喷水室主要由喷嘴、水池、喷水管道、挡水板、外壳等组成。喷水室的主要特点是能够实现多种不同的空气处理过程，具有一定的空气净化能力，耗费金属最少，比较容易加工，但占地面积大，对水质要求高，水系统较为复杂并且水泵电耗大。

目前，在一般建筑中喷水室的使用已经很少，但在一些以调节湿度为主要任务的场合还在大量使用，例如纺织厂等。

二、风道

风道是空气输配系统的主要组成部分之一。对于集中式空调系统和半集中式空调系统，风道的尺寸对建筑空间的使用与布置有重大影响。风道内风速的大小与风道的敷设情况不仅影响空调系统空气输配的动力消耗，而且对建筑物的噪声影响有着决定性的作用。

(一) 风道形状选择

风道选择应从风道的形状和材料两个方面来考虑。一般情况下风道的形状有圆形和矩形两种，圆形风道强度大，耗材量小，但占有效空间大，管路中弯头、三通较大，不易布置，影响美观，宜设置在阁楼等空间内隐蔽布置；矩形风道的风管阻力小，耗材量省，占有效空间较小，易于布置，明装较为美观。因此，空调风管多采用矩形风道。

（二）风道材料选择

风道材料选择时应考虑经济、适用、管内壁光滑、便于安装、就地取材等因素。制作风道的材料很多，一般空调系统的风管采用涂漆的薄钢板或镀锌薄钢板制作。在制作过程中，为便于机械化加工，风管尺寸应按《全国通用通风管道计算表》中的统一规格选用。另外，民用和公共建筑中，为节省钢材和便于建筑装饰，也常利用建筑空间或地沟敷设钢筋混凝土风道、砖砌风道等。但其表面应抹光，要求较高时还要涂漆。

目前大量使用的是复合材料制成的风管，如聚氨酯复合保温风管、酚醛泡沫超级复合风管、复合铝箔玻璃纤维风管、玻镁平板等。根据其组成材料的特性，这些风管具有消声、保温、防火、防潮、漏风量小、经济适用等优点。

（三）风道断面的选择

风道断面的选择应根据式（6-2-1）确定

$$F = \frac{L}{3600v} \tag{6-2-1}$$

式中　F——风道断面积，m^2；

　　　L——风量，m^3/s；

　　　v——风速，m/s。

由式（6-2-1）可知，空调系统风量确定后，风速决定风管断面积。因此，确定风道断面时，必须先确定风道内的流速。如果选择流速较大，可以减小风道断面，节省所占建筑空间，但会增加风机电耗，同时也会提高风机噪声、风道气流噪声以及送风口噪声。故在实际工程中应通过技术经济比较后确定风道流速。

三、空调房间的送、回风口

在空调房间中，经过空调系统处理的空气经送风口进入空调房间，与室内空气进行热交换后由回风口排出。空气的进入与排出，必然会引起室内空气的流动，形成某种形式的气流流型和速度场。

气流组织设计任务是合理地组织室内空气流动，使室内工作区的温度、相对湿度、速度和洁净度满足工艺要求和舒适要求。影响气流组织的主要因素有送回风口的形式、数量和位置、送风参数、风口尺寸、空间几何尺寸等，其中以送风口的空气射流及送风参数对气流组织影响最大。

根据空调精度、气流形式、送风口安装位置以及建筑装修的艺术配合等方面的要求，可以选用不同形式的送风口。送风口种类繁多，按送出气流形式可分为辐射形送风口（如盘式散流器、片式散流器等）、轴向送风口（如格栅送风口、百叶送风口、喷射式送风口、侧送风口等）、线形送风口（如长宽比很大的条缝形送风口）、面形送风口（如孔板送风口）四种类型。下面介绍几种常见的送风口和回风口。

1. 侧送风口

侧送风口从空调房间上部将空气横向送出。常见的类型有百叶风口等。风口可设在房间侧墙上部，与墙面齐平；也可在风管一侧或两侧壁面上开设若干个孔口或者直接安装在壁面上。侧送风是最常用的气流组织方式，它结构简单，布置方便，投资省。

2. 散流器

散流器安装在顶棚上的送风口，有平送和下送两种方式，送风射程和回流流程都比侧送短，通常沿着顶棚和墙形成贴附射流。平送散流器送出的气流贴附着顶棚向四周扩散，适用于房间层高低、恒温精度较高的场合；下送散流器送出的气流向下扩散，适用于房间层高较高、净化要求较高的场合。散流器的形式有盘式散流器、圆形直片散流器、方形片式散流器、直片形送吸式散流器和流线型散流器等。

3. 孔板送风口

空气由风管进入稳压层后，再靠稳压层的静压作用，流经风口面板上若干圆形小孔进入室内，由于孔板上孔较小，还能起到稳压作用。孔板送风口一般装在顶棚天花板上，向下送风。孔板送风口与单、双百叶送风口，方形散流器相比，具有送风均匀，速度衰减较快的特点，消除了使人不适的直吹风感觉，适用于对工作区域气流均匀、速度小、区域温差小和洁净度要求高的场合，如高精度的恒温室。

4. 喷射式送风口

大型的生产车间、体育馆、电影院等建筑常采用喷射式送风口，由高速喷口送出的射流带动室内空气进行强烈混合，使室内形成大回旋气流，工作区一般处在回流区内。这种送风方式射程远、系统简单、节省投资，广泛用于高大空间和舒适性空调建筑中。

5. 旋流送风口

旋流送风口具有诱导比大、风速和温度衰减快、风口阻力低、流型可变等特点，尤其适用于送风温差从$-10\sim15℃$范围内变化的场合，是多功能的新型风口。

6. 回风口

由于汇流速度衰减很快，作用范围小，回风口吸风速度的大小对室内气流组织的影响很小，因此回风口的类型不多。空调常用的回风口有格栅、单层百叶、金属网格等形式。

四、蒸汽压缩式制冷设备

（一）压缩机

压缩机是用来压缩和输送制冷剂蒸汽，以达到制冷循环的动力装置，称为主机。根据工作原理不同制冷压缩机可以分为容积式和离心式。

容积式制冷压缩机靠改变工作腔容积压缩周期性吸入的定量气体。常用的容积式制冷压缩机有往复活塞式制冷压缩机和回转式制冷压缩机。

离心式制冷压缩机是靠离心力的作用，连续地压缩吸入的气体。这种制冷压缩机转数高，制冷能力大。

（二）冷凝器

冷凝器的任务是将压缩机排出的高温高压气态制冷剂予以冷却使之液化。根据冷却剂的不同种类，冷凝器可归纳为四类，即：水冷式、空冷式、水-空气冷却（蒸发式和淋水式）以及靠制冷剂蒸发或其他工艺介质进行冷却的冷凝器。空气调节用制冷装置中主要使用前三类冷凝器。

水冷式冷凝器一般可以得到比较低的冷凝温度，在制冷装置中多采用这种冷凝器。常用的水冷式冷凝器有立式壳管冷凝器、卧式壳管冷凝器及套管式冷凝器等。

（三）蒸发器

蒸发器的形式很多，可以用来冷却空气或各种液体（如水、盐水等），根据供液方式不同可分为满液式、非满液式、循环式、淋激式四种；根据被冷却介质种类又可分为冷却空气和冷却液体两大类。冷却空气的蒸发器适用于氟利昂系统，直接装在空气处理室。

五、空调机房水系统的主要设备

（一）水泵

用于空调冷冻水和冷却水系统的水泵，功率较小时可以采用立式泵，功率较大时应采用卧式泵。空调冷冻水一次泵的台数应按冷水机组的台数一对一设置，一般不设备用泵。一次泵的水流量应为对应的冷水机组的额定流量。

冷却水泵的台数应按冷水机组的台数一对一设置，一般不设备用泵。

水泵的出口一般设置止回阀、截止阀，入口设置Y形过滤器、闸阀。当管径较大时截止阀和闸阀一般改用蝶阀。水泵进出口应设置压力表，以便观察水泵的运行状况。

（二）冷却塔

冷却塔可分为开式和闭式。通常采用的开式冷却塔是一种蒸发式冷却装置，其工作原理为：冷凝器的冷却回水通过喷嘴喷淋在塔内填充层的填料表面，与空气接触后因温差产生传热，同时少量水蒸发，吸收汽化潜热，从而将冷却水冷却；冷却后从填充层流至下部水池内，再送回冷凝器循环使用。冷却后水温一般比空气的湿球温度高3~5℃。

冷却塔有多种类型，按通风方式可分为自然通风冷却塔、机械通风冷却塔和混合通风冷却塔。其中机械通风冷却塔应用最广泛。

冷却塔的外形有圆形和方形两种，由于方形冷却塔一般做成模块化结构，可以紧密连接在一起构成更大容量的冷却塔，因此大型冷却塔均为方形。冷却塔一般布置在屋顶上。

第三节　空调系统管路布置与施工图识读

一、风道的布置与安装

风道的布置与安装应符合以下原则：

（1）风道布置应整齐、美观、便于检修及测试，同时，应考虑各种管道的装拆方便。

（2）风道布置应尽量减少其长度以及不必要的弯头，这样可以减小系统阻力。同时弯管的中心曲率半径应不小于风管直径或边长，通常采用1.25倍风管直径或边长。对于大断面风道，为减少阻力，还可以做导流叶片。

（3）风道一般布置在吊顶内、建筑的剩余空间、设备层吊顶内，净空高度至少比风道高度高100mm。

（4）钢板风管各段之间采用法兰连接，法兰间应放置具有弹性的垫片，如橡皮、海绵橡胶、浸油纸板等，以防止漏风。较长的风管应采用角钢加固。另外，钢板风管内外表面均应涂刷防锈漆。

（5）不在空调房间内的送、回风管以及可能在外表面结露的新风管均需进行保温。保温材料应采用热阻大、重量轻、不易腐蚀和不易燃烧的材料，如聚苯乙烯泡沫塑料板、岩棉板等。

二、空调系统水管的布置与安装

空调系统水管的布置与给水排水、热水管道要求相近。但在管道支架处要注意防止冷桥的产生，因此在管道和支架固定处需采用木哈夫（木托）。

实际工程中，安装空调冷冻水管道时经常出现以下通病，要特别注意：

（1）管道上安装成"⌒"形。

（2）管道穿越墙体、楼板处未放钢制套管，管道与套管之间的空隙未用隔热或其他不燃材料填塞。

（3）镀锌钢管采用焊接连接。

（4）镀锌钢管丝口连接时，内、外露麻丝未做清除处理。

（5）焊接钢管的焊缝成型不好，出现高低不平、宽窄不均、咬肉、烧穿、未焊透等缺陷。

（6）支架木托未浸沥青防腐。

（7）管子安装前未进行清理，有锈蚀、杂物；在系统投入使用时又未按规定进行反复冲洗，管道局部阻塞，流水不畅。

（8）系统注水方法不对，自动放气阀设置数量不足，排气不尽形成气塞，管路内水流量减少，影响空调效果。

三、空调系统制冷剂管道的布置与安装

空调系统中制冷剂管道的布置与安装应符合以下原则：

（1）与压缩机或其他设备相连接的制冷机管道不得强迫对接。

（2）制冷机管道的弯管弯曲半径宜为 $(3.5\sim4)D$（D 为管道直径），椭圆率不应大于 8%，不得使用焊接弯管及褶皱弯管；三通的弯管应按介质流动方向弯成 $90°$ 弧形与主管相连，不得使用弯曲半径为 $1D$ 或 $1.5D$ 的压制弯管。

（3）制冷机管道穿过墙或楼板时应设钢制套管，焊缝不得置于套管内。钢制套管应与墙面或楼板地面平齐，但应高出地面 $20mm$。套管与管道的空隙应用隔热材料填塞，不得作为管道的支撑。

（4）直接蒸发式制冷系统中采用的铜管，切口表面应平整，不得有毛刺、凹凸等缺陷；弯管可用热弯或冷弯，椭圆率不应大于 8%；管口翻边后应保持同心，不得出现裂纹、分层豁口及褶皱等缺陷；铜管可采用对焊、承插式焊接及套管式焊接。

四、空调系统防腐与保温的通病

实际工程中，空调系统在做防腐与保温时经常出现以下通病，要特别注意：

（1）风管、管道和设备喷涂底漆前，未清除表面的灰尘、污垢与锈斑，也不保持干燥。

（2）漆面卷皮、脱落或局部表面油漆漏涂。

（3）保温钉单位面积数量过少或分布不均。

（4）保温钉粘接不牢、压板不紧，保温材料下陷和脱落。

（5）保温材料厚度不够或厚薄不匀；保温表面不平，缝隙过大。

（6）保温材料离心玻璃棉外露，橡塑卷材接缝口开裂。

（7）风机盘管金属软管、冷冻水管道阀门保温不到位。

（8）散流器或百叶风口隐藏在吊顶内的部分，没有连同风管、风阀一起加以保温。

五、空调系统施工图的识读

空调施工图一般由图纸目录、设计说明、设计图纸［平面图、系统图（轴侧图）、详图］、设备及主要材料明细表组成，设计时应严格按照国家建设标准《民用建筑通风与空气调节设计规范》（GB 50736—2012）和《暖通空调制图标准》（GB/T 50114—2010）执行。

（一）空调施工图的组成

1. 设计与施工说明

施工图的设计与说明应包括以下内容：

（1）工程的性质、规模、工程服务对象以及设计标准。

（2）空调系统的工作方式、原理，系统划分和组成，系统总送风、回风、新风、排风和各风口的送、回（排）风量。

（3）空调系统的设计参数。如室外气象参数和室内温度、湿度、室内含尘浓度、换气次数以及各工况空气状态参数点。

（4）空调系统设备安装的要求，对风管材料、保温和安装的要求，系统施压和排污情况，图例等。

2. 设计图纸

设计图纸一般包括平面图、剖面图、系统轴侧图、系统原理图和详图等。

（1）平面图。通风、空调平面图是施工的主要依据。在通风、空调工程中，平面图上要表明系统主要设备和风管、部件及其他附属设备在建筑物内的平面位置，一般包括以下内容：

1）用双线绘出风管、送（回）风口、风量调节阀、测孔等部件和附属设备的位置；用单线绘出空调水系统管道及设备的位置。

2）注明系统编号，通用图、标准图索引号等。

3）注明通风、空调系统各设备的外形轮廓尺寸、定位尺寸和设备基础主要尺寸；注明各设备、部件的名称、规格和型号等。

4）注明风管及风口尺寸、标高，空调水系统管道的管径大小、标高、坡度和坡向；标注消声器、调节阀等各部件的位置及风管、风口的气流方向等。

如图 6-3-1 所示为某写字楼标准层空调风系统平面图。

如图 6-3-2 所示为某写字楼标准层空调水系统平面图。

（2）剖面图。在通风、空调施工图中，当其他图纸不能表达出一些复杂管道的相对关系及竖向位置时，应绘制剖面图或局部剖面图，清楚表示风管、附件或附属设备的立面位置以及安装的标高尺寸。施工当中应将剖面图与平面图、系统图等其他图纸相互对照进行识读。

（3）系统轴测图。系统轴测图又称为透视图，是通风空调施工图的重要组成部分，也是区别于建筑、结构施工图的一个主要特点。

通风、空调系统管路纵横交错，难以在平面图和剖面图上清楚表达管线的空间走向，采用轴侧投影绘制出管路系统的立体图（为使图样简洁，系统图中的风管宜用单线绘制），可以完整而形象地表达出通风、空调系统在空间的前后、左右、上下的走向。

在系统图中，对系统的主要设备、部件应注出编号，对各设备、部件、管道及配件应

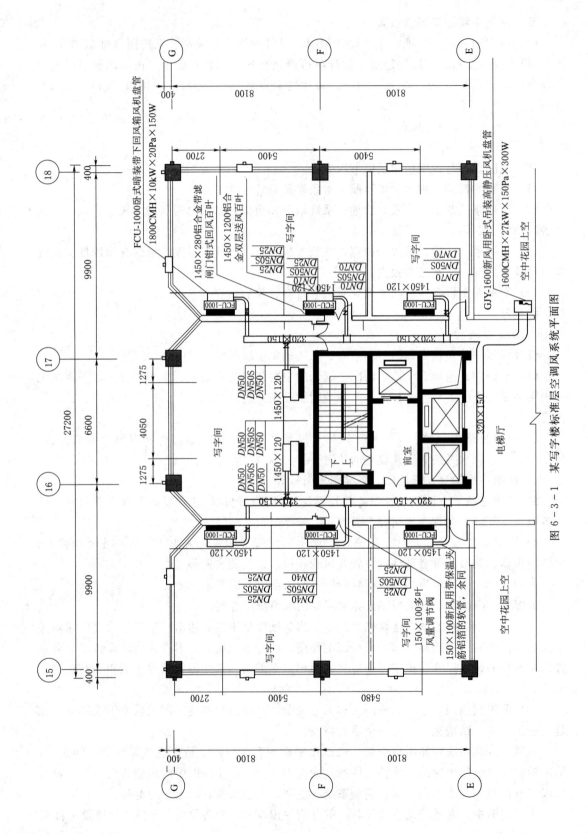

图 6 - 3 - 1 某写字楼标准层空调风系统平面图

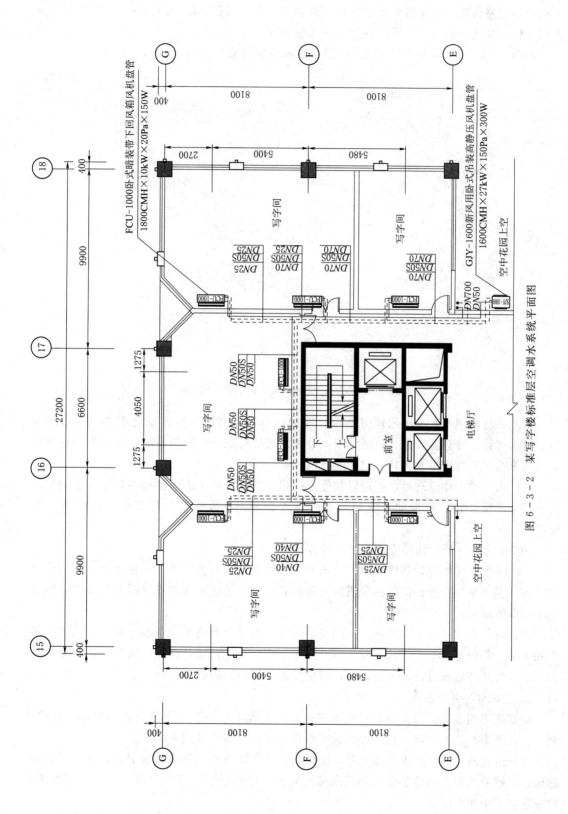

图 6-3-2 某写字楼标准层空调水系统平面图

表示出其完整内容。系统轴侧图上还应注明风管、部件和附属设备的标高，各段风管的断面尺寸，以及送、回（排）风口的形式和风量值等。

如图6-3-3所示为某写字楼标准层空调水系统轴测图。

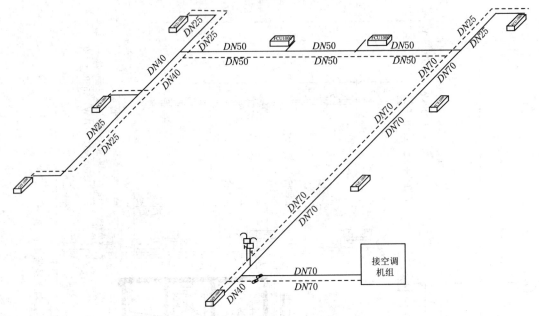

图6-3-3　某写字楼标准层空调水系统轴测图

（4）系统原理图。系统原理图是综合性的示意图，将通风空调系统中的空气处理设备、通风管路、冷热源管路、自动调节及检测系统联结成一个有机整体，能完整而形象地表达系统的工作原理以及各环节之间的有机联系。

了解系统的工作原理后，就可以在施工过程中协调各环节的进度；尤其是在系统试运转、试验调整阶段，可根据系统的特点以及工作原理，安排好各环节试运转和调试的程序。

如图6-3-4所示为某空调系统原理方框图。

（5）详图。详图包括部件的加工制作和安装的节点图、大样图以及标准图；采用国家标准图、省（市）或设计部门标准图以及参照其他工程的标准图时，在图纸目录中应附有说明，以便查阅。

在通风、空调系统施工图中，详图表示风管、部件以及附属设备制作和安装的具体形式和方法，是确定施工工艺的主要依据。对于通用性的工程设计详图，通常使用国家标准图。对于特殊性工程设计，则由设计部门设计施工详图，用以指导施工安装。

3. 设备和材料明细表

空调施工图上所附的设备和材料明细表，将工程中各系统选用的设备和材料（规格、型号、数量等）一一列出，作为订货的依据和施工概（预）算的参考。

对于组织施工的技术人员和工程监理人员，除熟悉施工图和技术说明外，还应了解与通风、空调系统有关的施工图，如给水排水管道、供暖设备以及空调电气、自控等图纸，以便在施工中相互配合。

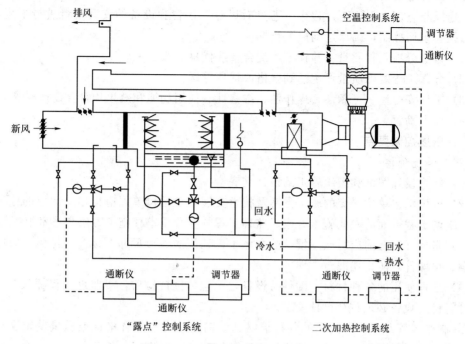

图 6-3-4 某空调系统原理方框图

施工时严格按《通风与空调工程施工质量验收规范》（GB 50243—2016）执行。为了保证施工质量，施工中严格按《建设工程监理规范》（GB 50319—2017）进行监理。

（二）空调施工图的识读方法

空调工程施工图的识读顺序：看到剖面图与系统图时，应与平面图对照进行。看平面图以了解设备、管道的平面布置位置及定位尺寸；看剖面图以了解设备、管道在高度方向上的位置情况、标高尺寸及管道在高度方向上的走向；看系统图以了解整个系统在空间上的概貌；看详图以了解设备、部件的具体构造、制作安装尺寸与要求等。

对系统而言，识图顺序可按空气流动方向进行，如对于全空气空调系统，识图顺序为：新风口→新风管道→空气处理设备→送风机→送风干管→送风管→送风口→空调房间→回风口→回风机→回风管道（同时读排风管、排风口）→一、二次回风管→空气处理设备。

第四节　通风、空调工程施工安装要点

一、常用规范、标准

（1）《通风与空调工程施工质量验收规范》（GB 50243—2016）。

（2）《工业金属管道工程施工及验收规范》（GB 50184—2011）。

（3）《压缩机、风机、泵安装工程施工及验收规范》（GB 50275—2010）。

（4）《工业设备及管道绝热工程施工规范》（GB 50126—2008）。

（5）《制冷设备、空气分离设备安装工程施工及验收规范》（GB 50274—2010）。

（6）《建筑给水排水及供暖工程施工质量验收规范》（GB 50242—2016）。

二、质量控制目标

在通风与空调工程施工过程中，通过对风管、水管和设备的安装质量进行事先预控、事中监控和事后控制，确保达到以下目标：

（1）每个分项工程质量检验评定达到合格或优良等级。

（2）分部工程观感质量评定达到合格或优良等级。

（3）工程安全性、可靠性、操作性、维修性、使用功能和效果均符合设计要求。

（4）业主满意。

三、质量控制要点

（一）事先预控

（1）熟悉设计图纸和组织施工的设计交底会。

（2）审核承包单位提交的施工方案及技术交底单。承包单位应根据总承包的施工组织方案、空调工程方面的专业施工方案，监理工程师要着重审核施工方法和技术组织措施。

（3）安装开始之前应对照图纸核验主体工程基面的外形尺寸、标高、坐标、坡度以及预留洞、预埋件，防止遗漏。

（4）工程使用的各种材料、配件及设备，承包单位自检后，报监理工程师认定。使用的各种管材、设备必须符合设计要求。

1）制作风管及部件所使用的各种板材、型钢应具有产品合格证或质量鉴定文件；所有镀锌薄钢板表面不得有裂纹、结疤及水印等缺陷；不锈钢板、铝板板面不得有划痕、刮伤、锈斑及磨损凹穴等缺陷，所用硬聚氯乙烯塑料板应符合轻工业部颁布标准，板材厚薄均匀，板面应平整、不含有气泡裂缝。各种板材的规格及物理机械性能符合技术规定。

2）专业成套设备进场应由建设单位、承包单位和监理单位共同开箱验收，按设计要求和装箱单核查设备型号、规格及有关设备性能技术参考资料。进口设备，除按上述规定外，还应有国家商检局商检证明和中文安装使用说明书，确认无误并经监理工程师签字认可后，方可用于工程。

（5）水、电、风工种交叉作业，应遵循先上后下、先大后小、先内后外、先风后水再电的原则，做到交叉有序。

（二）事中监控

工程管理人员应针对通风与空调工程施工过程中的质量通病进行监控。

（1）风管制作与安装的质量监控要点：

1）在风管制作下料过程中，对矩形板材应严格控制角方，并检查每片板材的长度、宽度及对角线，使其误差在允许范围内。

2）薄钢板风管及管件咬接前必须清除表面的尘土、污垢和杂物，然后在钢板上先涂刷一层防锈漆，以免咬缝内出现漏涂现象。

3）当矩形风管边长大于或等于630mm时，保温风管边长大于或等于800mm时，管段长度超过1250mm时，均应采取加固措施。

4）风管法兰铆钉孔间距：当系统洁净度的等级为1～5级时，不应大于65mm，为6～9级时不应大于100mm。

5）风管与法兰连接的翻边量不小于6mm，翻边应平整、宽度一致、四角不得有开裂与孔洞。

（2）如设计无要求时，支吊架间距应符合表6-4-1的规定。

表6-4-1 **风管支、吊架间距**

直径或长边尺寸/mm	水平风管间距/m	垂直风管间距/m	最少吊架数/个
>400	≤3	≤4	2
≤400	≤4	≤4	2

（3）风口、阀门、检查门及自控机构等部位不得设置支、吊架。

（4）保温风管的支、吊架宜设在保温层外部，不得损坏保温层。

（5）当水平悬吊的主干风管长度超过20m时，应设置防止摆动的固定点，每个系统不应少于1个。

（6）不锈钢风管用普通碳素钢支架时，应在支架上喷涂防锈漆或垫非金属垫片。

（7）硬聚氯乙烯塑料风管穿墙或楼板处应设防护套管。

（8）空气净化系统应在土建粗装修完毕、室内基本无灰尘飞扬或有防尘措施下进行安装。

（9）风管和空气处理室内，不得敷设电线、电缆以及输送有毒、易燃、易爆气体或液体的管道。

（10）风管与配件可拆卸的接口及调节机构，不得装设在墙或楼板内。

（11）风管穿出屋面外应设置防雨罩。穿出屋面高度1.5m的立管应设拉索固定，拉索不得固定在风管法兰上，严禁拉在避雷针或避雷网上。

（12）部件制作与安装的质量监控要点：

1）百叶风口的叶片要布放均匀，两端轴同心，开闭自如。

2）旋转式风口的旋转应轻便灵活，轴与轴套的配合松紧适宜。

3）风口安装时要注意美观、牢固、位置正确，在同一房间内安装成排同类型风口时必须拉线找直找正，间距相等或匀称。

4）散流器或高效过滤器风口应与吊顶面齐平，位置对称。

5）净化系统风口安装前应清扫干净，其边框与建筑顶棚或墙面间的接缝要加密封垫料或填嵌密封胶，不得漏风。

6）风口与风管软或硬连接，风口必须固定。

（13）设备安装的质量监控要点：

1）设备开箱检查，核对设备名称、规格、型号是否符合设计要求；产品合格证、产品说明书、设备技术文件是否齐全；设备有无损坏、锈蚀、受潮现象；检查转动部件与机壳有无金属摩擦；主机附件、专用工具是否齐全等。

2）喷水室的水池不得渗漏，壁板拼接顺水流方向。

3）设备基础需进行基础验收，检查其标高、位置、水平度及几何尺寸与设备是否相配。

4）空调机组凝结水管应设水封装置，水封高度由风压大小确定。

5）卧式风机盘管应由支、吊架固定，上、下螺母拼接。

6）消声器、消声弯头要单独设支架，重量不得由风管来承受。

7）除尘器安装应位置准确、牢固平稳，进出口方向符合设计要求。

8）管道风机需配隔振支、吊架，并安装平稳、牢固。

9）风机进口、出口风管应用柔性短管连接，并配单独的支撑架。

10）固定通风机的地脚螺栓，除带有垫圈外，应有防松装置。

（14）制冷系统安装的质量监控要点：

1）制冷机组安装的混凝土基础应达到养护强度，表面平整，位置、尺寸、标高、预留孔洞及预埋件等均符合设计要求。

2）整体安装的活塞式制冷机组，其机身纵、横向水平度允许偏差为 0.2/1000，测量部位应在主轴外露部分或其他基准面上，对于有公共底座的冷水机组，应按主机结构选择适当位置作基准面。

3）制冷机的辅助设备，单体安装前必须吹污，并保持内壁清洁。

承受压力的辅助设备，应在制造厂进行强度试验，并具有合格证，在技术文件规定的期限内，若设备无损伤和锈蚀现象，可不做强度试验。

4）辅助设备的安装：①辅助设备安装位置应正确，各管口必须畅通；②立式设备的垂直度，卧式设备的水平度允许偏差均为 1/1000；③卧式冷凝器、管壳式蒸发器和贮液器，应坡向集油的一端，其倾斜坡为 1/1000～2/1000。

5）卧式及组合式冷凝器、贮液器在室外露天布置时，应有遮阳与防冻措施。

6）冷却塔安装应平稳、牢固，出水管口及喷嘴的方向和位置应正确，布水均匀。有转动布水器的冷却塔，其转动部分必须灵活，喷水出口宜向下与水平呈 30°夹角，且方向一致，不应垂直向下。凡用玻璃钢和塑料制品作填料的冷却塔，安装时要严格执行防火规定。

7）管道系统安装完毕后，必须试压。对于冷热水、冷却水系统的试验压力，当工作压力小于等于 1.0MPa 时，为 1.5 倍工作压力；当工作压力大于 1.0MPa 时，为工作压力加 0.5MPa。分区、分层试压：对相对独立的局部区域的管道进行试压，在试验压力下，稳压 10min，压力不得下降，再将系统压力降至工作压力，在 60min 内压力不得下降、外观检查无渗漏为合格。

8）冷凝水的水平管坡度宜大于或等于 8‰，冷凝水软管不得有压瘪和扭曲现象，塑料管的最大支撑间距不得大于表 6-4-2 的规定。

表 6-4-2　　　　　　　　　　塑料管的最大支撑间距　　　　　　　　　　单位：mm

塑料管 外径	20	25	32	40	50
水平管	500	550	650	800	950
立管	900	1000	1200	1400	1600

9）水泵进出口通过柔性接头与管道连接，并在管道上设置独立支架。

10）连接制冷机吸、排气的管道须设独立支架。

11）冷冻水管在系统最高处，且便于操作的部位设排气装置；底部设排污装置。

（15）防腐与保温的质量监控要点：

1）保温设备及管道的附件、管道端部或有盲板的部位均应按设计规定进行保温。

2）管道穿墙、穿楼板套管处的绝热，应采用不燃或难燃的软散绝热材料填实。

3）管道绝热层的粘贴应牢固，铺设平整，绑扎紧密，无滑动、松弛、断裂现象。

4）管道防潮层应紧密粘贴在绝热层上，封闭良好，不得有虚粘、气泡、折皱、裂缝等缺陷。

（三）事后控制

（1）组织竣工预验收，发现安装质量问题，要求及时逐条整改。

（2）参与系统调试和系统综合效能试验的测定，实测的风量、风速、温度、噪声等参数达不到设计指标，必须分析原因，提出纠正的具体措施。

（3）审核竣工图及其他技术文件资料。

（4）组织对工程项目进行质量评定。

（5）整理工程技术资料并编目建档。

四、施工质量通病

1. 专业与工种配合不当的通病

（1）风、水、电专业设计配合不够，施工审图不细，造成管道间距过近或重叠，影响施工质量和工程进度。

（2）管道穿墙、过楼板或层面时，未预留孔洞或尺寸、位置不符合设计要求，临时现场开凿，有损结构强度。

（3）竖向管无分层隔断，不符合消防要求。

（4）施工现象多工种交叉作业，不能做到交叉有序，成品损坏较为严重。

2. 风管安装通病

（1）风管支、吊架间距过大，吊杆太细，支、吊架形式不符合设计要求和施工规范规定。

（2）吊杆焊接拼接不用双侧焊，且搭接长度达不到吊杆直径的6倍要求。

（3）风管与风口、风口与吊顶的连接不严密、不水平、不牢固。

（4）风管过伸缩缝、沉降缝未用柔性接头。

（5）风管穿出屋面外未加设防雨罩。

（6）无法连接的风管插条间隙过大，系统运行时有明显的漏风现象。

3. 部件安装通病

（1）散流器、高效过渡器风口与顶棚连接未垫密封垫。

（2）柔软短管安装不当，出现扭曲现象。

（3）空气净化系统的阀门，其活动件、固定件、拉杆以及螺钉、螺母、垫圈等表面均未做防腐处理（如镀锌等），阀体与外界相通的缝隙也未采取密封措施。

（4）矩形弯头导流片的迎风侧边缘不圆滑，其两端与管壁的固定不牢固。

（5）风机盘管送风散流器与回风口距离过近，气流短路。

4. 通风与空调设备安装通病

（1）通风机安装的地脚螺栓无防松装置，螺栓倾斜，螺母拧紧力不够。

（2）通风机进口、出口风管不设单独支撑，传动装置外露部分缺防护罩。

（3）消声器、消声弯头不单独设支、吊架，其重量由风管承受。

（4）风机盘管凝结水管坡度不足，甚至出现倒坡，柔性接管有折弯或压瘪现象。

（5）卧式风机盘管吊杆仅用单只螺母固定。

（6）组合式空调器功能段连接不严，密封垫片薄，螺栓紧固松，漏风量大。

思　考　题

1. 空气处理的基本设备有哪些？
2. 集中式与半集中式空调系统的区别在哪里？
3. 简述送风口的类型和特点。
4. 简述开式冷却塔的工作原理。
5. 简述空调系统的组成及分类。
6. 简述蒸气压缩式制冷的基本原理。
7. 蒸气压缩式制冷系统中有哪些主要设备？简述其工作过程。
8. 什么是制冷剂？常用的制冷剂有哪些？
9. 空调系统风道的布置与安装应注意什么问题？
10. 试述施工质量通病。

第二篇 建筑物理环境

第七章 建筑光学

第一节 建筑光学基本知识

一、眼睛与视觉

（一）可见光

严格地说，光是人类眼睛所能观察到的一种辐射。实验证明光是电磁辐射，这部分电磁波的波长范围约在红光的 $0.78\mu m$ 到紫光的 $0.38\mu m$ 之间。波长在 $0.78\mu m$ 以上到 $1000\mu m$ 的电磁波称为红外线。在 $0.38\mu m$ 以下到 $0.04\mu m$ 的称为紫外线。红外线和紫外线不能引起视觉，但可以用光学仪器或摄影方法去量度和探测。所以在光学中光的概念也可以延伸到红外线和紫外线领域，甚至 X 射线均被认为是光，而可见光的光谱只是电磁光谱中的一部分。可见光是一种能够在人的视觉系统上引起光感觉的电磁辐射能。可见光的波长范围是 $380\sim780nm$。

（二）光的颜色

白光是由光谱中的多种色光所构成的。来自热辐射、太阳或白炽灯的光，可分析出完整的光谱：红、橙、黄、绿、蓝、紫。并不是所有的光源都可分析出完整的光谱；但如果可分析出完整的光谱，就必需涵盖多样色彩的光。

通常习惯以色彩表面来分析色光；当白光照射在平面上，通常不会反射出构成此光的所有色光，或不会以相同的角度反射。大部分反射的光将决定此平面的色彩效果；因此，一个绿色表面将反射光谱中绿色的部分，蓝光和黄光会以较小角度反射，而红光和紫光就被吸收了。

不同波长的光在视觉上形成不同的颜色，单色光是单一波长的光，如 700nm 的单色光呈红色；复合光是不同波长混合在一起的光。

由红绿蓝三原色光可以得其他颜色光，色彩加法混合（指色光混合）将会产生以下效果：红光＋绿光产生黄光；红光＋蓝光产生紫红光，或称品红光；绿光＋蓝光产生天蓝光，又称青绿光；红光＋绿光＋蓝光产生白光。其中，黄色、品红色和青绿色被称作三次色，因为它们是由两种原色所组合成，但同时也被称为互补色。当两色光混合可产生白光，这两个色彩彼此就称为互补色，例如：黄光＋蓝光产生白光，品红光＋蓝光产生白光，青绿光＋红光产生白光。

（三）人的视觉

人的视觉只能通过眼睛来完成。眼睛的构造和照相机相似，如图 7-1-1 所示是人的右眼剖面图，其主要的组成部分和功能如下。

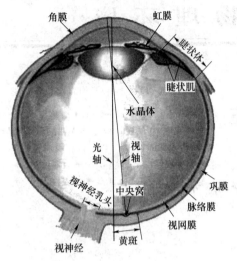

图 7-1-1　右眼剖面图

1. 瞳孔

瞳孔为虹膜中央的圆形孔，可根据环境的明暗程度自动调节孔径，控制进入眼球的光能数量。相当于起到了照相机中光圈的作用。

2. 水晶体

水晶体为一扁球形的弹性透明体，受睫状肌收缩或放松的控制，通过改变形状改变其屈光度，使远近不同的外界景物都能在视网膜上形成清晰的影像。它起照相机的透镜作用，不过水晶体具有自动聚焦功能。

3. 视网膜

光线经过瞳孔、水晶体在视网膜上聚焦成清晰的影像。它是眼睛的视觉感受部分，相当于照相机中的胶卷。视网膜上布满了感光细胞——锥体和杆体感光细胞。光线射到它们上面就产生光刺激，并把光信息传输至视神经，再传至大脑，产生视觉感觉。

4. 感光细胞

人眼对光的感知反应称为视觉，主要通过人眼的感光细胞来实现。生理学告诉我们，人的视网膜上分布有两类感光细胞：一种为锥状感光细胞，主要在明亮环境中起作用，给人以光明的感觉，称为明视觉，具有分辨物体颜色及细节的本领；另一种为杆状细胞，主要在黑暗环境中起作用，给人以模糊、黑暗的感觉，称为暗视觉。

上述两种感光细胞有各自的功能特征：锥体细胞在明亮环境下对色觉和视觉敏锐度起决定作用，即这时它能分辨出物体的细部和颜色，并对环境的明暗变化做出迅速的反应，以适应新的环境；而杆体细胞在黑暗环境中对明暗感觉起决定作用，它虽能看到物体，但不能分辨其细部和颜色，对明暗变化的反应缓慢。

锥体细胞和杆体细胞处在视网膜最外层上接受光刺激，但它们在视网膜上的分布是不均匀的。锥体细胞主要集中在视网膜的中央部位，称为"黄斑"的黄色区域。黄斑区的中心有一小凹，称"中央窝"，在这里，锥体细胞密度达到最大，在黄斑区以外，锥体细胞的密度急剧下降。与此相反，在中央窝处几乎没有杆体细胞，自中央窝向外，其密度迅速增加，在离中央窝20°附近达到最大密度，然后又逐渐减少。

（四）视看范围

当头和眼睛不动时，人眼能看到的空间范围叫视野。水平面为180°，垂直面为130°，其中向上为60°，向下为70°。视线周围30°的视觉范围内，看东西的清晰度比较好。人眼在垂直方向30°和水平方向30°的范围内看到的物体，其映象落在视网膜的黄斑中央的中央窝上，这就是最佳视区；在垂直面内水平视线以下30°和水平面内零线左、右两侧各15°的范围内，获得的物像最清晰，为良好的视野范围；在垂直面内水平视线以上25°、以下35°，在水平面内零线左、右各35°的视野范围为有效视野范围。

（五）明、暗视觉

（1）明视觉。在明亮环境中，锥体细胞起作用，可分辨细节，有颜色感觉，对亮度变化适应性强。

（2）暗视觉。在黑暗环境中，杆体细胞起作用，不辨细节，无颜色感觉，对亮度变化适应性低。

二、光的度量单位

1967 年在法国举行的第十三届国际计量大会规定，将坎德拉、坎德拉/平方米、流明、勒克斯分别作为发光强度、光亮度、光通量和光照度的单位，对统一工程技术中使用的光学度量单位有重要意义。

（一）光通量与流明

光源所发出的光能是向所有方向辐射的，在单位时间里通过某一面积的光能，称为通过这一面积的辐射能通量。各色光的频率不同，眼睛对各色光的敏感度也有所不同，即使各色光的辐射能通量相等，在视觉上并不能产生相同的明亮程度，在各色光中，黄色光、绿色光能激起最大的明亮感觉。如果用绿色光作基准，令它的光通量等于辐射能通量，则对其他色的光来说，激起明亮感觉的本领比绿色光为小，光通量也小于辐射能通量。

光通量 Φ 的单位是流明，是英文 lumen 的音译，简写为 lm。绝对黑体在铂的凝固温度下，从 $5.305 \times 10^3 \, cm^2$ 面积上辐射出来的光通量为 1lm。为表明光强和光通量的关系，发光强度为 1cd 的点光源在单位立体角（1sr）内发出的光通量为 1lm。一只 40W 的日光灯输出的光通量大约是 2100lm。

光通量是反映光源发光能力的基本量，Φ 越大，说明光源的发光效率越高。例如，辐射功率同为 40W 的白炽灯和日光灯，前者光通量为 350lm，后者则为 2100lm，这说明，日光灯的发光效率要比白炽灯高得多。

（二）发光强度

1. 立体角

如图 7-1-2 所示，物体（点光源）的发光是以该物体为中心，向四面八方同时进行的，因此，点光源发出的光波面（同一时刻光波到达空间各点的包迹面）为球面。这说明，从某一方面来看，点光源的发光是以圆锥体的形式向外辐射的。用与此相关的几何图形来描述光的传播，更方便。由此，我们引入立体角的概念：如图 7-1-2 所示，一半径为 r 的球，在球心 O 处放一光源，它向球表面 $ABCD$ 所包围面积 S 上发出光通量 Φ，面积 S 在球心形成的立体角为 Ω。则 $\Omega = A/r^2$，这一方向的发光强度为

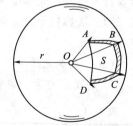

图 7-1-2　立体角概念

$$I = \Phi / \Omega$$

2. 发光强度

发光强度（I）的定义为：点光源在某一方向上的发光强度，即是发光体在单位立体角内所射出的光量，也简称为光度。

发光强度简称光强，国际单位是 candela（坎德拉），简写为 cd。1cd 是指光源在指定方向的单位立体角内发出的光通量，$1cd = 1lm/1sr$。

光源辐射均匀时，光强为 $I = \Phi / \Omega$。Ω 为立体角，单位为球面度（sr）；Φ 为光通量，单位是流明。

（三）照度与亮度

照度的定义为：被照物体单位受照面积上所接受的光通量，或者说受光照射的物体在单位时间内每单位面积上所接受的光强。

照度（E）可用照度计直接测量。光照度的单位是勒克斯，是英文 lux 的音译，写为 lx。被光均匀照射的物体，在 1 平方米面积上得到的光通量是 1lm 时，它的照度是 1 勒克斯（lux）。$1lx=1lm/m^2$。

当光通量均匀分布在被照表面 A 上时，此被照面的照度为

$$E=\Phi/A \tag{7-1-1}$$

以下是各种环境照度值，单位为 lx。

黑夜：$0.001\sim0.02lx$；月夜：$0.02\sim0.3lx$；阴天室内：$5\sim50lx$；阴天室外：$50\sim500lx$；晴天室内：$100\sim1000lx$；夏季中午太阳光下的照度：约为 10^9lx；阅读书刊时所需的照度：$50\sim60lx$；家用摄像机标准照度：1400lx。

粗略地说，亮度就是物体表面的明亮程度，与物体表面的照度有关，但又不全由它决定。例如，若将黑、白两种物体分别置于房间的同一位置，则可发现，白色物体的表面要比黑色物体的表面亮一些，但是，它们得到的照度却是一样的。这说明，照度不能直接反映人眼对物体的明亮感觉，必须引入一个能直接反映物体表面明亮程度的物理量。

亮度（L）是表示发光面明亮程度的，指发光表面在指定方向的发光强度与垂直于指定方向的发光面的面积之比，单位是坎德拉/平方米（曾称为尼特，已废除）。对于一个漫散射面，尽管各个方向的光强和光通量不同，但各个方向的亮度都是相等的。电视机的荧光屏就是近似于这样的漫散射面，所以从各个方向上观看图像，都有相同的亮度感。

（四）烛光、国际烛光、坎德拉（candela）的定义

在 $101325N/m^2$ 的标准大气压下，面积等于 $1/60cm^2$ 的绝对"黑体"（即能够吸收全部外来光线而毫无反射的理想物体），在纯铂（Pt）凝固温度（约 2042K 或 1769℃）时，沿垂直方向的发光强度为 1cd。并且，烛光、国际烛光、坎德拉三个概念是有区别的，不宜等同。从数量上看，60cd 等于 58.8 国际烛光，亥夫钠灯的 1 烛光等于 0.885 国际烛光或 0.919cd。

（五）基本光度单位的相互关系

1. 定义、符号、单位、公式（表 7-1-1）

表 7-1-1　　　　　　　　　　　基本光度量的名称、符号和定义方程

名称	符号	定义方程	单位	单位符号
光通量	Φ	$\Phi=dQ/dt$	流明	lm
发光强度	I	$I=dQ/d\Omega$	坎德拉	cd
（光）亮度	L	$L=d^2\Phi/d\Omega dA\cos\theta=dI/dA\cos\theta$	坎德拉每平方米	cd/m^2
（光）照度	E	$E=d\Phi/dA$	勒克斯（流明每平方米）	$lx（lm/m^2）$

2. 距离平方反比定律

一个点光源在被照面上形成的照度，可由发光强度和照度的关系求出。如图 7-1-3 所示，表面 A_1、A_2、A_3 距点光源 O 分别为 r、$2r$、$3r$，在光源处形成的立体角相同，则表面 A_1、A_2、A_3 的面积比为它们与光源距离的平方比，即 1：4：9。设光源 O 在这三个

表面方向的发光强度不变，即单位立体角的光通量不变，则落在这三个表面的光通量相同，由于它们的面积不同，故落在其上的光通量密度也不同，即照度是随面积而变，由此可推出发光强度和照度的一般关系：某表面的照度 E 与点光源在这方向的发光强度 I 成正比，与距光源的距离 r 的平方成反比。这就是计算点光源产生照度的基本公式，称为距离平方反比定律。

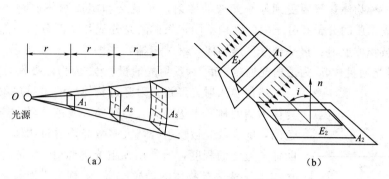

图 7-1-3 点光源照度示意

$$E = \frac{I}{r^2}\cos i \tag{7-1-2}$$

式中　E——受照表面照度，lx；

　　　I——点光源在照射方向上发光强度，cd；

　　　r——点光源到受照面距离，m；

　　　i——入射光线与受照面法线的夹角，(°)。

若光线垂直照射到被照面，则有

$$E = \frac{I}{r^2} \tag{7-1-3}$$

式（7-1-3）为距离平方反比定律。

3. 立体角投影定律

其中

$$E = L_a \Omega \cos i \tag{7-1-4}$$

$$\Omega = \frac{S \cos a}{r^2} \tag{7-1-5}$$

式中　E——发光面在受照面形成的照度，lx；

　　　L_a——发光面的亮度，cd/m²；

　　　Ω——发光面在被照面口形成的立体角，sr；

　　　S——发光面面积，m²；

　　　r——发光面到受照面距离，m；

　　　a——发光面法线与发光面同受照面的连线的夹角，(°)；

　　　i——入射光线与受照面法线的夹角。

这就是常用的立体角投影定律，它表示某一亮度为 L_a 的发光表面在被照面上形成的照度值的大小，等于这一发光表面的亮度 L_a 与该发光表面在被照点上形成的立体角 Ω 的投影（$\Omega \cos i$）的乘积。这一定律表明：某一发光表面在被照面上形成的照度，仅和发光表面的亮度及其在被照面上形成的立体角投影有关。

三、材料的光学性质

光与材料相互作用时所发生的一些特有现象称为材料的光学性质，它是影响光环境的重要因素。

（一）光的反射、透射和吸收比

无论哪一种物体，只要受到外来光波的照射，光就会和组成物体的物质微粒发生作用。由于组成物质的分子和分子间的结构不同，入射的光分成几个部分：一部分被物体吸收，一部分被物体反射，再一部分穿透物体，继续传播，如图 7 - 1 - 4 所示。图 7 - 1 - 4 中 Φ_i 为入射光通量；Φ_τ 为透射光通量；Φ_ρ 为反射光通量；Φ_a 为物体吸收的光通量。

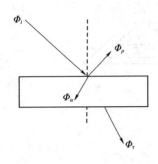

图 7 - 1 - 4 光的透射

透射是入射光经过折射穿过物体后的出射现象。被透射的物体为透明体或半透明体，如玻璃、滤色片等。若透明体是无色的，除少数光被反射外，大多数光均透过物体。为了表示透明体透过光的程度，通常用入射光通量 Φ_i 与透过后的光通量 Φ_τ 之比 τ 来表征物体的透光性质，τ 称为光透射率。

同样，可以把反射、吸收光通量与入射光通量之比，分别称为光反射比 ρ、光吸收比 α。

（二）定向反射和透射

当光从一种介质射入另一种介质，如从空气射入玻璃或水里时，在两种介质的界面上，光的传播方向发生改变，一部分光返回原来介质中，这种现象叫作光的反射。

光的反射遵循如下的规律：反射光线跟入射光线和法线在同一平面内，反射光线和入射光线分别位于法线的两侧，反射角等于入射角。这就是初中学过的光的反射定律。根据光的反射定律，如果使光线逆着原来的反射光线射到界面上，反射光线就逆着原来的入射光线射出，就是说，在反射现象中光路是可逆的。

1. 定向反射

反射光分布的立体角无变化的反射称为定向反射。其主要特征是遵守光的反射定律：反射线与入射线分居法线的两侧，且位于入射线与法线所决定的平面内；反射角等于入射角。

光线照射到玻璃镜、磨光的金属等表面产生定向反射。这时在反射角的方向能清楚地看到光源的影像，入射角等于反射角，入射光线、反射光线和法线共面。它主要用于：将反光线反射到需要的地方如灯具；扩大空间如卫生间、小房间；化妆；地下建筑采光等。具有这种特性的材料称为定向反射材料，其特点是在反射方向上可以看见光源清晰的像，但眼睛移动到非反射方向便看不到。根据这一特性，若将定向反射材料置于适当位置，则可使需要增加照度的地方增加照度，但又不会在视线中出现光源的形象。

2. 定向透射

透射光方向一致的透射称为定向透射，亦称规则透射。其特点是通过透射可以看到材料另一侧的景物，这样的材料称为定向透射材料，如玻璃。如果玻璃的两个表面彼此平行，则透射光与入射光方向基本一致（材料内部略有小折射），否则，便会因为折射角的不同而使另一侧的景物看不清楚，但透射光强大致不变。因此，一些既要获得一定的采光，又不希望室内外有视线干扰的建筑物常利用这一特性，将玻璃的表面刻成各种花纹，使两侧表面不平行，致使透过玻璃观察的外界形象模糊不清，可防止分散注意力。

光线照射玻璃、有机玻璃等表面会产生定向透射，这时它遵循折射定律。用平板玻璃能透过视线采光；用凹凸不平的压花玻璃能隔断视线采光。

经定向反射和定向透射后光源的亮度和发光强度，相比光源原有的亮度和发光强度有所降低。

（三）扩散反射和透射

半透明材料使入射光线发生扩散透射，表面粗糙的不透明材料使入射光线发生扩散反射，使光线分散在更大的立体角范围内。这类材料又可按它的扩散特性分为均匀扩散材料和定向扩散材料两种。

1. 均匀扩散透射

光线射入材料后向四面八方发生透射（透射光的方向不一致）的现象称为扩散透射。若从各个方向观察，材料的亮度均相同，这样的透射称为均匀扩散透射。具有这种性能的材料称为均匀扩散透射材料，其亮度 L 与发光强度 I 的分布如图 7-1-5 所示。乳白色玻璃、半透明塑料均属于这样的材料。

光线照射到乳白玻璃、乳白有机玻璃、半透明塑料等表面时，透过的光线各个角度亮度相同，看不见光源的影像。均匀扩散材料将入射光线均匀地向四面八方反射或透射，从各个角度看，其亮度完全相同，看不见光源形象。均匀扩散反射（漫反射）材料有氧化镁、石膏等。但大部分无光泽、粗糙的建筑材料，如粉刷、砖墙等都可以近似地看成这一类材料。均匀扩散透射（漫透射）材料有乳白玻璃和半透明塑料等，透过它看不见光

图 7-1-5　均匀扩散透射
的 L 和 I 分布

源形象或外界景物，只能看见材料的本色和亮度上的变化，常将它用于灯罩、发光顶棚，以降低光源的亮度，减少刺眼程度。

2. 定向扩散反射和透射

在某一反射方向上有最大亮度，而在其他方向上也有一定亮度的反射称为定向扩散反射，具有这种反光特性的材料称为定向扩散反射材料，它实际上是定向反射与扩散反射的综合。

某些材料同时具有定向和扩散两种性质。它在定向反射（透射）方向，具有最大的亮度，而在其他方向也有一定亮度。具有这种性质的反光材料有光滑的纸、较粗糙的金属表面、油漆表面等。这时在反射方向可以看到光源的大致形象，但轮廓不像定向反射那样清晰，而在其他方向又类似扩散材料具有一定亮度，但不像定向反射材料那样没有亮度。透过这种性质的透光材料如磨砂玻璃，可看到光源的大致形象，但不清晰。常见的办公桌表面处理方式——深色的油漆表面，由于它具有定向扩散反射特性，在桌面上看到两条明显的荧光灯反射形象，但边沿不太清晰，在深色桌面衬托下特别刺眼，很影响工作。如果在办公桌的一侧，用一浅色均匀扩散材料代替原有的深色油漆表面，由于它的均匀扩散性能，反射光通量均匀分布，故亮度均匀，看不见荧光灯管形象，给工作创造了良好的视觉条件。

第二节　建筑的自然采光

一、光气候与采光系数

在天然采光的房间里，室内的光线随着室外天气的变化而改变。因此，要设计好室内采光，必须了解当地的室外照度状况以及影响它变化的气象因素，以便在设计中采取相应措施，保证采光需要。光气候是由太阳直射光、天空漫射光和地面反射光形成的天然光平均状况。下面简要地介绍一些光气候知识。

（一）天然光的组成和影响因素

由于地球与太阳相距很远，故可认为太阳光平行地射到地球上。太阳光穿过大气层时，一部分透过大气层射到地面，称为太阳直射光，它形成的照度大，并具有一定方向，在被照射物体背后出现明显的阴影；另一部分碰到大气层中的空气分子、灰尘、水蒸气等微粒，产生多次反射，形成天空漫射光，使天空具有一定亮度，它在地面上形成的照度较小，没有一定方向，不能形成阴影；太阳直射光和天空漫射光射到地球表面上后产生反射光，并在地球表面与天空之间产生多次反射，使地球表面和天空的亮度有所增加。在进行采光计算时，除地表面被白雪或白沙覆盖的情况外，可不考虑地面反射光影响。因此，全云天时只有天空漫射光；晴天时室外天然光由太阳直射光和天空漫射光两部分组成。这两部分光的比例随天空中的云量和太阳是否被遮住而变。太阳直射光在总照度中的比例在无云天时的 90% 到全云天时的 0 之间变化；天空漫射光则相反，在总照度中所占比例在无云天的 10% 到全云天的 100% 之间变化。随着两种光线所占比例的改变，地面上阴影的明显程度也改变，总照度大小也不一样。现在分别根据不同天气分析室外光气候的变化情况。

（二）晴天

晴天天空无云或很少云（云量为 0～3 级），天然光由太阳直射光和天空扩散光两部分组成，直射光占 90%，天空扩散光占 10%。天空最亮处在太阳附近，亮度最低值在与太阳成 90° 角处。太阳亮度为 20×10^4 sb（中文名为熙提，$1sb = 10^4 cd/m^2$），无云蓝天亮度为 0.2～2.0sb。

（三）全云天

全云天是指天空全部为云所遮盖，看不见太阳，因此室外天然光全部为漫射光，物体后面没有阴影。这时地面照度取决于：

（1）太阳高度角。阴天中午的照度仍然比早晚的照度高。

（2）云状。不同的云组成成分不同，对光线的影响也不同。低云云层厚，位置靠近地面，主要由水蒸气组成，故遮挡和吸收大量光线，如下雨时的云，这时天空亮度降低，地面照度也很小。高云是由冰晶组成，反光能力强，此时天空亮度达到最大，地面照度也高。

（3）地面反射能力。由于光在云层和地面间多次反射，天空亮度增加，地面上的漫射光照度也显著提高，特别是当地面积雪时，漫射光照度比无雪时可提高达 8 倍以上。

（4）大气透明度。如工业区烟尘对大气的污染，使大气杂质增加，大气透明度降低，于是室外照度大大降低。

以上四个因素都影响室外照度，而它们在一天中的变化必然也使室外照度随之变化，只是其幅度没有晴天那样剧烈。全云天的天空亮度相对稳定，不受太阳位置的影响，近似地按蒙-斯本塞公式［式（7-2-1）］变化：

$$L_\theta = \frac{1+2\sin\theta}{3}L_z \qquad (7-2-1)$$

式中　L_z——天顶亮度，天顶亮度是接近地平线处天空亮度的 3 倍；

　　　L_θ——与地面呈 θ 角处的天空亮度。

这样的天空叫 CIE 全云天空。采光设计与采光计算时都假设天空为全云天空，计算起来比较简单。

在全云天空下，地平面的照度为

$$L_地 = \frac{7}{9}\pi L_z \qquad (7-2-2)$$

式中　$L_地$——地面照度，lx；

　　　L_z——天顶亮度，cd/m²。

（四）采光系数

我国目前所用的采光设计依据是《建筑采光设计标准》（GB/T 50033—2013）。

室外照度是经常变化的，这必然使室内照度随之而变，不可能是固定值，因此我国和其他许多国家对采光数量的要求都用相对值。这一相对值称为采光系数（C），是在全阴天空漫射光照射下，室内某一点给定平面上的天然光照度（E_n）和同一时间、同一地点，在室外无遮挡水平面上的天空漫射光照度（E_w）的比值，即

$$C = \frac{E_n}{E_w} \times 100\% \qquad (7-2-3)$$

式中　C——采光系数，%；

　　　E_n——室内某一点的天然光照度，lx；

　　　E_w——同一时间室外天无云遮挡情况下的水平照度，lx。

利用采光系数这一概念，就可根据室内要求的照度换算出需要的室外照度，或由室外照度值求出当时的室内照度，而不受照度变化的影响，以适应天然光多变的特点。

二、采光口

为了获得天然光，人们常在建筑物的外围护结构（墙或屋顶）上开设各种洞口，装上各种透明材料（如玻璃等）做的窗扇，起采光、通风、保温、隔热、隔声、泄爆等作用，这样的洞口称为采光口，亦称窗口。依据窗口所处位置的不同，采光窗口可分为侧窗及天窗两大类。

（一）侧窗

侧窗是在房间的一侧或两侧墙上开的采光口，是最常见的一种采光形式。它一般放置在 0.9m 左右高度。有时为了争取更多的可用墙面，或提高房间深处的照度，以及其他原因，将窗台提高到 2m 以上，称为高侧窗。高侧窗常用于展览建筑，以争取更多的展出墙面；用于厂房以提高房间深处照度；用于仓库以增加储存空间。

侧窗构造简单，布置方便，造价低，光线的方向性好，有利于形成阴影，适于观看立体感强的物体，并可通过窗看到室外景观，扩大视野，在大量的民用建筑和工业建筑中得

到广泛的应用。侧窗的主要缺点是照度分布不均匀，近窗外照度高，照度沿房间进深方向下降很快。改进侧窗采光特性的措施有使用扩散透光材料（乳白玻璃、玻璃砖）；使用折射玻璃；采用倾斜顶棚；调节小区布局，减轻挡光影响；与周围物体保持适当距离，防止遮挡等。

依据窗面的几何形状，侧窗又可分为方形窗（窗面呈正方形的窗）、竖长方形窗（窗面呈竖长方形的窗）、横长方形窗（窗面呈横长方形的窗）。在窗面积相等的情况下，方形窗采光量最大，竖长方形窗次之，横长方形窗最小。从照度的均匀性来讲，竖长方形窗在进深方向上均匀性较好，适合于窄而深的房间；横长方形窗在宽度方向上均匀性较好，适合于宽而浅的房间；方形窗的情况居中，适合于方形房间，在实际中，这样的房间较为少见。

侧窗位置的高低对房间纵向采光的均匀性有很大的影响。一般而言，低窗时，近窗处照度较高，往里则迅速下降，至对面内墙处照度最低。若窗户位置提高，则近窗处照度与低窗时相比会有所下降，但离窗口稍远一点的地方则照度大为提高，且均匀性亦较低窗时大大提高。

影响房间横向采光均匀性的主要因素是窗间墙，窗间墙越宽，横向均匀性越差，特别是靠近外墙区域。由于窗间墙的存在，靠墙地带照度很不均匀，如在这里布置工作台（一般都有），光线很不均匀。如采用通长窗，靠墙区域的采光系数虽然不一定很高，但很均匀。因此沿墙边布置连续的工作台时，应尽可能将窗间墙缩小，以减小不均匀性，或将工作台离墙布置，避开不均匀区域。

下面分析侧窗的尺寸、位置对室内采光的影响。窗面积的减少，肯定会减少室内的采光量，但不同的减少方式，却对室内采光状况带来不同的影响。如图 7-2-1 所示，窗上沿高度不变，提高窗台高度，减少窗户面积。从图中不同曲线可看出，随着窗台的提高，室内深处的照度变化不大，但近窗处的照度明显下降，而且出现拐点（空心圈表示这里照度变化趋势发生改变）曲线往内移。

图 7-2-2 表示窗台高度不变，窗上沿高度变化对室内采光分布的影响。这时近窗处照度变小，但与 7-2-1 相比变化幅度不大，且未出现拐点，但离窗远处照度的下降逐渐明显。

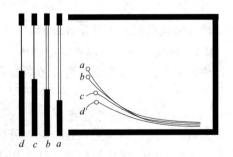

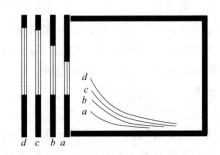

图 7-2-1 窗台高度变化对室内采光的影响　　图 7-2-2 窗上沿高度变化对室内采光的影响

高侧窗常用在美术展览馆中，以增加展出墙面，这时，内墙（常在墙面上布置展品）的墙面照度对展出的效果影响较大。随着内墙面与窗口距离的增加，内墙墙面的照度降低，照度分布也有改变。离窗口越远，照度越低，照度最高点（圆圈）也往下移，而且照度变化趋于平缓。可以通过调整窗洞高低位置使照度最高值处于画面中心。

窗高不变，改变窗的宽度使窗面积减小，如图 7-2-3 所示。这时的变化情况可从平面图上看出：随着窗宽的减小，墙角处的暗角面积增大。从窗中轴剖面来看，窗无限长和窗宽为窗高 4 倍时差别不大，特别是近窗处。但当窗宽小于 4 倍窗高时，照度变化加剧，特别是近窗处，拐点往外移。

 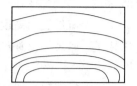

(a) 窗长较长时采光系数的分布　(b) 窗长较短时采光系数的分布

图 7-2-3　窗长变化对室内采光的影响

以上是阴天时的情况，这时窗口朝向对室内采光状况无影响。但在晴天，窗洞尺度、位置对室内采光状况有影响，不同朝向的室内采光状况也不大相同。

由上述可知，侧窗的采光特点是照度沿房间进深下降很快，分布很不均匀，虽然可适当提高窗位置，但这种办法又受到层高的限制，故这种窗只能保证有限进深的采光要求，一般不超过窗高的 2 倍；更深的地方宜采用人工照明补充。

为了克服侧窗采光照度变化剧烈，在房间深处照度不足的缺点，除了提高窗位置外，还可采用乳白玻璃、玻璃砖等扩散透光材料，或采用将光线折射至顶棚的折射玻璃。这些材料在一定程度上能提高房间深处的照度，有利于加大房屋进深，降低造价。

（二）天窗

随着建筑物室内面积的增大，用单一的侧窗已不能满足生产需要，故在单层房屋中采取顶部采光形式，通称天窗。使用要求不同产生了各种不同的天窗形式，下面分别介绍它们的采光特性。

1. 矩形天窗

采光口呈矩形的天窗称为矩形天窗，常由装在屋架上的天窗架和天窗架上的窗扇所组成，其窗扇一般可以开启，既起采光作用，又起通风作用。矩形天窗是一种常见的天窗形式。实质上，矩形天窗相当于提高位置（安装在屋顶上）的高侧窗，采光特性也与高侧窗相似。

矩形天窗有很多种，如纵向矩形天窗、梯形天窗、横向矩形天窗和井式天窗等。

其中，纵向矩形天窗使用非常普遍，它是由装在屋架上的一列天窗架构成的，窗的方向垂直于屋架方向，故称为纵向矩形天窗，通常又简称为矩形天窗。如将矩形天窗的玻璃倾斜放置，则称为梯形天窗；另一种矩形天窗的做法是把屋面板隔跨分别架设在屋架上弦和下弦的位置，利用上、下屋面板之间的空隙作为采光口，这种天窗称为横向矩形天窗，简称为横向天窗，又称为下沉式天窗；井式天窗与横向天窗的区别仅在于后者是沿屋架全长形成巷道，而井式天窗为了通风需要，只在屋架的局部做成采光口，使井口较小，起抽风作用。

这种天窗的突出特点是采光比侧窗均匀，即工作面照度比较均匀，天窗位置较高，不易形成眩光，在大量的工业建筑中（如需要通风的热加工车间和机加工车间）应用普遍。为了避免直射阳光射入室内，天窗的玻璃最好朝向南北，这样阳光射入的时间少，也易于遮挡。

影响矩形天窗照度分布的因素主要有三个方面：

（1）天窗宽度（两天窗间距）。一般而言，宽度越大，照度的均匀性就越好，但宽度过大会导致结构复杂，且会造成相邻两跨天窗相互遮挡。因此，天窗宽度一般取建筑跨度值的50％。

（2）天窗位置的高度（天窗下沿至工作面的高度）。一般而言，位置越高，照度的均匀性越好。但是，位置过高将会导致照度平均值下降，因此，天窗位置高度一般宜取建筑跨度值的35％～70％。

（3）天窗的窗地比（窗面积与地面积的比值）。一般而言，比值越大，室内照度越高。但是，试验表明，当比值达到35％时，再增加窗面积，室内照度几乎无变化。因此其窗地比值常取35％左右。

2. 锯齿形天窗

锯齿形天窗将倾斜的顶棚作反射面，增加了反射光分量，采光效率比矩形天窗高，窗口一般朝北，以防止直射阳光进入室内，但不影响室内温度和湿度的调节，光线均匀，方向性强。纺织厂大量使用这种天窗，轻工业厂房也常采用这种天窗。

锯齿形天窗与单侧高侧窗效果相似，其采光系数的平均值约为7％，能满足精密工作的采光要求，常用于一些需要调节温度与湿度的车间，如纺织车间等。无论是矩形天窗还是锯齿形天窗，均需使用天窗架，故构造复杂，造价高，且不能保证高采光系数，于是便产生了其他的天窗类型。

3. 平天窗

平天窗是在屋面直接开洞，铺上透光材料（如钢化玻璃、夹丝平板玻璃、玻璃钢、塑料等）。由于不需特殊的天窗架，降低了建筑高度，简化结构，施工方便，据有关资料介绍，它的造价仅为矩形天窗的20％～30％。由于平天窗的玻璃面接近水平，故它在水平面的投影面积较同样面积的垂直窗的投影面积大。这种天窗的特点是采光效率高，从照度和亮度之间的关系式看出，计算点处于相同位置的矩形天窗和平天窗，如果面积相等，平天窗对计算点形成的立体角大，所以其照度值就高。根据立体角投影定律，如天空亮度相同，则平天窗在水平面形成的照度比矩形天窗大，采光效率比矩形天窗高2～3倍。

另外平天窗采光均匀性好，布置灵活，不需要天窗架，能降低建筑高度，大面积车间和中庭常使用平天窗。设计时应注意采取防止污染、防直射阳光影响和防止结露措施。

4. 井式天窗

利用屋架上、下弦之间的空间，将几块屋面板放在下弦杆上，形成井口状的采光口，称为井式天窗。井式天窗与横向天窗不同，横向天窗是沿屋架全长形成井口，而井式天窗则是在屋架局部形成井口，且井口面积较小，起抽风作用，利于车间通风。

井式天窗主要用于热车间。为了通风顺畅，开口处常不设玻璃窗扇。为了防止飘雨，除屋面做挑檐外，开口高度大时还在中间加几排挡雨板。这些挡雨板挡光很厉害，光线很少能直接射入车间，而都是经过井底板反射进入，因此采光系数一般在1％以下。但采光仍然比旧式矩形避风天窗好，而且通风效果更好。如车间还有采光要求时，可将挡雨板做成垂直玻璃挡雨板，改善室内采光条件。但由于挡雨板处于烟尘出口处，较易积尘，如不经常清扫，仍会影响室内采光效果。也可在屋面板上另设平天窗来解决采光需要。

三、采光设计

采光设计的目的是使室内获得良好的光环境，满足视觉工作的需要，有时还必须同时考虑通风、泄爆、经济等问题，为此必须根据用户的要求，综合考虑，以提出最佳的设计方案（包括采光口的最佳形式、位置及尺寸等）。

采光设计通常可按如下方法及步骤来进行。

（一）收集资料

为了做到有的放矢，心中有数，设计前进行资料搜集是非常必要的。

（1）了解房间的工作特点及精密度。同一个房间的工作不一定是完全一样的。我国对此已有了明确规定，必须依照标准执行。

（2）了解工作区域和工作面位置。不同的工作区域往往对采光有不同的要求，因此，应考虑将对照度要求高的布置在窗口附近，要求不高的则应离窗口远一些。

工作面有垂直、水平或倾斜的，与选择窗的形式和位置有关。例如侧窗在垂直工作面上形成的照度高，这时窗至工作面的距离对采光的影响较小，但正对光线的垂直面光线好，背面就差得多。对水平工作面而言，它与侧窗距离的远近对采光影响就很大，不如平天窗效果好。值得注意的是，我国采光设计标准推荐的采光计算方法仅适用于水平工作面。

（3）了解工作对象的表面状况。工作表面是平面或是立体，是光滑的（镜面反射）或粗糙的，对于确定窗的位置有一定意义。例如对平面对象（如看书）而言，光的方向性无多大关系；但对于立体零件，一定角度的光线，能形成阴影，可加大亮度对比，提高视度。而光滑的零件表面，由于镜面反射，若窗的位置安设不当，可能使明亮的窗口形象恰好反射到工作者的眼中，严重影响视度，需采取相应措施来防止。

（4）了解工作中是否允许光线直接进入室内。光线直接射入室内，易生眩光及产生过热，应通过窗口选型、朝向、安装等措施加以避免。

（5）其他要求。很多房间，除了光环境要求外，还须同时考虑其他要求。

1）供暖。窗的大小及朝向对热损失有很大的影响，在北方供暖地区，必须认真考虑，适当控制北向窗口面积的大小。

2）通风。有的房间（车间）在生产中会产生大量的热量，必须随时排出，这时宜在热源附近就地设置通风孔洞。若同时有尘埃与热量，则应将排风孔与采光口分开，并留有适当距离，否则便可合二为一，综合考虑。

3）泄爆。有些房间，如粉尘很多的铝粉加工车间，储存有易燃、易爆物的仓库等，具有爆炸的危险，这时泄爆往往超过采光要求，应设大面积泄爆窗以解决减压问题，并适当注意解决眩光及过热的问题。

4）造型。窗户的形式与尺寸直接关系到建筑物的立面造型，设计时，既不能只考虑采光而忽视了建筑物的立面形象，也不能过分强调立面格调而使采光不足，或因采光过度而刺眼。

5）经济。窗户的形式与大小直接关系到建筑物的造价，窗户过大，势必导致造价增加。因此，从经济角度考虑，应适当限制窗户的面积（在保证采光要求的前提下）。

6）周围环境。房间周围建筑物、构筑物、山丘、树木的高度以及它们到房间的距离等均会影响房间的采光、窗户的布置及开启，设计前必须先有所了解。

（二）选择采光口形式

根据房间的朝向、尺度、生产状况、周围环境，结合上一节介绍的各种采光口的采光特性来选择适合的采光口形式。采光口的形式主要有侧窗及天窗，宜根据客户要求、房间大小、朝向、周围环境及生产状况等条件综合而定。在一幢建筑物内可能采取几种不同的采光口形式，以满足不同的要求。例如在进深大的车间，往往边跨用侧窗，中间几跨用天窗来解决中间跨采光不足。又如车间长轴为南北向时，则宜采用横向天窗或锯齿形天窗，以避免阳光射入车间。

采光设计主要体现在采光口上，对室内光环境的优劣起着决定的作用。采光口的确定主要包含如下内容：确定采光口的位置，侧窗常置于南北侧墙之上，具有建造简便、造价低廉、维护方便、经济实用等优点，宜尽量多开；天窗常作侧窗采光不足之补充，其位置与大致尺寸（宽度、面积、间距等）宜根据车间剖面形式、与相邻车间的关系来综合确定。

（三）估算采光口的面积（尺寸）

采光口的面积（尺寸）主要根据房间的视觉工作分级，按照相应的窗地比来确定。若房（车）间既有侧窗，又有天窗，则宜先按侧窗查出窗地比，根据实际来布置侧窗，不足之处再用天窗来补充。对于长度超过20m的内走道，其两端均应布置采光口（窗地比不应小于1/14）；超过40m的，则还应在中间加装采光口，或者采用人工照明来替代。

（四）布置采光口

采光口的布置宜根据采光、通风、泄爆、日照、美观、维护方便等要求来综合考虑，先拟就几种方案，经过比较、择优，然后付诸实施。

经过以上步骤，确定了采光口形式、面积和位置，基本上达到初步设计的要求。由于它的面积是估算的，位置也不一定确定不变，故在进行技术设计之后，还应进行采光验算，确定满足采光标准的各项要求。

第三节 建 筑 照 明

人们对天然光的利用，受到时间和地点的限制。建筑物内夜间必须采用人工照明，在某些场合，白天也要用人工照明。建筑设计人员应掌握一定的照明知识，以便能在设计中考虑照明问题，并能进行简单的照明设计。在一些大型公共或工业建筑设计中，能协助电气专业人员按总的设计示意图完成照明设计，使建筑功能得到充分发挥，并使室内显得更加美观。

一、人工光源

随着生产的发展，人类从利用篝火照明，逐渐发展到使用油灯、烛、煤气灯，直至现在使用电光源。电光源的发光条件不同，故其光电特性也各异。为了正确地选用电光源，必须对它们的光电特性、适用场合有所了解。建筑物内常用光源的光电特性如下。

（一）热辐射光源

任何物体的温度高于绝对温度零度，就向四周空间发射辐射能。当金属加热到1000K以上时，就发出可见光。温度越高，可见光在总辐射中所占比例越大。人们利用这一原理制造的照明光源称为热辐射光源。

1. 白炽灯

白炽灯是利用电流通过细钨丝所产生的高温而发光的热辐射光源。由于钨是一种熔点很高的金属（熔点为 3417K），故白炽灯灯丝可加热到 2300K 以上。为了避免热量的散失，减少钨丝蒸发，将灯丝密封在一玻璃壳内；为了提高灯丝温度，使其发出更多的可见光，提高发光效率，一般将灯泡内抽成真空，或充以惰性气体，并将灯丝做成双螺旋形（大功率灯泡采用此法）。即使这样，白炽灯的发光效率仍然不高，仅为 12～18.6lm/W 左右。也就是说，只有 2％～3％ 的电能转变为光，其余电能都以热辐射的形式损失掉了。

为了适应不同场合的需要，白炽灯有不同的品种和形状。

（1）反射型灯。这类灯泡的泡壳由反射和透光两部分组合而成，按其构造不同又可分为以下几种。

1）投光灯泡。英文缩写为 PAR 和 EAR 型灯。这种灯用硬料玻璃分别做成内表面镀铝的上半部和透明的下半部，然后将它们密封在一起，这样可使反光部分保持准确形状，并且可保证灯丝在反光镜中保持精确位置，从而形成一个光学系统，有效地控制光线。利用反光镜的不同形状就可获得不同的光线分布。

2）反光灯泡。英文缩写为 R 灯，它与投光灯泡的区别在于采用吹制泡壳，因而不可能精确地控制光束。

3）镀银碗形灯。这种灯在灯泡泡壳内表面下半部镀银或铝，使光通量向上半部反射并透出。这样不但使光线柔和，而且将高亮度的灯丝遮住，适用于台灯。

（2）异形装饰灯。将灯泡泡壳做成各种形状并使其具有乳白色或其他颜色。它们可单独使用，或组成各种艺术灯具，省去灯罩，美观大方。

白炽灯虽然具有体积小，灯丝集中，易于控光，可在很宽的环境温度下工作，结构简单，使用方便，没有频闪现象等优点；但是也存在着红光较多，灯丝亮度高（达 500sb 以上），散热量大，寿命短（1000h），玻璃壳温度高（可达 250～121℃），受电压变化和机械振动影响大等缺点，特别是发光效率很低，浪费能源，故我国节电办公室已强调在宾馆、饭店、商场、招待所、写字楼，以及工矿企业的车间、体育场馆、车站码头、广场和道路照明等公共场所，尽量取消白炽灯照明。

2. 卤钨灯

卤钨灯也是热辐射光源。它是一个直径约 12mm 的石英玻璃管，管内充有卤族元素蒸气（如碘、溴），在管的中轴支悬一根钨丝。卤族元素的作用是在高温条件下，将钨丝蒸发出来的钨元素带回到钨丝附近的空间，甚至送返钨丝上（这种现象称为卤素循环）。这就减慢了钨丝在高温下的挥发速度，为提高灯丝温度创造了条件，而且减轻了钨蒸发对泡壳的污染，提高了光的透过率，故其发光效率和光色都较白炽灯有所改善。卤钨灯的发光效率约 20lm/W，寿命约 1500h。

卤钨灯使用场合与白炽灯相同。为了保证卤素循环的正常进行，防止灯丝振断，使用过程中，应注意保持灯管与水平面的倾角不大于 4°，并注意防振。

（二）气体放电光源

气体放电光源是利用某些元素的原子被电子激发而产生光辐射的光源。

1. 荧光灯

这是一种在发光原理和外形上都有别于白炽灯的气体放电光源。它的内壁涂有荧光物质，管内充有稀薄的氩气和少量的汞蒸气。灯管两端各有两个电极，通电后加热灯丝，达到一定温度就发射电子，电子在电场作用下逐渐达到高速，轰击汞原子，使其电离而产生紫外线。紫外线射到管壁上的荧光物质，激发出可见光。根据荧光物质的不同配合比，发出的光谱成分也不同。

为了使光线集中往下投射，可采用反射型荧光灯，即在玻璃管内壁上半部先涂上一层反光层，然后再涂荧光物质。它本身就是一只射型灯具，光通利用率高，灯管上部积尘对光通的影响小。

由于发光原理不同，荧光灯与白炽灯有很大区别，其特点如下：

1）发光效率较高。发光效率一般可达 45lm/W，比白炽灯高 3 倍左右。在国外有的达到 70lm/W 以上。

2）发光表面亮度低。荧光灯发光面积比白炽灯大，故表面亮度低，光线柔和，不用灯罩，也可避免强烈眩光出现。

3）光色好且品种多。不同的荧光物质成分产生不同的光色，故可制成接近天然光光色的荧光灯灯管。

4）寿命较长。国内灯管寿命为 1500～5000h。国外有的已达到 10000h 以上。

5）灯管表面温度低。

荧光灯目前尚存在着初始投资高、对温湿度较敏感、尺寸较大、不利于对光的控制、有射频干扰和频闪现象等缺点，这些问题已随着生产的发展逐步得到解决。初始投资可从光效较高、寿命较长的受益中得到补偿。故荧光灯已在一些用灯时间长的单位中得到广泛运用。

2. 紧凑型荧光灯

紧凑型荧光灯的发光原理与荧光灯相同，区别在于以三基色荧光粉代替普通荧光灯使用的卤磷化物荧光粉。紧凑型荧光灯的灯管直径小，如 H 型单端内启动荧光灯（YDN5 - H～YDN11 - H）的灯管直径为（12.5 ± 0.5）mm，所以单位荧光粉层受到的紫外辐射强度大，若仍沿用卤磷化物荧光粉，则灯的光衰很大，寿命缩短；而三基色荧光粉能够抗高强度的紫外辐射，改善荧光灯的维持特性，使荧光灯紧凑化成为可能。

对人眼的视觉理论研究表明，在三个特定的窄谱带（450nm、540nm、610nm 附近的窄谱带）内的色光组成的光源辐射也具有很高的显色性，所以用三基色荧光粉制造的紧凑型荧光灯不但显色指数较好，一般显色指数 $R_a > 80$，而且发光效率较高，一般为 60lm/W 左右，因此它是一种节能荧光灯；紧凑型荧光灯结构紧凑，灯管、镇流器、起辉器组成一体化，灯头也可以做成白炽灯那样，使用起来很方便；紧凑型荧光灯的单灯光通量可小于 200lm，完全满足小空间照明对光通量大小（小于 200lm）的要求。总之，紧凑型荧光灯可直接替代白炽灯。

紧凑型荧光灯的品种很多，如 H 型、2H 型、2D 型、U 型、2U 型、3U 型、7c 型、2 型、环型、球型、方型、柱型等。

3. 荧光高压汞灯

荧光高压汞灯的发光原理与荧光灯相同，只是构造不同。因管内工作气压为 1～5 个大气压，比荧光灯高得多，故名荧光高压汞灯。内管为放电管，发出紫外线，激发涂在玻璃外壳内壁的荧光物质，使其发出可见光。荧光高压汞灯具有下列优点：

1）发光效率较高，一般可达 50lm/W 左右。

2）寿命较长，一般可达 6000h，国外已达到 16000h 以上。

荧光高压汞灯的最大缺点是光色差，主要发绿、蓝色光。在此灯光照射下，物件都增加了绿色、蓝色色调，使人们不能正确地分辨颜色，故通常用于街道、施工现场和不需要认真分辨颜色的大面积照明场所。

4. 金属卤化物灯

金属卤化物灯是在荧光高压汞灯的基础上发展起来的一种高效光源，它的构造和发光原理均与荧光高压汞灯相似，但区别是在荧光高压汞灯泡内添加了某些金属卤化物，从而起到了提高光效、改善光色的作用。

金属卤化物灯一般按添加物质分类，并可分为钠铊铟系列、钪钠系列、锡系列、镝铊系列等。

5. 钠灯

根据钠灯泡中钠蒸气放电时压力的高低，把钠灯分为高压钠灯和低压钠灯两类。

高压钠灯是利用在高压钠蒸气中放电时，辐射出可见光的特性制成的。辐射光的波长主要集中在人眼最灵敏的黄绿色光范围内。由于其具有光效高、寿命长、透雾能力强等特点，户外照明和道路照明均宜采用高压钠灯。

一般高压钠灯的一般显色指数 $R_a < 40$，显色性较差，但当钠蒸气压增加到一定值（约 63kPa）时，R_a 可达 85。用这种方法制成中显色型和高显色型高压钠灯，这些灯的显色性比普通高压钠灯高，并可以用于一般性室内照明。

低压钠灯是利用在低压钠蒸气中放电，钠原子被激发而产生（主要是）589nm 的黄色光。低压钠灯虽然透雾能力强，但显色性极差，在室内极少使用。

6. 氙灯

氙灯是利用在氙气中高电压放电时，发出强烈的连续光谱这一特性制成的。其光谱和太阳光极相似。由于功率大，光通大，又放出紫外线，故安装高度不宜低于 20m，常用在广场大面积照明场所（如长弧氙灯）。

7. 无电极荧光灯

无电极荧光灯简称为无极灯，它是一种新颖的微波灯。无电极荧光灯的发光原理与上述人工光源的发光原理均不相同，它是由高频发生器产生的高频电磁场能量，经过感应线圈耦合到灯泡内，使汞蒸气原子电离放电而产生紫外线，并射到管壁上的荧光物质，激发出可见光。因此，也有人把它称为感应荧光灯。

（三）其他光源

1. 发光二极管

发光二极管（light emitting diode，LED）是一种半导体固体发光器件，利用固体半导体芯片作为发光材料，两端加上正向电压后，半导体中的少数载流子和多数载流子发生复合，放出过剩的能量而引起光子发射，直接发出红、橙、黄、绿、青、蓝、紫、白色的光。

LED 的特点如下：

（1）光效强。荧光灯为 50～120lm/W，LED 为 50～200lm/W，光谱窄，单色性好，高节能，直接驱动，超低功耗（单管为 0.03～0.06W，电光功率转换接近 100%，同样照明效果比传统光源节能 80% 以上）。

（2）寿命长。电子光场辐射发光、环氧树脂封装、无灯丝发光易烧、热沉淀、光衰等，单管寿命为 10 万 h，比传统光源寿命长 5 倍以上。

（3）光色好。直接发出有色光，色彩柔和丰富，内置微型处理芯片，可控制发光强弱，切换发光方式和顺序，实现多色变化。

（4）环保。眩光小，发热量极低，无辐射，不含汞元素，冷光源可以安全触摸。

随着该光源在技术上的发展，尤其是白光 LED，大有取代众多传统光源（白炽灯、荧光灯、HID 灯、氖灯等）之势，引领全球进入绿色照明新时代。

2. 霓虹灯和冷阴极灯

霓虹灯和冷阴极灯在工作原理上与荧光灯有些相近，主要用在标志照明、建筑轮廓勾边等一些特殊形式的照明中。二者的寿命大约为 20000～40000h，光效适中，可以调光，而且开启和关闭引起的频闪也不会影响其寿命。

霓虹灯和冷阴极灯均为管形灯，可以制成任何形状，产生任何颜色的光。霓虹灯和冷阴极灯在外观上比较相像，但霓虹灯直径较细，主要用在标志照明上，而冷阴极灯直径较粗，更多用于建筑照明中。另外，霓虹灯主要靠连接线来固定，而冷阴极灯有固定的灯头。

二、灯具、开关和调光

灯具是光源、灯罩及其附件的总称。灯具可分为装饰灯具和功能灯具两大类。灯具的特性是由光的分布方式决定的。

（一）灯具的光特性

任何光源或灯具一旦处于工作状态，就必然向周围空间投射光通量。我们把灯具各方向的发光强度在三维空间里用矢量表示出来，把矢量的终端连接起来，则构成一封闭的光强体。当光强体被通过 Z 轴的平面截割时，在平面上获得一封闭的交线。此交线以极坐标的形式绘制在平面图上，就是灯具的配光曲线。

配光曲线上的每一点，表示灯具在该方向上的发光强度。因此知道灯具对计算点的投光角 α，就可查到相应的发光强度 I，利用公式 $E = I\cos\alpha / r^2$ 就可求出点光源在计算点上形成的照度。

为了使用方便，通常配光曲线均按光源发出的光通量为 1000lm 来绘制。而实际光源发出的光通量不是 1000lm，这就需要将查出的发光强度乘以一个修正系数，即实际光源发出的光通量与 1000lm 之比。

对于非对称配光的灯具，则用一组曲线来表示不同剖面的配光情况。荧光灯灯具常用两根曲线分别给出平行于灯管（符号为"‖"）和垂直于灯管（符号为"⊥"）剖面的光强分布。

（二）灯具的类型和选用

灯具在不同场合有不同的分类方法，国际照明委员会按光通量在上、下半球的分布将灯具划分为五类：直接型灯具、半直接型灯具、均匀扩散型灯具、半间接型灯具、间接型灯具。

1. 直接型灯具

直接型灯具是指 90%～100% 的光通量向下半球照射的灯具。灯罩常用反光性能良好的不透光材料（如搪瓷、铝、镜面等）做成。按其光通量分配的宽窄，又可分为广阔（I_{max} 在 50°～90° 范围内）、均匀（$I_0 = I_a$）、余弦（$I_a = I_0\cos\alpha$）和窄（I_{max} 在 0°～40° 范围内）配光。

用镜面反射材料做成抛物线形的反射罩，能将光线集中在轴线附近的狭小立体角范围内，因而在轴线方向具有很高的发光强度。典型例子是工厂中常用的深罩型灯具，适用于层高较高的工业厂房中。用扩散反光材料或均匀扩散材料都可制成余弦配光的灯具。

广阔配光的直接型灯具，适用于广场和道路照明。公共建筑中常用的暗灯，也属于直接型灯具，这种灯具装置在顶棚内，使室内空间简洁。其配光特性受灯具开口尺寸、开口处附加的棱镜玻璃、磨砂玻璃等散光材料或格片尺寸的影响。

直接型灯具效率较高，但也存在两个主要缺点：

（1）由于灯具的上半部几乎没有光线，顶棚很暗，和明亮的灯具开口形成严重的对比眩光。

（2）光线方向性强，阴影浓重。当工作物受几个光源同时照射时，如处理不当就会造成阴影重叠，影响视看效果。

2. 半直接型灯具

为了改善室内的空间亮度分布，使部分光通量射向上半球，减小灯具与顶棚亮度间的强烈对比，常用半透明材料作灯罩或在不透明灯罩上部开透光缝，这就形成半直接型灯具。这一类灯具下面的开口能把较多的光线集中照射到工作面，具有直接型灯具的优点；又有部分光通量射向顶棚，使空间环境得到适当照明，改善了房间的亮度对比。

3. 均匀扩散型灯具

最典型的扩散型灯具是乳白球形灯。此类灯具的灯罩多用扩散透光材料制成，上、下半球分配的光通量相差不大，因而室内得到优良的亮度分布。

直接-间接型灯具是直接型和间接型灯具的组合，在一个透光率很低或不透光的灯罩里，上、下各安装一个灯泡。上面的灯泡照亮顶棚，使室内获得一定的反射光。下面的灯泡则用来直接照明工作面，使之获得高的照度，既满足工作面上的高照度要求，又减小了房间内的亮度对比度，因而在轴线方向具有很高的发光强度。典型例子是工厂中常用的深罩型灯具，它适用于层高较高的工业厂房中。用扩散反光材料或均匀扩散材料都可制成余弦配光的灯具。

4. 半间接型灯具

这种灯具的上半部是透明的（或敞开的），下半部是扩散透光材料。上半部的光通量占总光通量的 60% 以上，由于增加了反射光的比例，房间的光线更均匀、柔和。在使用过程中，透明部分很容易积尘，使灯具的效率降低。另外下半部表面亮度也相当高。因此，在很多场合（教室、实验室）已逐渐用另一种"环形格片式"的灯代替。

5. 间接型灯具

间接型灯具用不透光材料做成，几乎全部光线都射向上半球。由于光线经顶棚反射到工作面，因此扩散性很好，光线柔和而均匀，并且完全避免了灯具的眩光作用。但因有用的光线全部来自反射光，故利用率很低，在要求高照度时，使用这种灯具很不经济。故一般用于照度要求不高，希望全室均匀照明、光线柔和宜人的情况，如医院和一些公共建筑。

（三）开关和调光

自从有了人工照明以来，开关控制就十分重要。连蜡烛和煤油灯都需要点燃和熄灭，甚至有时还需要调整光的大小，电器照明中的开关和调光就更是很自然的事情了。

1. 控制原理

（1）控制运行时间。为了便利和节能而需要控制灯光的开启时间。通过控制运行时间，关灯，不仅减少电能的消耗，也延长了光源的使用寿命，控制运行时间通常叫作开关控制。

（2）功率控制。大多数光源在功率变化时仍然能够工作。其结果是光源的亮度会低于正常情况，称之为调光。调光常用于产生亲密气氛（如餐厅或旅馆）。另外，现在常用这种手段来节约能源。在许多场所，有足够的光线由窗户进入室内，使得人们可以调暗室内灯光；昼光与调暗的电器照明灯光共同作用，仍然可以提供足够的照度。

（3）预设调光。预设调光器组可以设定并记忆每一个调光器控制的照明水平。然后只需按一个键，调光器就会将光线调至预设水平，建立一个照明场景。预设调光系统用于控制住宅的大起居室、旅馆的舞厅和餐厅，这些地方在不同的时间或不同的用途下需要不同的灯光组合。每个场景都是预先设定并储存的；当按下正确的按钮时，就会调出相应场景设定，灯光会据此调整。

（4）时间控制。许多照明系统可根据时间进行自动控制。简单的时钟控制装置通过在设定的时间断开接触器来完成开关操作。人们常使用适合于住宅的时控开关来控制灯光，并把这作为一项安全措施。

在大型建筑中，计算机能源管理系统可以对不同的照明系统提供许多个时间表。虽然这些系统操作较复杂，但具有计算机控制的优势，方便集中管理。大多数建筑使用这样的控制方法，仅用一个工程师就能有效地管理设备。有些时间控制系统能根据一年中季节变化来调整设定时间，以此来取代光电感应器。

（5）动作感应。动作传感器侦知是否有人员在场，并做出反应，自动打开灯光。使用动感开关取代普通开关，照明控制不需手控，并确保人员离开后关闭灯光。安装在天花板上的动作传感器可以连接到继电器上，并且一个继电器可以连接数个传感器。这保证了在一个相对较大的空间（如食堂或体育馆）内发生任何动作，都可以使整个空间的灯光保持点亮。

（6）昼光控制。昼光控制通过光电感应器，在昼光充足的情况下关灭或调暗灯光。光电开关的主要作用是在白天关闭停车场和街道灯光。在一部分室内空间里，平时实际需要的大部分照明光由侧窗或天窗提供，光电调光器可节约这部分空间的电灯能耗，在晚上或阴暗的天气时还能增加照度水平。

（7）适应性补偿。适应性补偿是和晚间较暗的光线有关的自然反应。特别是在杂货店等商业建筑中，晚间光线可以做适当程度的调暗，因为购物者的眼睛已经适应了暗的环境。适应性补偿可以通过一个光电感应器，或根据当地已知的日落和日出时间而编制的计算机程序来实现。

2. 控制设备

（1）开关。开关可以开启和关闭灯光。大多数开关是杠杆类的机械装置，可以连接或切断灯具供电电路中的电气接触。

最常用的两种开关形式是拉线开关和按键开关。有些开关带有指示灯（在黑暗中亮显开关）或引导灯（灯光开启时亮显开关）。你进入一个房间时，开关应该设在门边，最好是在门锁那一侧，安装在距地面1m的位置。房间的所有入口都应当设置开关。需要在多个位置设开关的，叫作三联或四联开关，可以在任何开关位置开关灯光。

对希望同时控制的一组灯具使用一个开关。例如，在办公建筑里，在窗附近布置的灯具的开关应和那些房间深处的灯具的开关分开设置。这样，使用者在白天关闭靠窗灯具，能达到节能的目的。

（2）调光器。调光器是改变光源功率和照明水平的控制设备。对白炽灯来说，调光器或调光开关经常设在普通开关的位置，可能装在墙上，也可能和灯具结合。对荧光灯来说，必须采用调光型镇流器，并与兼容的调光开关联结。

调光器一般是把电子调光设备与开关结合在一起，所以实际上是调光开关。开关部分的工作方式和调光部分密切关联。在一个单功能调光器里，灯光必须在开关操作之前完成调光。对于可预设调光器，开关与调光器则需要分别操作。一般预设型要更好一些，因为它们与三联或四联开关适配，而且即使灯具没有打开，也可以设置需要的照明水平，然后存储起来。

在几种类型调光器中，最常见的是旋钮式调光器和滑杆式调光器。旋钮式调光器通常有一个亮度调节操纵盘。

滑杆式调光器中，预设型可能有一个杠杆式开关和一个亮度调节开关，或一个接触式开关和一个独立的调光滑杆。照明设计者除了考虑调光器形式上的不同，还应该根据它们的负荷能力，即调光参数来进行选择。下面是最常用的一些调光器类型：

1）供白炽灯使用的标准调光器。其最小额定值为600W，最高可达2000W。

2）供低功率白炽灯使用的调光器。这些调光器"调节"为灯具供电的变压器，可分为适用于磁变压器与适用于电子变压器的两种类型。它们也可用于常规白炽灯的调光以及常规白炽灯与低压白炽灯的混合调光，通常按伏安分类，这个参数大致等同于功率。电感类的调光器最小为600V·A，电子类的最小为325V·A。

3）荧光灯用调光器。为了对荧光灯进行调光，光源必须配有调光镇流器。另外，调光器必须选用与调光镇流器能匹配工作的型号。

4）霓虹灯和冷阴极管灯使用的调光器。

（3）动作传感器。动作传感器是一种当监测到动作时，能打开灯光，而且在最后一次监测到动作以后的一定时间内保持开启的自动开关。动作传感器能节约能源，方便使用。

最普通的动作传感器是墙面开关类型，用于取代普通的手动开关。动作传感器也有安装在天花板上，墙顶部、角落或工作隔间挡板上的类型。这类传感器通常操动安装于天花板上方的继电器。有一种型号可用于连接到一个特殊的插接口上，以控制作业照明和计算机终端、打印机等办公设备。

（4）计时时钟。计时时钟是一个机电计时器，可以在每天特定的时间开关电路。一些类型的时钟备有电源，可在能耗损期内维持时间计量；另外有一些配有天文时钟，自动调整一年中日出日落的时间变化。现代的计时时钟用可编程的电子时钟取代了时间计量机械装置。

（5）时控开关。时控开关可以在一定时间以后自动关闭灯光。在过去，时控装置使用发条机械装置。最常见的一个应用是关闭浴室取暖灯。现代时控开关使用按钮启动，延续时间可以设定。

（6）光控开光。对从黄昏到黎明的基本照明控制，可以使用一个简单的光控开关，内部的光电池在环境光水平相当低的时会发送开启信号。光控开关在路灯和停车场照明中应用最为普遍，也可以用于室内灯光的开关，特别是在商场和大厅等需要白天照明的地方。

（7）控制系统。在大型设施中，通常将照明控制设备相互连接，使成为一个工作系统，使建筑管理者更好地控制照明。对于一些非常大和复杂的设施，如大型运动场和舞台，照明控制至关重要。

（8）继电系统。一个低压控制系统可以通过继电设备来进行照明远程控制。继电器根据从低压摇臂开关、计时时钟或计算机能量控制系统发送来的信号，通过机械开关控制照明的供电设备。继电系统通常在大型商业和公共建筑（如高层办公楼、会议中心和机场）中使用。在继电系统中，每一组同时开关的灯光必须连接到同一个继电器。诸多继电器通常汇集在位于电路断路器旁边的面板上。继电系统最适用于房间大而无需调光的大型设施，如学校、实验楼、工厂和会议中心。

（9）能量管理系统。能量管理系统使用计算机控制多个继电电路板、机械电动机、节气闸等。继电系统与能量管理系统最本质的区别在于，后者控制的不仅仅是照明，还包括建筑中所有的能耗方式。

（10）预设调光系统。预设调光系统包含一定数量的调光器，通常做成柜式，用于协同工作，形成灯光场景。这些合成系统用于旅馆中的功能场所、机场、会议中心、娱乐场和其他拥有一定数量的房间或空间的建筑设施，由中心计算机的预设控制器来控制。这些系统功能强大，有下列特点：

1）调光器能设定每一个场景照明的每一个信道。

2）对每一个房间都设有成组的独特照明场景。

3）可以手动选择场景，而且能在很多情况下变换场景设置。

4）分隔开关，根据可变分区的不同位置，保证照明控制系统与之协同运作，如在旅馆舞厅中。

5）根据时间、季节、动作感应、昼光等达到可编程自动操作，或允许手动优先操作。

（11）昼光控制系统。自动昼光控制系统有一个光电传感器，当有足够的昼光通过窗户和天窗进入房间时，就会产生一个信号来对室内照明进行调光。现代设计将传感器和荧光灯调光镇流器直接连接，保证在办公室、学校、保健机构或有临近窗口的中小空间的其他建筑中能够自动调光。

思　考　题

1. 当采光面积相同、相对尺寸一样时，侧窗和平天窗的采光效率哪个高？为什么？

2. 亮度和照度之间的关系是什么？

3. 建筑中常见的定向反射和定向透射材料有哪些？它们各有什么特点？

4. 建筑中常见的均匀扩散反射材料有哪些？它们多用在建筑中的哪些构件上？

5. 什么是 CIE 全云天空？它的主要特点是什么？
6. 为改善侧窗沿房间进深方向采光不均，可以采用的措施主要有哪些？
7. 影响矩形天窗照度分布的因素有哪些？
8. 简述不同类型照明光源的发光机制。

第八章 建 筑 声 学

声音是人类相互交流、获取信息的重要载体，它的本质是在具有弹性媒质中传播的机械波。建筑是人类最主要的活动场所，是我们生活、学习、工作和运动的人造空间，在这个空间中我们需要交流，需要获取信息，因此在室内空间需要声音的存在。建筑师们一直关心建筑物对声音的处理、改造技术，古罗马的会议场所、古希腊的剧场都反映了建筑师力图获得良好音效的努力。

声音如何在建筑中传播，如何设计出优美音质的建筑，这些关于建筑中声学问题研究的科学称为建筑声环境，它是专门研究建筑中声音传播的学科，是物理学、建筑工程、电声学以及环境保护与建筑学的有机融合。

建筑声环境以创造室内良好音质为研究目标，以物理声学为基础，通过研究室内声场的传播规律，提出了室内声场分析的基本理论。在此理论基础上，应用声线分析法，给出了室内音质设计的方法和评判依据，用于指导建筑室内音质设计。此外，噪声是城市四大污染之一，同时也是影响室内物理环境的重要因素，防止噪声是建筑声环境研究的另外一个主要问题。

第一节 建筑声环境基础

建筑声环境是建筑物理环境控制学的一门分支，用于研究建筑环境中声音的传播规律，声音的评价和控制。建筑声环境是一门综合性应用学科，它是物理声学在建筑设计中的应用，其理论基础是物理声学和建筑设计理论相结合的建筑声学。进行声环境设计的目的是为建筑使用者创造一个优美而适当的声音环境。取得良好的声学效果和建筑艺术的高度统一是科学家和建筑师的共同目标，也是建筑声环境设计追求的目标。

建筑声环境的基本任务是研究室内声波传输的物理条件和声学处理方法，以保证室内具有良好听闻条件；研究控制建筑物内部和外部一定空间内的噪声干扰和危害。建筑声环境主要研究的内容是室内厅堂音质、噪声控制和隔声隔振。建筑声环境解决如下几个方面的声环境问题：

（1）剧院、演讲厅、音乐厅、电影院、多功能厅和大容积厅堂等声学场所的室内音质设计，主要是音乐厅、剧院、礼堂、报告厅、多功能厅、电影院等。设计合理：音质丰满、浑厚、有感染力，为演出和集会创造良好效果。设计不合理：嘈杂，声音或干瘪或浑浊，听不清、听不好、听不见。

（2）材料的声学性能。室内声环境控制的重要途径之一是采用具有特殊声学效应的材料，材料的声学性能对于实现既定的设计目标意义重大，这些材料主要分为吸声材料和隔声材料。①研究吸声材料的吸声机理，如何测定材料的吸声系数，不同吸声材料的应用等，如剧场座椅吸声量的测试、天花板吸声性能的设计等；②研究隔声材料的隔声机理，如何提高材料的隔声性能，如何评定材料的隔声性能，材料隔振的机理，不同材料隔振效果等。

（3）室内外环境噪声控制。现代生活存在各种各样的人为噪声，道路上的汽车声、工地的施工噪声，室外或者附近的喧闹声，都会影响人们正常的生活和工作。由于现代建筑功能的增加，建筑中存在着各种各样的机械、电器等设备和装置，这些机器在工作的时候，会发出震耳的噪声和产生剧烈的震动，例如空调机组、发电机组等。环境噪声控制包括噪声的标准、规划阶段如何避免噪声、出现噪声如何解决以及交通噪声治理等。

（4）采用轻型材料的建筑的隔声、隔振问题。随着生活品质的提高，对室内安静的程度要求越来越高，如录音室、演播室、旅馆客房、居民住宅卧室等。录音室、演播室等声学建筑对隔声隔振要求非常高，需要专门的声学设计。人们对旅馆、公用建筑、民用住宅安静的要求也越来越高。当前，为了节约空间和建筑造价，越来越多地使用薄而轻的隔墙材料，施工时常带有缝隙，造成越来越多的隔声问题。

一、声音的产生与基本特性

声音产生于振动，是在弹性媒介中传播的机械波，如人的讲话由声带振动引起，扬声器发声是由扬声器膜片的振动产生的。振动的物体被称为声源，可以是固体、液体或者气体。声源在空气中振动时，使邻近的空气随之产生振动并以波动的方式向四周传播开来，当传入耳时，引起耳膜振动，最后通过听觉神经产生声音感觉。"声"由声源发出，"音"在传播介质中向外传播。在空气中，声源的振动引起空气质点间压力的变化，密集（正压）稀疏（负压）交替变化传播，形成波动即声波。

声音在物理上是种波动，通常使用频率和波长来描述声音。频率是在 1s 内振动的次数，用 f 表示，单位是赫兹（Hz）；波长是在波动传播途径中两相邻同相位质点之间的距离，用 λ 表示，单位是米（m）。频率和波长存在反比关系，即

$$f = \frac{c}{\lambda} \qquad (8-1-1)$$

式中　f——频率，Hz；

　　　λ——波长，m；

　　　c——声速，m/s。

声速是声波在弹性介质中的传播速度，用 c 表示，单位是米每秒（m/s）。声速不是波动中质点的振动速度，而是振动能量的传播速度，也就是说在波动中质点没有前移与后退，只是在平衡位置中心做往复振动。声速的大小与振动的特性无关，与传播介质的弹性、密度及温度有关。在空气中，声速与气温满足以下关系

$$c = 331.4 \sqrt{1 + \frac{t}{273}} \qquad (8-1-2)$$

式中　t——空气温度，℃。

在一定的介质中声速是确定的。在室温 $t=15$℃时，空气中的声速为 340m/s；在 $t=0$℃时，c（钢）＝5000m/s，c（松木）＝3320m/s，c（水）＝1450m/s，c（软木）＝500m/s。

二、声音的频带

入耳可听到声音的频率范围为 20～20000Hz，其中，人耳感觉主要在 100～4000Hz，

相应的波长为 $0.085\sim3.4\mathrm{m}$。低于 $20\mathrm{Hz}$ 的声音称为次声，高于 $20000\mathrm{Hz}$ 称为超声，次声与超声不能被人的听觉器官所感知。声音频率不同给人的感觉不同。

声音的频率范围很广，从 20 到 $20000\mathrm{Hz}$，其中存在很多个频率。为了便于区分不同频率的声音，将声音的频率划分为若干个区段，称为频带。每个频带有一个下界频率 f_1 和上界频率 f_2，上界频率与下界频率之差称为频带宽度，简称带宽。上界频率与下界频率的几何平均称为频带中心频率 f_c，有

$$f_c = \sqrt{f_1 f_2} \tag{8-1-3}$$

在建筑声学中，不是等间距的划分频带，而是以各频带中相等的频程数 n 来划分，n 为正整数或分数，有

$$n = 10\log_2 \frac{f_2}{f_1} \tag{8-1-4}$$

即

$$\frac{f_2}{f_1} = 2^n \tag{8-1-5}$$

三、声音的传播特性

声音是以波动形式传播的，声波在传播过程中，在没有遇到障碍物时，以直线路径传播，当遇到障碍物会发生反射、衍射、散射、透射以及吸收现象。判断声波遇到障碍物到底出现何种现象，关键在于对比障碍物（建筑界面）的尺寸 l 与波长 λ 的大小。

当 $l \gg \lambda$ 时，障碍物尺寸远大于声音的波长，可以将障碍物看作一个大型反射板，入射到反射板上的声音遵循反射定律发生反射。反射定律如下：

（1）入射线、反射线、法线在同一平面内。

（2）入射线和反射线分别在法线两侧。

（3）入射角等于反射角。

此时可以使用几何声线法研究声音的传播路径，即声音遵循反射定律，以直线路径传播。在建筑声环境中，很多场合（例如厅堂混响设计）都以声线法研究声音的传播。

当 $l > \lambda$ 时，障碍物尺寸稍大于声音的波长，在沿声音入射方向，在障碍物正前方的中央区域发生反射，在中央区两侧区域发生向各个方向的散射，在边缘区出现明显的衍射，即绕过障碍物的传播，此时声波改变了原来的直线传播。

当 $l \approx \lambda$ 时，有规则的反射消失，障碍物的前部只表现为散射，在其背部发生衍射，此时在其背部没有声影区。

当 $l < \lambda$ 时，障碍物对声波产生均匀的散射。

当 $l \ll \lambda$ 时，障碍物尺寸远小于声音的波长，声波可以按照原来的方向继续传播，此时障碍物对于声音几乎没有阻挡。

当声波入射到大尺寸物体，如墙体、顶棚时，一部分声音被反射，一部分透过物体，还有一部分由于声音在物体内部传播时引起介质的摩擦而消失，最后这一部分被称为材料的声吸收。根据能量守恒定律，若入射到墙体的总声能为 E_0，反射的声能为 E_γ，吸收的声能为 E_a，透过的声能为 E_τ，则它们之间的关系为

$$E_0 = E_\gamma + E_a + E_\tau \tag{8-1-6}$$

反射声能与入射声能之比称为反射系数，记作 γ；透射声能与入射声能之比称为透射

系数，记作 τ。γ、τ 分别为

$$\gamma = \frac{E_\gamma}{E_0} \quad\quad\quad (8-1-7)$$

$$\tau = \frac{E_\tau}{E} \quad\quad\quad (8-1-8)$$

通常把反射系数小的材料称为"吸声材料"，把透射系数小的材料称为"隔声材料"。实际上物体吸收的声能只是 E_a，但从入射波与反射波所在的空间考虑问题，常将材料的吸声系数 α 定义为

$$\begin{aligned}\alpha &= 1-\gamma \\ &= 1-\frac{E_\gamma}{E_0} \\ &= \frac{E_a+E_\tau}{E_0}\end{aligned} \quad\quad\quad (8-1-9)$$

材料的声学性能对于室内音质设计、噪声防治具有重要作用，在进行建筑声环境设计时，必须掌握各种材料的隔声、吸声特性，根据具体需求合理选用材料。

第二节　建筑声环境设计原理

室内声学原理是建筑声环境的理论基础，是建筑声环境的核心章节。建筑声环境理论基础的核心是混响时间，混响时间计算方法就是建筑声环境的理论基础。混响时间概念的基础是室内声场特征。混响时间计算结果与现场实测存在一定的误差，因此需要正确理解与应用混响时间计算公式，这是混响时间计算公式的适用性问题。

建筑声环境设计主要是指建筑室内的音质设计，其基本原理是声音在室内的传播规律，最重要的是室内混响原理，它是厅堂音质设计的关键理论。

一、室内声场

（一）室内声场的特征

室内声场是建筑声环境的主要研究对象，与室外声场存在显著区别。在室外无障碍情况下，一个点声源发出的声波向四面八方均匀传播，随着接收点与声源距离的增加，声能迅速衰减。此时，接收点的声能与声源距离的平方成反比，距离每增加 1 倍声音衰减 6dB。

在建筑声学中，主要研究声波在一个封闭空间（即室内）的传播，如剧院的观众厅、播音室等，声波在室内传播时将受到封闭空间各个界面（墙壁、天花、地面等）的反射与吸收，这时所形成的室内声场要比室外声场复杂得多，具有一系列特有的室内声学特性。

室内声场的显著特点如下：

（1）在距声源有一定距离的接收点上，声能比在自由声场中要大，并不随距离的平方衰减。

（2）声源在停止发声以后，声音并不立刻消失，而是在一定的时间里，声场中还存在着来自各个界面的反射声。

此外，与房间的共振引起室内声音某些频率的加强或减弱；由于室的形状和内装修材

料的布置，形成回声、颤动回声及其他各种特异现象，产生一系列复杂问题。如何控制室的形状，确定吸声、反射材料的分布，使室内具有良好的声环境，是室内声学设计的主要目的。

（二）室内声场的缺陷

室内具有封闭特性，如果设计不合理，会导致室内声场出现一些缺点或不足，对室内的音质产生损害。

（1）室内回声。回声是由声源的反射声产生的，当直达声与反射声到达接收点的时间相差 50ms 以上，距离相差 17m 以上时，人耳就能清楚地区别直达声和反射声，这时就会产生回声。房间后墙是发生严重回声的最常见的部位，严重回声是长延时而又响亮的回声，会严重影响语音在室内正常传播。可通过在后墙安装吸声装置来减轻回声。

（2）房间共振。当房间受到声源激发时，对不同频率会有不同的响应，当声源的频率与房间的固有频率相同时，房间最容易发生振动，同时其振动程度也最剧烈，这个固有频率就是房间的共振频率。房间的共振频率与房间的大小及几何比例相关，小容积、正方形、矩形的房间最容易发生共振，特别是在这些房间的平行墙面之间，如果房间共振频率分布不均，会使得某些声频明显加强而形成失真，即"声染色现象"。

（3）声影或声聚焦。在多列声波之间存在相消干扰、相长干扰及其反射波时就会产生声影和声集中。这些相消、相长及其反射波合成起来会使室内某些点的声波相互抵消，而另一些点声音得到加强，导致室内声场非常不均匀，使部分听众听到严重的色调失真声。

二、室内声音的传播规律

（一）室内声音传播规律的研究条件

声音在室内的传播规律就是声音在室内的增长、稳态和衰减规律，这一规律既描述了声音在室内的空间分布规律，也描述了声音在室内传播的能量变化规律。对室内声音传播规律的研究是以室内声场满足完全扩散为条件的，这里的扩散具有三层含义：①声能在室内均匀分布，即在室内任一点上，其声能都相等；②在室内任一点上，来自各个方向的声能强度都相同；③来自各个方向到达某点声波的相位无规律。

满足上述三个条件的声场被称为"扩散声场"，即声能密度均匀，在各个传播方向作无规则分布的声场。声能密度是描述单位体积内声能的强度，与声波的传播方向无关。需要指出的是，声能密度均匀不等于声压或声压级均匀。声能包括动能和势能，声压只代表声音中的势能。

在扩散声场中，室内内表面上不论吸声材料位于何处，效果都相同，不会发生改变；同样，声源与接收点不论在室内的什么位置，室内各点的声能都不会改变。

（二）室内声音的增长、稳态和衰减

当室内声源保持一定声功率发声时，随着时间的增加，室内声能密度逐渐增加。声源持续发声，在一段时间之后，室内声能密度达到最大值，此时声场被称作"稳态声场"，即在单位时间内声源辐射的声能与室内表面吸收的声能相等，室内声能密度不再增加。声能密度是指单位体积内声能的强度。

在很多厅堂中，声源开始发声后，大约经过 1~2s，声能密度即可达到最大值——稳态声能密度。一个室内吸声量大、容积大的房间，在达到稳态前某一时刻的声能密度比一个吸声量（容积）小的房间的声能密度要小。在室内声场达到稳态后，当声源停止发声后，室内的声音并不会立刻消失，虽然直达声消失了，但是由于室内反射声的存在，声音会逐渐消失，这个衰减过程被称为混响过程。混响过程的时间长短对室内音质具有重大影响。

室内声音的增长、稳态和衰减过程可以形象地表示出来，如图8-2-1所示。图8-2-1中实线表示室内表面反射很强的情况。此时，在声源发声后，很快就达到较高的声能密度并进入稳定状态；当声源停止发声，声音将比较慢地衰减下去。虚线与点虚线则表示室内表面的吸声量增加到不同程度时的情况。室内总吸声量越大，衰减就越快；室容积越大，衰减越缓慢。

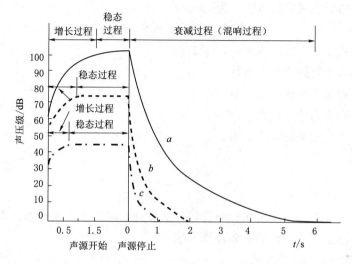

图8-2-1 室内声音的增长、稳态和衰减
a—吸收较少；b—吸收中等；c—吸收较强

三、混响时间

由声音在室内的传播规律可知，当室内声场达到稳态后，声源停止发声，声音的混响过程是室内声场的一个非常重要的特性，混响过程中的混响和混响时间是室内声学中最为重要和最基本的概念。所谓混响，是指声源停止发声后，在声场中还存在着来自各个界面的迟到的反射声，形成声音残留现象。这种残留现象的长短以混响时间来表征。混响时间是指当室内声场达到稳态，声源停止发声后，声能密度衰减至60dB所需的时间。

（一）赛宾的混响时间计算公式

1898年赛宾（Wallace Clement Sabine，1868—1919，哈佛大学物理学家）首次提出混响概念，并提出厅堂混响时间的计算公式——赛宾公式，为近代厅堂声学的研究奠定了基础，从此，厅堂音质设计进入了科学的量化设计时代。

赛宾在28岁时被指派改善哈佛福格艺术博物馆（Fogg Art Museum）内半圆形报告厅不佳的音响效果，通过大量艰苦的测量和与附近音质较好的塞德斯剧场（Sander Theater）的比较分析，他发现，当声源停止发声后，声能的衰减率有重要的意义。他曾对厅内一声源（管风琴）停止发声至声音衰减到刚刚听不到时的时间进行了测定，并定义此过程为混响时间，这一时间是房间容积和室内吸声量的函数。1898年，赛宾受邀出任新波士顿交响音乐厅声学顾问，为此，他分析了大量实测资料，终于得出了混响曲线的数

学表达式，即著名的赛宾混响时间公式，简称赛宾公式，即

$$T = K\frac{V}{A} \tag{8-2-1}$$

式中　T——室内混响时间，s；

　　　V——房间容积，m^3；

　　　A——室内总吸声量，m^2；

　　　K——与声速相关的常数，一般取 0.161。

室内各个表面通常由不同的材料构成，同时考虑室内家具、设备和人等会产生一定的吸声作用，则室内的总吸声量可表示为

$$A = \sum S_i\alpha_i + \sum A_i = S\bar{\alpha} + \sum A_i \tag{8-2-2}$$

式中　S_i——室内第 i 个表面的面积，m^2；

　　　α_i——第 i 个表面的吸声系数；

　　　A_i——室内某个物体的吸声量，m^2；

　　　S——室内表面的总面积，m^2；

　　　$\bar{\alpha}$——室内表面平均吸声系数。

$\bar{\alpha}$ 计算如下：

$$\bar{\alpha} = \frac{\sum S_i\alpha_i}{\sum S_i} = \frac{\sum S_i\alpha_i}{S} \tag{8-2-3}$$

赛宾公式首次被应用于波士顿交响音乐厅的设计，获得了巨大成功。至今，赛宾混响时间计算公式仍然是厅堂设计的主要计算方法。

（二）依林混响时间计算公式

在室内总吸声量较小、混响时间较长的情况下，根据赛宾公式计算出的混响时间与实测值误差很小。而在室内总吸声量较大、混响时间较短的情况下，赛宾公式计算值比实测值要长。在声能几乎被全部吸收的情况下，混响时间应当趋近于 0，而根据赛宾公式，此时混响时间并不趋近于 0，这显然与实际不符。据此，依林（Eyring）提出自己的混响理论。

依林混响理论认为，反射声能并不像赛宾公式所假定的那样，是连续衰减的，而是声波与界面每碰撞一次就衰减一次。这是依林混响理论与赛宾混响理论的根本区别，依林对反射声衰减理解改进后提出了计算混响时间的依林公式，即

$$T = \frac{KV}{-S\ln(1-\bar{\alpha})} \tag{8-2-4}$$

式中　T——室内混响时间，s；

　　　V——房间容积，m^3；

　　　S——室内表面的总面积，m^2；

　　　K——与声速相关的常数，一般取 0.161；

　　　$\bar{\alpha}$——室内表面平均吸声系数。

与赛宾公式相比，依林公式计算结果更接近于实测值，特别是在室内吸声量较大的情况下，即平均吸声系数趋近于 1，计算混响时间趋近于 0。而在室内吸声量小的情况下，即平均吸声系数小于 0.20 时，平均吸声系数满足式（8-2-5）的数值关系。此时，赛宾

公式与依林公式计算结果相近。而随着平均吸声系数的增大，平均吸声系数大于0.20，两公式计算结果差值将增大，这时使用依林公式计算结果更为接近实测值。

$$\overline{\alpha}\approx-\ln(1-\overline{\alpha})\qquad(8-2-5)$$

计算室内混响时间时，室内不同材料对不同频率纯音的吸声能力不同，因此不同频率的纯音在混响时间计算时会有不同的平均吸声系数。为了综合考察室内声音的整体混响效果，需要计算多个频率纯音的混响时间，通常取125Hz、250Hz、500Hz、1000Hz、2000Hz和4000Hz六个频带进行混响时间计算。

需要指出的是，在观众厅内，观众和座椅的吸声量有两种计算方法：一种是用观众或座椅的个数乘单个的吸声量；另一种是按观众或座椅所占的面积乘以单位面积的相应吸声量。

（三）依林-努特生混响时间计算公式

赛宾公式和依林公式只考虑了室内表面的吸收作用，对于频率较高的声音（一般为2000Hz以上），当房间较大时，在传播过程中，空气也将产生很大的吸收。这种吸收主要决定于空气的相对湿度，其次是温度的影响。表8-2-1为室温20℃，相对湿度不同时测得的空气吸声系数。当计算中考虑空气吸收时，应将相应的吸声系数乘以房间容积，得到空气吸收量，对依林公式进行修正，最后得到

$$T=\frac{KV}{-S\ln(1-\overline{\alpha})+4mV}\qquad(8-2-6)$$

式中 T——室内混响时间，s；

V——房间容积，m³；

K——与声速相关的常数，一般取0.161；

S——室内总表面积，m²；

$\overline{\alpha}$——室内平均吸声系数；

$4m$——空气吸声系数。

通常，将上述考虑空气吸收的混响时间计算公式称作依林-努特生（Eyring-Knudsen）公式。

表8-2-1 空气吸声系数 $4m$ 的值（室内干球温度为20℃）

频率/Hz	室内相对湿度			
	30%	40%	50%	60%
2000	0.012	0.010	0.010	0.009
4000	0.038	0.029	0.024	0.022
6300	0.084	0.062	0.050	0.042

（四）混响时间计算公式的适用性

上述混响理论以及混响时间计算公式，是在如下两个条件下得到的：①声场是一个完整的空间；②声场是完全扩散的。但在实际的室内声场中，上述条件经常不能完全满足，特别是完全扩散声场，实际室内的屋顶、侧墙和地面，以及室内设备和家具对于声音具有不同的吸收率和反射率，声场很难达到完全扩散。在剧场、礼堂的观众厅中，观众席的吸收一般要比墙面、天花板大得多，有时为了消除回声，常常在后墙上做强吸声处理，使得

室内吸声分布很不均匀，所以声场常常不是充分扩散声场。这是混响时间的计算值与实际值产生偏差的原因之一。

另外，代入混响时间计算公式的各种材料的吸声系数，一般选自各种资料或是测试所得到的结果，由于实验室与现场条件不同，吸声系数也有误差。最突出的是观众厅的吊顶，在实验室中是无法测定的，因为它的面积很大，后面空腔深度一般为 3～5m，甚至更大，实际是一种大面积、大空腔的共振吸声结构，即使在现场也很难测出它的吸声系数。观众厅中观看演出的人数不定，也会影响观众厅的吸声量，因此观众厅的吸声量是个不可预知的变数，这也是导致混响时间计算不准确的原因之一。

综上所述，混响时间的计算与实际测量结果有一定的误差，但并不能以此否定其存在的价值，因为混响理论和混响时间计算公式是分析声场最为简便且较为可靠的唯一方法。引用参数的不准确性使计算产生一定误差，可以在施工中进行调整，最终以设计目标值和观众是否满意为标准。因此，混响时间计算对"控制性"地指导材料的选择布置、预测将来的效果和分析现有建筑的音质缺陷等，均有实际意义。

第三节 建筑的吸声和隔声

一、吸声量

吸声系数反映了吸收声能占入射声能的百分比，可以用来比较在相同尺寸下不同材料和不同结构的吸声能力，却不能反映不同尺寸的材料和构件的实际吸声效果。用以表征某个具体吸声构件的实际吸声效果的量是吸声量，用 A 表示，单位是平方米（m^2），和构件的尺寸大小有关。对于建筑空间的围蔽结构，吸声量为

$$A = \alpha S \tag{8-3-1}$$

式中　S——围蔽总表面积，m^2。

如果一个房间有 n 面墙（包括顶棚和地面），面积分别为 S_1，S_2，…，S_n；吸声系数分别是 α_1，α_2，…，α_n，则房间的总吸声量为

$$A = \alpha_1 S_1 + \alpha_2 S_2 + \cdots + \alpha_n S_n \tag{8-3-2}$$

在声场中的人（如观众）和物（如座椅）或空间吸声体的面积很难确定，表征此时的吸声特性，有时不用吸声系数，而直接用单个人或物的吸声量。当房间中有若干个人或物时，他们的吸声量是数量乘个体吸声量。然后，再把所得结果纳入房间总吸声量中。用房间总吸声量 A 除以房间界面总面积 S，得到平均吸声系数：

$$\bar{\alpha} = \frac{A}{S} = \frac{\sum\limits_{i=1}^{n} \alpha_i S_i}{\sum\limits_{i=1}^{n} S_i} \tag{8-3-3}$$

二、多孔吸声材料及吸声原理

多孔吸声材料包括各种纤维材料：玻璃棉、超细玻璃棉、岩棉、矿棉等无机纤维；棉、毛、麻、棕丝、草质或木质纤维等有机纤维。纤维材料很少直接以松散状使用，通常用黏着剂制成毡片或板材，如玻璃棉毡（板）、岩棉板、矿棉板、草纸板、木丝板、软质纤维板等等。微孔吸声砖也属于多孔吸声材料。如果泡沫塑料中的孔隙相互连通并通向外表，泡沫塑料可作为多孔吸声材料。

多孔吸声材料具有大量内外连通的微小间隙和连续气泡，因而具有较好的透气性。当声波入射到材料表面时，很快顺着微孔进入材料内部，引起材料空隙中的空气振动。摩擦、空气黏滞阻力和传热作用等使相当一部分声能转化为热能而被吸收。多孔材料作为吸声材料的前提是声波能够很容易进入材料的微孔中，因此不仅要求材料的内部，而且要求材料的表面也应当多孔。如果多孔材料的微孔被灰尘或者其他物体封闭，会对材料的吸声性能产生不利的影响。值得注意的是，多孔材料不同于表面粗糙的材料，表面粗糙的材料内部的空隙不一定是连通的，而多孔材料的材料空隙要保证较好的连通性，同时空隙深入材料内部，才能具有较好的吸声特性。

如图 8-3-1 所示是多孔材料空隙连通性示意图。图中 A、C 两种情况虽然材料中有大量的空隙，但是空隙之间缺乏较好的连通，而 B 和 D 两种则是较为理想的空隙连通，能够保证材料具有较好的吸声特性。吸声材料对空隙的要求与某些隔热保温材料的要求不同，如聚苯和部分聚氯乙烯泡沫塑料以及加气混凝土等材料，内部也有大量气孔，但大部分单个闭合，互不连通，可以作为隔热保温材料，但吸声效果却不好。

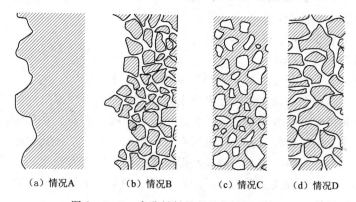

| (a) 情况A | (b) 情况B | (c) 情况C | (d) 情况D |

图 8-3-1　多孔材料的空隙连通性示意图

三、吸声结构

（一）空腔共振吸声结构

空腔共振吸声结构又称亥姆霍兹共振器，是一个由刚性外壁包裹而成的封闭空腔，腔内表面坚硬，并通过有一定深度的小孔和声场空间连通。其典型的应用即为如图 8-3-2 所示的穿孔板结构。如图 8-3-3（a）所示为空腔共振吸声结构示意图。当孔的深度 t 和孔颈 d 比声波波长小得多时，孔颈中的空气柱的弹性变形很小，可以看作是质量块来处理。封闭空腔 V 的体积比孔颈大得多，起空气弹簧的作用，整个系统类似如图 8-3-3（b）所示的弹簧振子。其吸声机理是：一个特定的共振器，当它的空腔体积、孔径、孔颈长度一定时，这个构造体具有自振频率，即共振频率。当声波进入孔颈时，孔颈的摩擦阻尼使声波衰减。当声波由孔颈进入空腔，入射声波的频率如果和共振器的自振频率接近时，则共振器孔颈内的空气柱产生强烈的振动，在振动过程中，声能克服摩擦阻力而被消耗，从而起到减弱声能的吸声效果。

空腔共振吸声结构的共振频率 f_0 计算公式为

$$f_0 = \frac{c}{2\pi}\sqrt{\frac{S}{V(t+\delta)}} \tag{8-3-4}$$

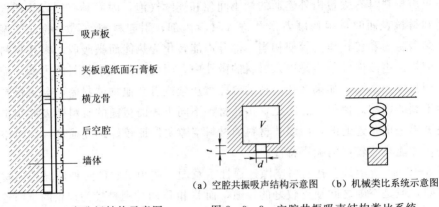

图 8-3-2 穿孔板结构示意图　　　图 8-3-3 空腔共振吸声结构类比系统

(a) 空腔共振吸声结构示意图　(b) 机械类比系统示意图

式中　f_0——空腔共振吸声结构的共振频率，Hz；

　　　c——声速，常温取 34000cm/s；

　　　S——空颈口截面积，cm^2；

　　　V——空腔容积，cm^3；

　　　t——孔颈深度，cm；

　　　δ——开口末端修正量，对于直径为 d 的圆孔，$\delta=0.8d$。

　　空腔共振吸声结构在共振频率附近吸声系数较大，而共振频率以外的频段，吸声系数下降很快。吸收频带窄，共振频率较低，是这种吸声结构的特点。在某些噪声环境中，噪声频谱在低频有十分明显的峰值时，可采用空腔共振吸声结构，使其共振频率和噪声峰值频率相同，在此频率产生较大吸收。空腔共振吸声结构可用石膏浇注，也可采用专门制作的带孔颈的空心砖或空心砌块。采用不同的砌块或一种砌块采用不同砌筑方式，可组合成多种共振器，达到较宽频带的吸收。

　　（二）薄膜、薄板吸声结构

　　皮革、人造革、塑料薄膜等材料具有不透气、柔软、受张拉时有弹性等特性。这些薄膜材料可与其背后封闭的空气层形成共振系统，称为薄膜吸声结构。把胶合板、硬质纤维板、石膏板、石棉水泥板、金属板等板材周边固定在框架上，连同板后的封闭空气层，也构成振动系统，称为薄板吸声结构。

　　当声波入射到薄膜或薄板上时，如果入射声波的频率和吸声结构的共振频率相近，吸声结构就产生共振，声能转化为机械振动，最后转化为热能，从而减弱声能。薄膜和薄板吸声结构的共振频率计算公式为

$$f_0=\frac{600}{\sqrt{M_0 h}} \tag{8-3-5}$$

式中　M_0——膜（板）的密度，kg/m^2；

　　　h——空气层厚度，cm。

　　式（8-3-5）在考虑空气层中填充多孔吸声材料，并且入射声波波长远远大于空气层厚度时成立。在工程实践中，空气层厚度一般设计得较小，为 5～20cm。

　　薄膜吸声结构的共振频率通常在 200～1000Hz 范围内，最大吸声系数为 0.3～0.4，

一般作为中频范围的吸声材料。当薄膜作为多孔材料的面层时，结构的吸声特性取决于膜和多孔材料的种类以及安装方法。一般说来，在整个频率范围内的吸声系数相比没有多孔材料只用薄膜时普遍提高。

建筑中薄板吸声结构共振频率多在 $80 \sim 300 \mathrm{Hz}$ 之间，其吸声系数为 $0.2 \sim 0.5$。在同一材料中，板材越厚，共振频率越低；其后空气层越厚，共振也频率越低。因而薄板吸声结构可以作为低频吸声结构。如果在板内侧填充多孔材料或涂刷阻尼材料，可增加板振动的阻尼损耗，提高吸声效果。大面积的抹灰吊顶天花、架空木地板、玻璃窗、薄金属板灯罩等也相当于薄板共振吸声结构，对低频有较大的吸收。

四、建筑隔声量

一个建筑空间的围护结构受到外部声场的作用或直接受到物体撞击而发生振动，就会向建筑空间辐射声能。传进来的声能总小于外部的声音或撞击的能量，所以说围护结构隔绝了一部分作用于它的声能，称为隔声。围护结构隔绝的若是外部空间声场的声能，称为空气声隔绝；若是使撞击的能量辐射到建筑空间中的声能有所减少，称为固体声或撞击声隔绝。隔声和隔振的概念不同，前者是到达接收者的空气声，后者是接收者感受到的固体振动。但采取隔振措施，减少振动或撞击对围护结构（如楼板）的冲击，可以降低撞击声本身。

（一）单层匀质墙体的隔声量

当声波在空气中传播到建筑围护结构时，一部分声能被反射，一部分声能透过围护结构传入室内。根据能量守恒定律，透射系数 τ 的定义为

$$\tau = \frac{E_\tau}{E_0} \qquad\qquad (8-3-6)$$

式中 τ——透射系数；

E_0——总入射声能；

E_τ——透过声能。

透射系数 τ 是个小于 1 的数。对于一般建筑中常用的门、窗或者隔墙，τ 值数量级为 $10^{-5} \sim 10^{-1}$。τ 值越小，表明透过墙体的声能越少，墙体隔声性能就越好；反之，则隔声性能越差。由于 τ 值很小，使用不便。在工程上常用隔声量 R（单位为 dB）来表示对空气声的隔绝能力，它与透射系数 τ 的关系为

$$R = 10 \lg \frac{1}{\tau} \qquad\qquad (8-3-7)$$

例如透过某墙的声能为入射声能的 $1/1000000$，则代入式（8-3-7）得

$$R = 10 \lg \frac{1}{1000000} = 10 \lg \frac{1}{10^{-6}} = 60(\mathrm{dB})$$

上述计算说明，隔声量为 60dB 的墙体，只允许入射声能的 $1/1000000$ 透过。从能量衰减角度来看，这是相当大的衰减，即使隔声量仅为 30dB 的墙体，也只允许入射声能的 $1/1000$ 透过。

（二）组合墙体的综合隔声量

单个隔声构件的隔声原理、计算方法以及构造方案已在前面讲过。但当一个隔声构件上包含门或墙等，形成组合墙体或构件时，其隔声量则应按照综合隔声量计算。

设一个组合隔声构件由几个分构件组成，各个分构件自身的隔声量为 R_i，面积是 S_i，则组合构件的综合隔声量 R 的计算公式是

$$R = 10\lg \frac{1}{\bar{\tau}} = 10\lg \frac{\sum S_i}{\sum S_i \tau_i} = 10\lg \frac{\sum S_i}{\sum S_i \times 10^{-\frac{R_i}{10}}} \qquad (8-3-8)$$

式中　$\bar{\tau}$——平均透射系数；

　　　τ_i——第 i 个分构件的透射系数；

　　　$S_i\tau_i$——第 i 个分构件的透射量。

一堵隔声量为 50dB 的墙，若上面开了一个面积为墙面积 1/100 的洞，则墙的综合隔声量降低到仅仅 20dB；开一个 1/1000 的洞，综合隔声量为 30dB。因此，隔声设计中，防止隔声构件上的孔洞和缝隙透声是十分重要的。

第四节　各类厅堂的声环境设计

一、音乐厅的声环境设计

（一）音乐厅的体形设计

当拟建的音乐厅规模确定后，建筑师首先遇到的问题是如何选择厅堂的体型（平面、剖面），使其既能满足声环境需要，又能适应现代音乐厅的规模、视线、舒适性和安全性等的要求。传统的或者欧洲的矩形鞋盒式音乐厅常被著名而古老的音乐厅采用。建筑声学的先驱赛宾协助设计被高度评价的波士顿交响乐大厅的时候，他的设计也是基于已有的鞋盒式大厅。

鞋盒式音乐厅在声学上的特殊优势在于声反射的方向。每个听众都能接收到占主导地位的早期侧向反射声，而不是来自头顶的反射声，声音在墙与顶棚的交界处、侧墙和楼座底层被反射。通过双耳听闻，比较侧向信号到达的时间、响度和音调，对每个到达的声音"单元"，都能通过双耳听觉相干性为听众提供方向；多方向声音使听众产生一种三维空间感。这种声音感觉理论与音乐厅的关系直到 20 世纪 60 年代末才被发现，对于音乐厅的声学设计具有极大的意义。

鞋盒式音乐厅在音质上的另一个优势在于它们比典型的 20 世纪音乐厅规模小。在小型音乐厅内声音的作用很强，短程的声反射加强了直达声。又由于人体具有较强的吸声能力，在大型音乐厅中，声能被吸收而使强度减弱。

古老的鞋盒式音乐厅又窄又小，显然不能适应现代大型、舒适性音乐厅的要求。简单地按古老音乐厅的比例增大现代音乐厅尺寸，实现鞋盒式音乐厅的演奏效果是不可能的。扇形平面虽然能够压缩大容量音乐厅后排至演奏台的距离，但随着两侧墙的展开，侧墙将不再能够向听众席的中部提供早期反射声。

在大容量的现代音乐厅中，为加强大厅中部的早期侧向反射声，可采用倒扇形的平面形式和追加侧向反射板。例如，在不等边三角形或椭圆状平面的一端配置演奏台，实际上构成倒扇形平面。

为了使观众能够靠近舞台，广角扇形平面式大厅被进一步扩展为接近圆形的大厅，而舞台几乎位于中心。这种类型最初的重要代表是柏林爱乐大厅，在大厅的两侧悬吊了大片反射板来加强侧向发射，同时在大厅中使用面板阵列做成不规则的墙壁和顶棚表面，加强

了声能的分配。研究表明，这种四周围坐式的梯田式大厅可能并不是基础设计的最佳选择，除非使用复杂的电声系统来补偿大厅的自然音效。观众席的主要部分、面对交响乐团的部分能得到好的声效，而要使得在乐团后面的大片区域也获得同样的音效的确很难。这种梯田式大厅中两侧的声效是很吸引观众的。

（二）音乐厅的混响时间设计

音乐厅的混响时间与音乐的类别具有密切的关系。原则上交响乐音乐厅对混响时间要求较长，室内音乐厅、合唱厅次之，重奏和独奏厅较短。

交响乐大厅的混响时长较为合适，一些世界著名的音乐厅的混响时间都在 1.7～2.0s 之间。被誉为演奏圣地的奥地利维也纳音乐厅、荷兰的阿姆斯特丹音乐厅的最佳混响时间均为 2.05s（500Hz）。但是音乐厅的混响时间也不能过长，如超过 2.2s，旋律将丧失清晰度，混合了不协和的和弦，造成过分的响度。为了使不同音乐在同一音乐厅演奏时都能处于最佳状态，就需要设置可调混响时间结构。混响时间的调节幅度应为 1.5～2.1s。这一可调幅度同时还能扩展音乐厅的使用范围。因此，音乐厅可采用可调混响、可变容积的结构。

对于室内音乐厅，合唱厅和重奏、独奏厅，除了考虑到音乐的丰满度外，还必须兼顾到弦乐、唱词的清晰度，和弦上的细腻变化和技巧。因此，混响时间不宜太长，通常控制在 1.5～2.1s 范围内可以获得满意的效果。

供管风琴演奏的音乐厅，其最佳混响时间为 4.0～5.0s，因此大型交响乐大厅内管风琴演奏常常不能达到最佳效果。日本大阪艺术大学音乐系建造了一个专供管风琴演奏的大厅，混响时间为 4.4s，深受欧美演奏家的赏识，每年都有一批音乐家到该校演奏和创作。

音乐厅内混响时间的控制，主要依靠听众本身的声吸收，很少采用吸声材料。只有在大容积的交响乐大厅内，为防止低频 250Hz 以下的混响时间过长，要设置共振吸声结构。如柏林爱乐音乐厅、英国皇家节日音乐厅和丹麦哥本哈根广播电台音乐厅等均采用了共振吸声器。

为了减少厅内空间不满场和满场时混响时间的差异，较有效的措施是设置木板椅，仅在坐垫和靠背上配置一个相当于听众吸声量的材料。这样可以使座椅有无人坐时，听众席的吸声量都较接近。

（三）音乐厅的噪声控制

音乐厅的噪声控制包括围护结构和空调系统的消声、减震两方面。音乐厅允许噪声标准比较高，单值为 A 声级 25dB，噪声评价曲线为 PNC-20。为达到这一标准，必须对音乐厅的围护结构做隔声处理，特别注意对空调系统的消声处理。

音乐厅围护结构的隔声量要根据户外（即用地）噪声的状况和厅内允许噪声标准确定。原则上音乐厅的墙体应为钢筋混凝土或者砖砌体等重质结构，必要时刻设置双层墙体，中间留有空气层，以提高其对空气声的隔声量。要使音乐厅的屋顶具有与墙体同样的空气声隔声量通常很困难，对此，一般采用双层结构，即一层为承重结构，另一层为吊顶板或夹层。这样做还可以有效地提高屋顶撞击隔声。这主要是针对大雨时，雨点冲击造成室内噪声高于标准要求。这一点在厅堂设计中通常容易被忽视，希望引起设计者的重视。

演奏厅的门也是隔声的重点环节。需要设置消声通道或者带有"声锁"的双层隔声门。开向演奏厅的声控、光控玻璃窗应是可开启的双层玻璃窗，防止工作人员活动的噪声进入厅堂。

空调系统的消声包括减少风机沿管道传至大厅内噪声和防止气流噪声干扰两方面：前者需经消声设计，在通道内配置消声器；后者应按噪声评价曲线的要求限制主风道、支风道和出风口的气流速度。当空调机房与厅堂毗邻或者距离较近时，所有的空调、制冷设备必须做隔振处理，防止设备振动沿建筑结构传递而引起辐射噪声。

二、多功能剧场的声环境设计

剧场按照用途可分为专业剧场和多功能剧场。专业剧场只将一种特定剧目的演出作为设计目标，如话剧院、歌剧院和地方戏剧院；多功能剧场则是以一种剧目的演出为主要设计目标，兼顾其他剧目的演出。为了充分发挥剧场的使用效率，无论是在国外还是国内，多功能剧场都是剧场建筑的发展方向。

（一）多功能剧场观众厅的体形设计

1. 以自然声演出为主的剧场

剧场观众厅体形设计特别重要，其平、剖面形式应有利于声扩散；台口附近的反射面应保证池座的前坐、中坐有足够的早期反射声，提高后坐的声强；尽可能缩短大厅最后一排听众与演员的距离，提高地面起坡高度，防止听众对直达声的吸收；大厅内的各个细部设计均应防止不利声反射可能引起的声学缺陷等。

通常，多功能剧场要使各种剧目都能处于最佳声学状况是较为困难的，音质效果通常不如专业剧场。即使采用可调结构来改变容积、声反射板和混响时间，也难达到专业剧场的音质。因而在体形设计方面的要求不能过于苛刻，但要综合考虑各种剧目演出对于空间的要求，适应多功能演出的需要。

2. 以电声演出为主的剧场

当厅堂采用电声并以语言清晰度为主要使用要求时，如会议、报告、法庭审判、电影等的设计，对体型的要求不高。建筑师可以根据其他功能和艺术上的要求选择适合的体型，在此过程中需解决如下问题：

（1）要求短混响和接近平直的混响频率特性，可以提高传声增益，保证厅堂内任何位置有足够的响度。

（2）当选用的平、剖面形式容易产生声聚焦、回声和颤动回声等音质缺陷时，应在引起这些不利声反射的部位设置声扩散结构或强吸声结构。

（3）在可能的条件下压缩有效容积，降低控制混响所需的投资。

（4）选用优质的扩声系统，合理地确定扬声器组的配装方式，要进行要求混响较长的剧目演出时，可用人工混响进行补救。

（二）多功能剧场观众厅的混响时间设计

多功能剧场观众厅的最佳混响时间的确定通常有三种方法：①取音乐丰满度、语言清晰度的两个最佳值的折中，兼顾音乐的丰满度和语言的清晰度，这种选择实际上不是混响时间的最优值；②以某种功能的演出为主进行最佳混响时间的选择；③理想情况是在观众厅内建立可调混响、可变容积的结构，根据剧目的需要进行调节。

剧场的多功能使用，内容非常广泛，从声学角度划分，可分为以音乐为主和以语言为主两类。地方戏既有音乐，又有对白，因此，一般取音乐、语言为主的厅堂的中值。多功能剧场观众厅最佳混响时间的选择，原则上要遵循以下规则。

（1）以音乐类（歌剧、音乐剧）演出为主的多功能剧场，应取较长的混响时间，并使低频混响有较大的提升（相对于中频混响）。对此，观众厅内一般不做专门的吸声结构，即使如此，通常也不易达到期望的混响时间。原因是听众和座椅本身的声吸收已经相当大，不再需要吸声材料（结构）。

（2）以语言清晰为主的多功能剧场，如以会议、电影为主的厅堂，在经济条件允许的情况下，尽可能采用较短的混响时间，使低频保持平直特性或取最低的提升值，这样可确保语言清晰，电影还原真实。

（3）以地方戏为主的多功能剧场，由于地方戏既有音乐，又有对白和唱词，过长的混响时间会妨碍戏剧的语言清晰度，过短的混响时间会影响伴奏和演唱的丰满度。因此，地方戏剧场观众厅的混响时间可取介于音乐和语言之间的折中值。

（三）多功能剧场观众厅可变声学条件的设计

根据主要用途确定混响时间，对多数音质要求不太高而功能较多的观众厅来讲是可取的，比较经济且容易实施，但会使得厅堂的使用受到较大的限制。例如一个以音乐演奏为主的多功能厅堂，混响时间定为 1.5s，对音乐是适用的；对歌剧、歌舞剧和时装表演等类型的演出也是适用的；而对话剧、会议和电影来讲，就显得混响时间过长，会影响语音的清晰度和电影真实感。

此外，观众厅的音质不仅与混响时间有关，还与厅堂的规模和演出方式有关，音乐、歌剧、歌舞剧、自然声演出的允许规模很大；而话剧和地方戏很难在超过 1200 座的厅堂内实施自然声演出。

因此，近年来，国内外越来越多的多功能剧场在扩展功能的同时，采用可调混响和容积以及多种辅助设施来改变厅堂内的音质。多功能剧场观众厅可变声学条件的内容、方式和技术手段很多，可归纳为以下三类。

（1）调节混响时间。在厅堂内设置可变吸声结构，调节厅内混响时间，变动方式有人工、机械和自控三种。

（2）改变容积、压缩容量。用活动隔断、升降吊顶、可调帘幕等方式达到隔离空间、压缩容量的目的。

（3）反射面倾角的调节。通过调节反射面的倾角改变反射声投射的方向；通过改变声环境设计条件，使多功能厅堂的音质尽可能接近最佳状态。

第五节　噪 声 控 制 技 术

噪声污染是一种物理性的污染，它的特点是局部性和无后遗症。噪声在环境中只是造成空气物理性质的暂时变化，噪声源的声输出停止以后，污染立即消失，不留下任何残余物质。噪声的防治主要是控制声源的输出和声的传播途径，以及对接收进行保护。显然，如条件允许，在声源处降低噪声是最根本的措施。例如，打桩机在施工时严重影响附近住户，若对每个住宅采取措施，势必花费较多，而将打桩机由气锤式改为水压式，就可以彻底解决噪声干扰。又如，降低汽车本身发出的噪声，则比沿街建筑的隔声处理较为简易。此外，在工厂中，改造有噪声的工艺，如以压延代替锻造，以焊接代替铆接等，都是从声源处降低噪声的积极措施。

一、对声源的减噪方法

对声源减噪常用两种方法。一是改进结构，提高部件的加工质量与精度以及装配的质量，采用合理的操作方法等，降低声源的噪声发射功率。二是利用声的吸收、反射、干涉等特性，采取吸声、隔声、减振等技术措施，以及安装消声器等，控制声源的噪声辐射。

采用不同噪声控制方法，可以收到不同的降噪效果。如将机械传动部分的普通齿轮改为有弹性轴套的齿轮，可降低噪声 15～20dB；把铆接改为焊接、把锻打改为摩擦压力加工等，一般可降低噪声 30～40dB；采用吸声处理可降低 6～10dB；采用隔声罩可降低 15～30dB；采用消声器可降低噪声 5～40dB。对几种常见的噪声源采取控制措施后，其降噪声效果见表 8-5-1。

表 8-5-1 声源控制噪声效果

声 源	控 制 措 施	降噪效果/dB
敲击、撞击	加弹性垫等	10～20
机械振动部件动态不平衡	进行平衡调整	10～20
整机振动	加隔振机座（弹性耦合）	10～25
机械部件振动	使用阻尼材料	3～10
机壳振动	包裹、安装隔声罩	3～30
管道振动	包裹、使用阻尼材料	3～20
电机	安装隔声罩	10～20
烧嘴	安装消声器	10～30
进气、排气	安装消声器	10～30
炉膛、风道共振	用隔板	10～0
摩擦	用润滑剂、提高光洁度、采用弹性耦合	5～10
齿轮啮合	隔声罩	10～20

二、传声途径中的控制

（1）声在传播中的能量是随着距离的增加而衰减的，因此使噪声源远离安静的地方，可以达到一定的降噪的效果。

（2）声的辐射一般有指向性，与声源距离相等而方向不同的地方接收到的声音强度也就不同。低频的噪声指向性很差，指向性随着频率的增高而增强。因此，控制噪声的传播方向（包括改变声源的发射方向）是降低高频噪声的有效措施。

（3）在城市建设中，采用合理的城市防噪规划。

（4）应用吸声材料和吸声结构吸收消耗传播中的声能。

（5）对固体振动产生的噪声采取隔振措施，以减弱噪声的传播。

（6）建立隔声屏障、利用天然屏障（土坡、山丘或建筑物）以及利用其他隔声材料和隔声结构来阻挡噪声的传播。

三、在接收点的控制

为了防止噪声对人的危害，可采取以下防护措施：

（1）戴护耳器，如耳塞、耳罩、防噪头盔等。

（2）减少在噪声中暴露的时间。

（3）根据听力检测结果，适当地调整在噪声环境中的工作人员。人的听觉灵敏度是有差别的，如在 85dB 的噪声环境中工作，有人会耳聋，有人则不会。可以每年或几年进行一次听力检测，把听力显著降低的人员调离噪声环境。

噪声控制措施是根据使用的费用、噪声允许标准、劳动生产效率等有关因素进行综合分析而确定的。在一个车间里，如噪声源是一台或少数几台机器，而车间内工人较多，一般可采用隔声罩。如车间工人少，则经济有效的办法是采用护耳器。车间里噪声源多而分散，并且工人也多的情况下，则可采取吸声降噪措施；如工人不多，则可使用护耳器或设置供工人操作或值班的隔声间。

四、噪声控制的工作步骤

根据工程实际情况，一般应按以下步骤确定控制噪声的方案：

（1）调查噪声现状，确定噪声声级。需使用有关的声学测量仪器，对所设计工程中的噪声源进行噪声测定，并了解噪声产生的原因与其周围环境的情况。

（2）确定噪声允许标准。参考有关噪声允许标准，根据使用要求与噪声现状，确定可能达到的标准与各个频带所需降低的声压级。

（3）选择控制措施。根据噪声现状与噪声允许标准的要求，同时考虑方案的合理性与经济性，通过必要的设计与计算（有时尚需进行实验）确定控制方案。作为依据的实际情况包括总图布置、平面布置、构件隔声、吸声降噪与消声器等。噪声控制设计的具体工作流程如图 8 - 5 - 1 所示。

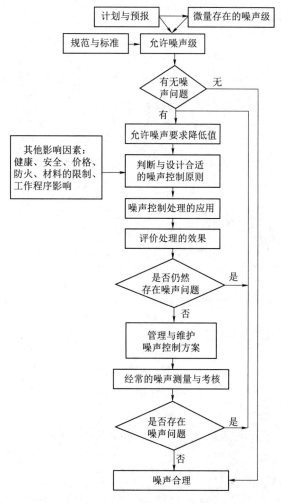

图 8 - 5 - 1 噪声控制设计的具体工作流程

思 考 题

1. 运用几何声学方法时应注意哪些条件?
2. 混响声与回声有何区别? 它们和反射声的关系怎样?
3. 混响时间计算公式应用存在哪些局限性? 产生的原因是什么?
4. 吸声结构体的吸声原理是什么?
5. 简述吸声和隔声的差别。
6. 简述音乐厅、多功能大厅的声学特点和声学设计的具体要求。

第九章 建 筑 热 工 学

第一节 室内外热环境及其评价方法

一、室内外热环境

（一）室内热环境

对使用者而言，建筑物内部环境可简单分为室内物理环境（或生理环境）和室内心理环境两部分。其中，室内物理环境属于建筑物理学的范畴。

室内物理环境是指通过人体感觉器官对人的生理产生作用和影响的物理因素，由室内热湿环境、室内光环境、室内声环境以及室内空气质量环境等组成。其中，室内热湿环境是建筑热工学必须研究的内容。

舒适的热环境是保证人体健康的重要条件，也是人们正常工作、学习、生活的基本保证。在舒适的热湿环境中，人的知觉、智力、手工操作的能力可以得到最好的发挥；偏离舒适条件，效率就随之下降；严重偏离时，人会感到过冷或过热，甚至无法进行正常的工作和生活。建筑师在设计每栋房屋时，都应考虑到室内热湿环境对使用者的作用和可能产生的影响，以便为使用者创造舒适的热湿环境。在创造舒适热环境的同时，还应考虑建筑在使用过程中的节能和降耗，使建筑的能耗水平达到国家或地区对相关建筑的限定指标。

（二）室内热环境的评价方法

1. 预计热指标

预计热指标（predicted mean vote，PMV）是由丹麦范格尔（P. O. Fanger）教授提出来的。该指标以人体热平衡方程式以及生理学主观感觉的等级作为出发点，综合反映了人的活动、衣着及环境的空气温度、相对湿度、平均辐射温度和室内风速等因素的关系及影响，是迄今为止考虑人体热舒适诸多有关因素中最全面的评价指标。因此，被国际标准化组织（ISO）确定为评价室内热环境指标的国际标准（ISO - DIS 7730）。预计热指标是指人群对给定的环境热感觉投票后所得到的投票平均值。范格尔经过大量的人群试验，提出了各 *PMV* 值所对应的冷热感，见表 9 - 1 - 1。

表 9 - 1 - 1　　　　　　　　　　　*PMV* 值与对应的冷热感

PMV 值	冷热感觉	*PMV* 值	冷热感觉
−3	冷	1	稍暖
−2	凉爽	2	暖
−1	稍凉	3	热
0	热舒适		

2. 标准有效温度

标准有效温度（standard effective temperature，SET）是由美国学者盖奇（Gagge）

和他的同事们提出的。这个指标根据人体的生理条件，综合考虑了物理学、生理学和心理学三个方面的因素。虽然它特别适合评价高温高湿的热环境，但是它实际上是通用的，不受限制的。标准有效温度的定义是：标准环境的条件是平均辐射温度与气温相同，相对湿度为 50%，低风速（小于 0.1m/s），人的衣着热阻为 $0.093(m^2 \cdot K)/W$。当人体在实际环境及标准环境中的活动量相同，并且具有相同的皮肤温度和皮肤湿润度时，这种标准环境的一致温度就定义为实际环境的标准有效温度。

SET 指标是基于人体内热调节系统分析，根据人体皮肤温度和湿度对环境的反应提出的，从原理上来说无限制性，是通用指标。比较 SET 值与 PMV 值，PMV 值仅在 $-3\sim3$ 有定义，超过 3，它就没有定义了，而 SET 值没有这方面的限制。对于南方自然通风的住宅，在夏季，其室内的 PMV 值有可能超过 3。此时，已不能使用 PMV 来评价室内热环境，而以 SET 值来评价室内热环境更接近实际情况。同时 SET 值与人体机能的关系有数据可参考，见表 9-1-2，使人们更了解不同的环境下人体的反应特征。随着计算机技术的发展，已经有了用计算机计算 SET 值的程序，但是，目前还没有厂家生产测量 SET 值的仪器，这是 SET 指标的使用受到限制的原因之一。

表 9-1-2   SET 值和热感觉的关系（人着轻装，静坐）

SET/℃	热 感 觉	人体的反应
>37.5	非常热，极不舒适	失去热调节功能
34.5～37.5	热，极不可接受	大汗
30.0～34.5	热，不舒适，不可接受	出汗
25.6～30.0	稍热，稍不可接受	微汗
22.2～25.6	热舒适	中和
17.5～22.2	稍冷，稍不可接受	毛细血管收缩
14.5～17.5	冷，不可接受	身体变冷
10.0～14.5	寒冷，极不可接受	颤抖

二、室外热环境

建筑的基本功能之一，就是防御自然界各种气候因素的破坏作用，为人们的生活和生产提供良好的室内气候条件。因此，建筑必须适应气候的特点。

构成室外热环境的主要气候因素有太阳辐射、温度、湿度和风等。这些因素通过房屋外围护结构，直接影响室内的气候条件。

建筑防热设计的任务在于掌握室外热环境各主要气候因素的变化规律及其特征，以便从规划阶段到设计阶段采取综合措施，防止室内过热，从而获得较合适的室内气候。

1. 太阳辐射

太阳辐射热是房屋外部的主要热源。当太阳辐射通过大气层时，一部分辐射能量被大气中的水蒸气、二氧化碳和臭氧等所吸收。同时，太阳辐射遇到空气分子、尘埃、微小水珠等质点时，都要产生散射。此外，云层对太阳辐射除了吸收、散射外，还有强烈的反射作用，因而削弱了到达地面的太阳辐射。抵达地面的太阳辐射可分为两部分：一部分是从太阳直接照射到地面的部分，称为直射辐射；另一部分是经大气散射后到达地面的部分，称为散射辐射。两者之和就是到达地面的太阳辐射总量，称为总辐射。假如到达大气层上界的太阳辐射为 100 个单位，其中被大气和地面所反射的约占 32 个单位，被两者吸收的约占 68 个单位。

影响太阳辐射强度的因素有太阳高度角、大气透明度、地理纬度、云量和海拔高度等。水平面上太阳的直射辐射强度与太阳高度角和大气透明度成正比。由于高纬度地区的太阳高度角小，且太阳斜射地球表面，而光线通过的大气层较厚，所以直射辐射弱些。低纬度地区则相反，所以较强些。在夏季的一天中，中午太阳高度角大，太阳直射辐射强；傍晚太阳斜射，高度角小，太阳辐射较弱。在云量少的地方，直射辐射的量较大。在海拔较高地区，大气中的水汽、尘埃较少，且太阳光线所通过的大气层也较薄，所以太阳直射辐射量也较大。大气透明度因大气中含有的烟雾、灰尘、水汽、二氧化碳等造成的混浊状况而异。城市上空较农村混浊，故农村的大气透明度大于城市，太阳直射辐射也较强。散射辐射强度与太阳高度角成正比，与大气透明度成反比；在多云的天气，由于云的扩散作用，散射辐射较强。

2. 风

风是大气的流动。大气的环流是各地气候差异的原因。由于地球上的太阳辐射热不均匀，赤道和两极出现温差，从而产生大气环流。由大气环流形成的风，称为季风，是在一年内随季节不同而有规律地变换方向的风。我国气候特点之一是季风性强。在夏季大部分季风来自热带海洋，故多为东南风、南风。但由于地面上水陆分布、地势起伏、表面覆盖等地方性条件不同，会引起小范围内的大气环流，称为地方风，如水陆风、山谷风、庭园风、巷道风等。这些都是由于局部地方受热不均匀引起的，故产生日夜交替变向。风通常是以水平运动为主的空气运动。对风的描述包括气流运动的方向和速度，即风向与风速。根据测定和统计可获得各地的年、季、月的风速平均值及最大值以及风向的频率数据，作为选择房屋朝向、间距及平面布局的参考。

3. 气温

气温是指空气的温度。大气因能大量地吸收地面的长波辐射而增温。所以地面与空气的热量交换是气温升降的直接原因。一般气象学上所指的气温，是距地面 1.5m 高处的空气温度。影响气温的主要因素有入射到地面上的太阳辐射热量、地形、地表面的覆盖以及大气环流的热交换作用等，而太阳辐射起着决定作用。气温变化有四季的变化、一天的变化和随地理纬度分布的变化。

气温有明显的日变化和年变化。由于空气吸收地面辐射而增温要经历一个过程，一天之间最高值一般在午后二时前后出现，而不是在正午太阳高度角最大时刻，气温最低值亦不在午夜，而是在日出前后。一般说来，大陆年气温最高值出现在 7 月份，最低值出现在 1 月份。

4. 空气湿度

空气湿度表示大气湿润的程度，一般以相对湿度来表示。相对湿度的日变化通常与气温的日变化相反，一般温度升高则相对湿度减少，温度降低则相对湿度增大。在晴天，最高值一般出现在黎明前后，夏季在 4：00—5：00，虽然黎明前空气中的水汽含量少，但温度最低，故相对湿度大；最低值出现在午后，一般在 13：00—15：00，此时虽然空气含水汽多（因蒸发较盛），但温度已达最高，故相对湿度最低。

我国因受海洋气候影响，南方大部分地区相对湿度在一年内以夏季为最大，秋季最小。华南地区和东南沿海一带因春季海洋气团侵入，且此时温度还不高，故形成较大的相对湿度，大约3—5月最大，秋季最小。南方地区在春夏之交气候潮湿，室内地面常出现泛潮（凝结水）现象。

5. 降水

降水是指从地球表面蒸发出去的大量水汽进入大气层，经过凝结后又降到地面上的液态或固态水分。雨、雪、冰雹等都属于降水现象。降水性质包括降水量、降水时间和降水强度等。降水量是指降落到地面的雨、雪、雹等融化后，未经蒸发或渗透流失而累积在水平面上的水层厚度，以 mm 为单位。降水时间是指一次降水过程从开始到结束持续的时间，用 h、min 来表示。降水强度是单位时间内的降水量。降水量的多少用雨量筒和雨量计测定；降水强度的等级，以 24h 的总量（mm）来划分：小雨小于 10mm；中雨为 $10\sim25$mm；大雨为 $25\sim50$mm；暴雨为 $50\sim100$mm。

了解和掌握热气候的气象要素变化规律，是为了在建筑防热的设计中使建筑更适应地区气候的特点，利用气候的有利因素，防止气候的不利因素，达到防热目的。

第二节 水蒸气和湿空气

一、水蒸气

水蒸气由于容易获得，热力参数适宜且不污染环境，是工业上广泛使用的工质。比如水蒸气作为热源加热供热网路中的循环水，空调中用水蒸气对空气进行加热或者加湿。

水蒸气是液态水经汽化形成的一种气体，它离液态较近，性质较为复杂。

1. 水的三相点

如图 9-2-1 所示为水的 $p-T$ 曲线，水的三相点为 T_{tp}，C 为临界点。$T_{tp}A$、$T_{tp}B$、$T_{tp}C$ 分别为气固、液固和气液相平衡曲线，三条相平衡曲线的交点称为三相点。

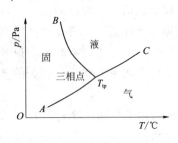

图 9-2-1 水的相图

2. 水蒸气表和图

水蒸气一般是在锅炉中制备的，是在定压的过程中产生的。在工程实际中，水蒸气的状态参数可根据水蒸气图表查得。

水蒸气表一般有三种：按压力排列的饱和水与饱和水蒸气表；按温度排列的饱和水与饱和水蒸气表；按温度和压力排列的未饱和水与过热蒸汽表。

（1）饱和水与饱和水蒸气表。因为在饱和线上和饱和区内压力和温度只有一个独立变量，因而可以用 t_n、p_s 中的一个或两个为独立变量列表。

（2）未饱和水与过热蒸汽表。由于液体和过热蒸汽都是单相物质，需要两个独立参数才能确定，一般取 p 和 T 为独立变量。

二、湿空气

在通风、空调和干燥工程中，为使空气达到一定的温度和湿度，以符合生产工艺和生活上的要求，就不能忽略空气中水蒸气，这种情况下的空气称为湿空气。湿空气是一种混合气体，其总压力为大气压力，其压力很低，组成湿空气的各种气体及水蒸气的分压力更低。

湿空气中水蒸气的含量比较少，但其变化却对空气环境的干燥和潮湿程度产生重要影响，而且水蒸气含量的变化也影响一些工业生产的产品质量。因此，湿空气中水蒸气含量的调节在空气调节研究中占有重要地位。

1. 湿空气的焓湿图

湿空气的状态参数有很多，可以把与空气调节最密切的几个主要状态参数绘制在焓湿图上，如图 9-2-2 所示。

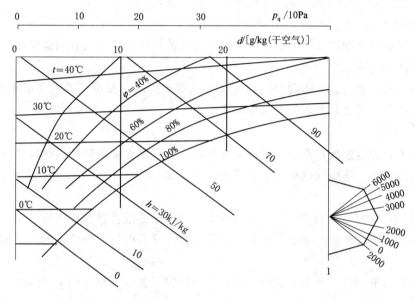

图 9-2-2　焓湿图

2. 湿空气的压力

（1）水蒸气分压力 p_q。湿空气中水蒸气单独占有湿空气的容积，温度与湿空气相同时所产生的压力称为湿空气中的水蒸气分压力。

水蒸气分压力的大小反映空气中水蒸气含量的多少。空气中水蒸气含量越多，水蒸气分压力就越大。

（2）饱和水蒸气分压力 p_{qb}。在一定温度下，湿空气中水蒸气含量达到最大限度时，湿空气处于饱和状态，此时相应的水蒸气分压力称为饱和水蒸气分压力。

湿空气的饱和水蒸气分压力是温度的单值函数。

3. 含湿量 d

含湿量的定义为：对应于 1kg 干空气的湿空气中所含有的水蒸气的质量，单位为 g/kg（干空气）。

含湿量的大小随空气中水蒸气含量的多少而改变，可以确切地反映空气中水蒸气含量的多少。

4. 相对湿度 φ

相对湿度 φ 定义为湿空气的水蒸气分压力与同温度下饱和湿空气的水蒸气分压力之比，即 $\varphi = p_q / p_{qb}$。

相对湿度反映了湿空气中水蒸气接近饱和含量的程度,反映了空气的潮湿程度。当相对湿度 $\varphi=0$ 时,是干空气;当相对湿度 $\varphi=100\%$ 时,为饱和湿空气。

5. 焓 h

每 1kg 干空气的焓加上与其同时存在的 $d$kg 水蒸气的焓的总和,称为 $(l+d)$kg 湿空气的焓,其单位用 kJ/kg(干)表示。

在空气调节中,空气的压力变化一般很小,可近似为定压过程,因此湿空气变化时初、终状态的焓差,反映了状态变化过程中热量的变化。

6. 露点温度 t_1

在含湿量保持不变的条件下,湿空气冷却达到饱和状态时所具有的温度称为该空气的露点温度,用 t_1 表示。

当湿空气被冷却时,只要湿空气温度大于或等于其露点温度,就不会出现结露现象,因此湿空气的露点温度是判断是否结露的依据。

7. 湿球温度 t_s

在理论上,湿球温度是在定压绝热条件下,空气与水直接接触达到稳定热湿平衡时的绝热饱和温度,即在湿空气焓保持不变的条件下,湿空气冷却达到饱和状态时所具有的温度,用 t_s 表示。

在实际中,在温度计的感温包上包敷纱布,纱布下端浸在盛有水的容器中,在毛细现象的作用下,纱布处于湿润状态,这支温度计称为湿球温度计,所测量的温度称为空气的湿球温度。

没有包纱布的温度计称为干球温度计,所测量的温度称为空气的干球温度,也就是空气的实际温度,用 t 表示。

湿球温度计的读数反映了湿球纱布中水的温度。对于一定状态的空气,干、湿球温度的差值实际上反映了空气相对湿度的大小。差值越大,说明该空气相对湿度越大。

相对湿度为 100% 时,$t_1=t_s=t$;相对湿度小于 100% 时,$t_1<t_s<t$。

第三节 传热的基本方式

根据热量传递过程物理本质的不同,热量传递可分为三种基本方式:热传导、热对流和热辐射。

一、热传导

热传导也称导热,是指热量由物体的高温部分向低温部分的传递,或者由一个高温物体向与其接触的低温物体的传递。例如,把铁棒的一端放入炉中加热时,由于铁棒具有良好的导热性能,热很快从加热端传递到未加热端,使该端温度升高。

导热可以在固体、液体和气体中发生,但在地球引力场的作用范围内,单纯的导热只发生在密实的固体和静止的流体中。

从微观角度来看,导热是因物质的分子、原子和自由电子等微观粒子的热运动而产生的热传递现象,气体、液体、金属固体和非金属固体的导热机理有所不同。在气体中,导热是气体分子不规则热运动时相互碰撞的结果,使热量由高温区传至低温区。在非金属晶体内，热量是依靠晶格的热振动波来传递，即依靠原子、分子在其平衡位置附近的振动所形成的弹性波来传递。在金属固体中，这种晶格振动波对热量传递的作用很小，主要是依靠自由电子的迁移来实现。液体的导热机理至今还不清楚。

设有如图 9-3-1 所示的大平板，厚为 δ，表面积为 A，两表面分别维持均匀的温度 t_{w1} 及 t_{w2}，且 $t_{w1} > t_{w2}$。单位时间内从表面 1 传导到表面 2 的热流量 $Q(\text{W})$ 与壁面两侧表面温差 $\Delta t = t_{w1} - t_{w2}$ 和垂直于热流方向的面积 A 成正比，与平板的厚度 δ 成反比，即

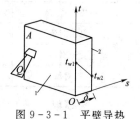

图 9-3-1 平壁导热

$$Q = \lambda A \frac{\Delta t}{\delta} \qquad (9-3-1)$$

单位时间内通过单位面积的热流量 q 为

$$q = \frac{Q}{A} = \lambda \frac{\Delta t}{\delta} \qquad (9-3-2)$$

式中 λ——热导率，是表征材料导热能力的物性量，W/(m·K)，不同材料的热导率不同，金属材料的热导率最高，是良导电体，也是良导热体，液体次之，气体最小；

q——热流密度，W/m²。

二、热对流

热对流是指由于流体的宏观运动，流体各部分之间发生相对位移、冷热流体相互掺混引起的热量传递过程。

热对流仅发生在流体中。由于流体微团的宏观运动不是孤立的，与周围流体微团存在相互碰撞，因此，对流过程必然伴随有导热现象。流体既充当载体，又充当导热体。

对流换热是指流体与固体壁面之间有相对运动，且两者之间存在温度差时所发生的热量传递现象。对流换热概念在本质上有别于热对流，在实际工程应用中，普遍关心的问题是流体与固体壁面之间的热量传递。

当流体流过某一截面时，流体的温度按一定的规律变化。除了流体各部分之间冷热流体相互掺混所引起的热量传递过程之外，相邻流体接触时也发生导热行为，因此对流换热是对流与导热共同作用的热量传递过程。对流换热的基本定律是英国科学家牛顿于 1701 年提出的牛顿冷却定律，其方程式为

$$Q = \alpha \Delta T A \qquad (9-3-3)$$

或

$$q = \alpha \Delta T \qquad (9-3-4)$$

式中 Q——对流换热星，W；

A——与流体接触的壁面换热面积，m²；

ΔT——流体与壁面之间的温差，K 或 ℃；

α——表面传热系数或放热系数，W/(m²·K)。

α 表示在单位时间内，当流体与壁面温差为 1K 时，流体通过壁面单位面积所交换的热量。其大小表征对流换热的强烈程度。

表面传热系数或放热系数的物理意义如下：一般来说，α 可认为是系统的几何形状、

流体的物性、流体流动的状况（如层流、湍流及层流边界层等）以及温差 ΔT 的函数，近似计算时，可参照表 9-3-1 选取。

表 9-3-1　　　　　　　　　　　　　　表面传热系数 α 近似值

换热机理	$\alpha/[W/(m^2 \cdot K)]$	换热机理	$\alpha/[W/(m^2 \cdot K)]$
空气自由对流	5~50	水蒸气凝结	5000~100000
空气受迫对流	25~250	墙壁内表面	8.72
水受迫对流	250~15000	水沸腾	2500~25000

三、热辐射

热辐射是另一种热传递方式。物体以电磁波向外传递能量的过程称为辐射，被传递的能量称为辐射能。但是，通常也把辐射这个术语用来表明辐射能本身。物体可因多种不同的原因产生电磁波从而发出辐射能。例如，无线电台利用强大的高频电流通过天线向空间发出无线电波。无线电波是电磁波的一种，此外，尚有其他原因产生的宇宙射线、γ 射线、X 射线、紫外线、可见光和红外线等电磁波。热传递不需涉及全部的电磁波类型，只研究由热产生的电磁波辐射。这种由于热发生的辐射称为热辐射。热辐射的电磁波是由物体内部微观粒子在运动状态改变时所激发出来的。在热辐射过程中，物体的热能不断地转换成辐射能。只要设法维持物体的温度不变，其发射辐射能的数量也不变。当物体的温度升高或降低时，辐射能也相应增加或减少。此外，任何物体在向外发出辐射能的同时，还在不断地吸收周围其他物体发出的辐射能，并把吸收的辐射能重新转换成热能。辐射换热指物体之间的相互辐射和吸收过程的总效果。在两个温度不等的物体之间进行的辐射换热，温度较高的物体辐射多于吸收，而温度较低的物体则辐射少于吸收，因此辐射换热的结果是高温物体向低温物体转移了热量。若两个换热物体温度相等，此时它们辐射和吸收的能量恰好相等，因此，物体间辐射换热量等于零。值得注意的是，此时物体间的辐射和物体间吸收过程仍在进行，这种情况称为热动平衡。

物体表面每单位时间、单位面积对外辐射的热量称为辐射力，用 E 表示，单位为 W/m^2，其大小与物体表面性质及温度有关。对于绝对黑体，它的辐射力 E_b 与表面热力学温度的四次方成正比，即斯蒂芬-玻耳兹曼定律。

$$E_b = C_b(T/1000)^4 \tag{9-3-5}$$

式中　E_b——绝对黑体辐射力，W/m^2；

C_b——绝对黑体辐射系数，$C_b = 5.67W/(m^2 \cdot K)$；

T——热力学温度，K。

一切实际物体的辐射力 E 都低于同温度下绝对黑体的辐射力，有

$$E_b = \xi_b C_b(T/1000)^4 \tag{9-3-6}$$

式中　ξ——实际物体表面的发射率，也叫黑度，其值为 0~1。

第四节　传热过程与传热系数

一、传热过程

工业生产中所遇到的许多实际热交换过程常常是热介质将热量传给换热面，然后由换

热面再传给冷介质，这种热量由热流体通过间壁传给冷流体的过程称为传热过程。例如，有一墙壁如图 9-4-1 所示，其壁厚为 δ，面积为 A，在壁面温度为 t_{w1} 的一侧有温度为 t_1 的热流体，其与壁表面之间的表面传热系数为 α_1。在壁面温度 t_{w2} 的一侧有温度为 t_2 的冷流体，其与壁面之间的表面传热系数为 α_2，在稳态传热过程中，上述各温度将不随时间而变化，则墙一侧表面的对流换热、墙壁的导热量以及墙另一侧表面的对流换热量三者应相等，可列出以下三个等式，即

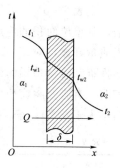

图 9-4-1 传热过程

$$q = \alpha_1 (t_1 - t_{w1}) \qquad (9-4-1)$$

$$q = \frac{\lambda}{\delta} (t_{w1} - t_{w2}) \qquad (9-4-2)$$

$$q = \alpha_2 (t_{w2} - t_2) \qquad (9-4-3)$$

三式相加可得

$$q = \left(\frac{1}{\alpha_1} + \frac{\delta}{\lambda} + \frac{1}{\alpha_2} \right) = t_1 - t_2 \qquad (9-4-4)$$

$$q = \frac{t_1 - t_2}{\dfrac{1}{\alpha_1} + \dfrac{\delta}{\lambda} + \dfrac{1}{\alpha_2}} = K(t_1 - t_2) \qquad (9-4-5)$$

其中

$$K = \frac{1}{\dfrac{1}{\alpha_1} + \dfrac{\delta}{\lambda} + \dfrac{1}{\alpha_2}} \qquad (9-4-6)$$

二、传热系数

传热系数的意义是当壁面两侧流体的温差为 1K 时，单位时间内通过每平方米的壁面所传递的热量。K 值越大，传热量越多。因此，K 值表示了热流体的热量通过墙壁传递给冷流体的能力。不同情况下传热系数计算式不一样，式（9-4-7）是平面壁单位面积的传热系数 K 值的计算公式。

对于多层壁，有

$$K = \frac{1}{\dfrac{1}{\alpha_1} + \sum \dfrac{\delta}{\lambda} + \dfrac{1}{\alpha_2}} \qquad (9-4-7)$$

第五节 建 筑 保 温

一、窗户保温

外窗的形式、大小和构造与很多因素有关，因而单就某一方面的需要，得出某种简单的结论是不恰当的。以下仅从建筑保温方面，提出一些基本要求。

窗户（包括阳台门上部）既有引进太阳辐射热的有利方面，又有因传热损失和冷风渗透损失较大的不利方面。就其总效果而言，窗户仍是保温能力最低的构件。窗户保温性能低的原因，主要是缝隙透气，玻璃、窗框和窗橇等的热阻太小。表 9-5-1 是目前我国建筑中常用窗户的总传热系数 K_0 和总传热阻 R_0 的值。

由表 9-5-1 可见，单层窗的 K_0 在 6W/(m²·K) 左右，约为 18cm 厚砖墙 R_0 的 3 倍，其单位面积的传热损失约为 18cm 厚砖墙的 3 倍。由此可见，窗户面积的大小及其热工质量好坏，对室内环境和能源的消耗均有重大影响。不顾气候条件、房间性质，也不顾初投资和维持费用的浪费，盲目兴建大玻璃窗建筑，是极不合理的。理论计算和调查统计表明，有必要将窗户面积控制在一个合理的范围内。为此，我国规定窗墙面积比如下：北向不大于 0.20；东、西向不大于 0.25（单层窗）或 0.30（双层窗）；南向不大于 0.35。

表 9-5-1　　　　　　　　窗户的总传热系数和总传热阻

序号	窗户的类型	K_0/[W/(m²·K)]	R_0/[(m²·K)/W]
1	单层木窗	5.28	0.172
2	双层木窗	2.67	0.375
3	单层金属窗	6.4	0.156
4	双层金属窗	3.26	0.307
5	双层玻璃的单层窗	3.49	0.287
6	商店橱窗	4.65	0.215

为了提高窗户的保温性能，各国都注意新材料（包括玻璃、型材、密封材料）、新构造的开发研究。

二、地面保温

由于地面与人脚直接接触，因此其传热有特殊性。控制地面的热阻大小只能起到控制地面温度的作用。人脚与地板直接接触的冷热感觉并不仅仅取决于地面温度。经验证明，如果木地面和水磨石地面的表面温度完全相同，但赤脚站在水磨石地面上，就比站在木地面上凉得多。这是因为在一定时间内，水磨石地面要比木地面从人脚夺走的热量多。这种特性可用地面的吸热指数 B 描述。B 值越大，则地面从人脚吸取的热量越多、越快。在热工规范中根据 B 值，将地面划分成 3 类（表 9-5-2）。木地面、塑料地面等属于 I 类，水泥砂浆地面等属于 II 类，水磨石地面则属于 III 类。

表 9-5-2　　　　　　　　供暖建筑地面热工性能类别

地面热工性能类别	B/[W/(m²·h⁻¹ᐟ²·K)]	地面热工性能类别	B/[W/(m²·h⁻¹ᐟ²·K)]
I	<17	III	>23
II	17~23		

高级居住建筑、托儿所、幼儿园、医疗建筑等，宜采用 I 类地面；一般居住建筑、办公楼、学校等宜采用不低于 II 类地面；仅供人们短时间逗留的房间，以及室温高于 23℃ 的供暖房间，则允许用 III 类地面。

地面的吸热指数 B 值由地面采用的材料和构造决定，具体值取决于地面中影响吸热的界面位置。如果影响吸热的界面在最上一层材料内，B 值计算式为

$$B=b_1=\sqrt{\lambda_1 c_1 \rho_1} \quad (\delta_1^2/a_1\tau \geqslant 3.0) \qquad (9-5-1)$$

式中　δ_1——地面面层材料的厚度，m；

　　　a_1——地面面层材料的导温系数，m²/h；

τ——人脚与地面接触的时间，取 0.2h；

b_1——地面面层材料的热渗透系数，W/($m^2 \cdot h^{-1/2} \cdot K$)；

c_1——地面面层材料的比热容，(W·h)/(kg·K)；

λ_1——地面面层材料的导热系数，W/(m·K)；

ρ_1——地面面层材料的密度，kg/m^3。

当面层材料很薄，不能满足 $\delta_1^2/a_1\tau \geqslant 3.0$ 的要求时，则需考虑面层以下各层材料的吸热特性，具体计算方法应遵从《民用建筑热工设计规范》(GB 50176—2016) 中的规定。

由于地面下土壤温度的年变化比室外空气温度的变化小得多，因此冬季地面散热最大的部分是靠近外墙的地面，其宽度为 0.5～1.0m。根据实测调查结果，在此范围内的地面温差可达 5℃ 左右。因此，为了改善外墙周边地板的热工状况，可采用如图 9-5-1 所示的局部保温措施。

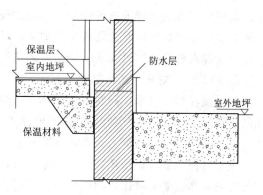

图 9-5-1　地板的局部保温措施

第六节　建 筑 防 热

一、屋顶隔热

炎热地区屋顶的隔热构造，基本上可分为实体材料层和带有封闭空气间层的隔热屋顶、通风屋顶、蓄水屋顶等。这类屋顶又可分为坡顶和平顶。由于平顶构造简洁，便于使用，故更为常用。

1. 实体材料层隔热屋顶

实体材料层隔热屋顶是一种通过提高围护结构本身热阻和热惰性来提高隔热能力的处理方法。因为排列次序不同会影响衰减度，要注意材料层层次的排序，必须进行比较选择。

实体材料层隔热屋顶的隔热构造如图 9-6-1 所示。

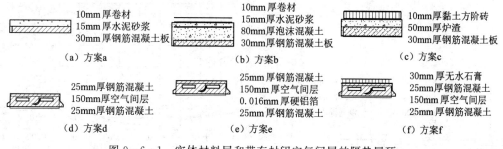

图 9-6-1　实体材料层和带有封闭空气间层的隔热屋顶

方案 a 没有设隔热层，热工性能差。

方案 b 加了一层 8cm 厚泡沫混凝土，隔热效果较为显著，内表面最高温度比方案 a 的降低 19.8℃，平均温度亦低 7.6℃。但这种构造方案对防水层的要求较高。

方案 c 为了适应炎热多雨地区的气候条件，在隔热材料上面再加一层蓄热系数大的黏土方砖（或混凝土板）。这样，在波动的热作用下，温度谐波传经这一层，波幅骤减，增强了热稳定性。特别是雨后，黏土方砖吸水，蓄热性增大，且因水分蒸发，能散发部分热量，从而提高隔热效果。此时，黏土方砖外表面最高温度比卷材屋面可降低 20℃ 左右，因而可减少隔热层的厚度，且达到同样的热工效果。但黏土方砖比卷材重，增加了屋面的自重。这种处理方法有较成熟的经验，构造比较简单，同时又能兼顾冬季保温要求。在既要隔热又要保温的地区以及大陆性干热地区，都宜采用此种方案。这种方案的缺点除自重大外，当傍晚室外热作用已显著下降时，隔热层内白天蓄存的热量仍继续向室内散发。

2. 带有封闭空气间层的隔热屋顶

为了减轻屋顶自重，同时解决隔热与散热的矛盾，可采用空心大板屋面，利用封闭空气间层隔热。在封闭空气间层中的传热方式主要是辐射换热，而实体材料结构主要是导热。为了提高间层隔热能力，可在间层内铺设反射系数大、辐射系数小的材料，如铝箔，以减少辐射传热量。铝箔质轻且隔热效果好，对发展轻型屋顶具有重要意义。图 9-6-1 中的方案 d 和方案 e 对比，间层铺设铝箔后，后者结构内表面温度比前者降低 7℃，效果较显著。图 9-6-1 中的方案 f 是在外表面铺白色光滑的无水石膏，结果结构内表面温度比方案 d 降低 12℃，比贴铝箔的方案 e 低 5℃。这说明选择屋顶的面层材料和颜色的重要性。如处理得当，可以减少屋顶外表面对太阳辐射的吸收，并且增加面层的热稳定性，使空心板上壁温度降低，辐射传热量减少，从而使屋顶内表面温度降低。

3. 通风屋顶

通风屋顶的隔热防漏，在我国南方地区被广泛采用。

以大阶砖屋顶为例，通风和实砌的相比虽然用料相仿，但通风后隔热效果有很大提高。如图 9-6-2 所示为相同条件下，通风与实砌的大阶砖屋顶的实测结果。由图 9-6-2 可见，通风屋顶内表面平均温度比不通风屋顶低 5℃，最高温度低 8.3℃；室内平均气温相差 1.6℃，最高温度相差 2.5℃。在整个昼夜通风屋顶内表面温度都低于实砌屋顶的内表面温度，而且从凌晨 3：30 到下午 13：30 还低于室内气温；对比内表面温度出现最高值的时间，通风的比实砌的延后 3h 左右。这说明由实体结构变为通风结构之后，隔热与散热性能的提高都是显著的。

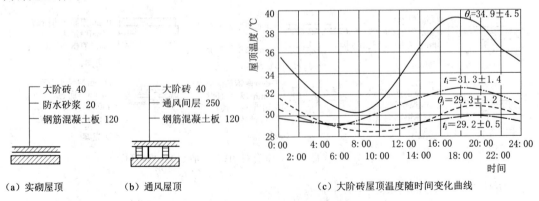

（a）实砌屋顶　　（b）通风屋顶　　（c）大阶砖屋顶温度随时间变化曲线

图 9-6-2　通风和实砌的大阶砖屋顶温度比较

θ_i—实砌屋顶内表面温度；t_i—实砌屋顶室内空气温度；

θ_j—通用屋顶内表面温度；t_j—通风屋顶室内空气温度

通风屋顶隔热效果好的原因，除靠架空面层隔
太阳辐射热外，主要利用间层内流动的空气带走部
分热量，如图9-6-3所示。当外表面从室外空间
得到的热量为Q_0时，在间层内被流动空气带出的
热量Q_a越大，则传入室内的热量Q_i越小。显然，
间层通风量越大，带走的热量越多。通风量大小与
空气流动的动力、通风间层高度和通风间层内的空
气阻力等因素有关。

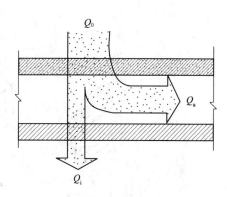

如图9-6-4所示，风压和热压是间层内空气
流动的动力。为增强风压作用的效果，应尽量使通
风口朝向夏季顺风向；同时，若将间层面层在檐口

图9-6-3 通风屋传热过程示意图

处适当向外挑出一段，起兜风作用，也可提高间层的通风性能。

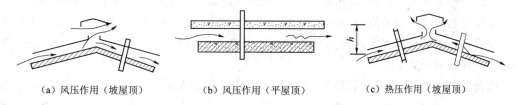

(a) 风压作用（坡屋顶）　　　(b) 风压作用（平屋顶）　　　(c) 热压作用（坡屋顶）

图9-6-4 间层空气流动的动力示意图

热压的大小取决于进、排气口的温差和高差。为了提高热压的作用，可在水平通风层
中间增设排风帽，造成进、出风口的高度差，并且在帽顶的外表涂上黑色，加强吸收太阳
辐射，以提高帽内的气温，有利于排风。

在一定压差作用下，加大通风口可以增加通风量。由于屋顶构造关系，通风口的宽度
往往受结构限制而被固定，因此只能靠调节通风层的高度改变通风口面积。间层高度的增
加对加大通风量有利，但增高到一定程度之后，其效果减小。一般情况下，采用矩形截面
通风口、房屋进深9～12m的双坡屋顶或平屋顶，其间层高度可取20～24cm。坡顶可取
其下限，平屋顶可取其上限。若为拱形或三角形截面，间层高度应酌情增大，平均高度不
宜低于20cm。

二、外墙隔热

外墙的室外综合温度比屋顶低，因此在一般的房屋建筑中，外墙隔热与屋顶相比是次
要的。但采用轻质结构的外墙或需空调的建筑中，仍需重视外墙隔热。

黏土砖墙为常用的墙体结构之一，隔热效果较好。对于东、西墙来说，在我国广大南
方地区两面抹灰的一砖墙尚能满足一般建筑的热工要求。空斗墙的隔热效果相比同厚度的
实砌砖墙较差，要求不高的建筑尚可采用。

为了减轻墙体自重，减小墙体厚度，便于施工机械化，近年来各地大量采用了空心砌
块、大型板材和轻板结构等墙体。

多利用工业废料和地方材料（如矿渣、煤渣、粉煤灰、火山灰、石粉等）制成各种类
型的空心砌块。常用的有中型砌块（200mm×590mm×500mm）、小型砌块（190mm×
390mm×190mm），可做成单排、双排和多排孔，如图9-6-5（a）和（b）所示。

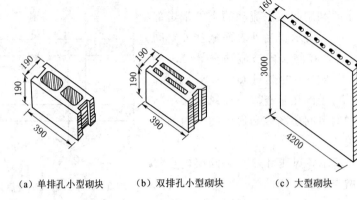

（a）单排孔小型砌块　　　（b）双排孔小型砌块　　　（c）大型砌块

图 9 - 6 - 5　空心砌块及大型砌块

　　从热工性能来看，190mm 单排孔空心砌块不能满足东、西墙要求；双排孔空心砌块相比同厚度的单排孔空心砌块隔热效果提高较多。两面抹灰各 20mm 和 190mm 厚双排孔空心砌块，热工效果相当于两面抹灰各 20mm 的 240mm 厚黏土砖墙的热工性能，是效果较好的一种砌块形式。

　　我国南方一些省市采用钢筋混凝土大型砌块，规格是高 3000mm、宽 4200mm、厚160mm，圆孔直径为 110mm，如图 9 - 6 - 5（c）所示。这种板材用于西墙时不能满足隔热要求，但经改善处理（如加外粉刷和刷白灰水以及开通风孔等）后基本上可以应用。

思　考　题

1. 什么是导热、热对流、热辐射现象？
2. 简述实际工程中的热传递现象，并举例说明。
3. 窗有哪些传热特点？应如何提高其保温性能？

第十章 建 筑 节 能

第一节 建 筑 节 能 概 述

一、建筑节能

节约资源是我国的基本国策。国家实施节约与开发并举、把节约放在首位的能源发展战略。在工程建设领域，节约能源主要包括建筑节能和施工节能两个方面。建筑节能是解决建设项目建成后使用过程中的节能问题，施工节能则是要解决施工过程中的节约能源问题，《绿色施工导则》规定，"绿色施工是指工程建设中，在保证质量、安全等基本要求的前提下，通过科学管理和技术进步，最大限度地节约资源与减少对环境负面影响的施工活动。实现四节一环保（节能、节地、节水、节材和环境保护）"。

建筑节能指在建筑材料生产、房屋建筑和构筑物施工及使用过程中，满足同等需要或达到相同目的的条件下，尽可能降低能耗。

建筑节能，在发达国家最初为减少建筑中能量的散失，现在则普遍称为"提高建筑中的能源利用率"，是在保证建筑舒适性的条件下，合理使用能源，不断提高能源利用效率。建筑节能具体指在建筑物的规划、设计、新建（改建、扩建）、改造和使用过程中，执行节能标准，采用节能型的技术、工艺、设备、材料和产品，提高保温隔热性能和供暖供热、空调制冷制热系统的效率，加强建筑物用能系统的运行管理，利用可再生能源，在保证室内热环境质量的前提下，减少供热、空调制冷制热、照明、热水供应的能耗。

二、建筑节能的规定

《中华人民共和国节约能源法》规定，国家实行固定资产投资项目节能评估和审查制度。不符合强制性节能标准的项目，依法负责项目审批或者核准的机关不得批准或者核准建设；建设单位不得开工建设；已经建成的，不得投入生产、使用。

1. 采用太阳能、地热能等可再生能源

《民用建筑节能条例》（国务院令第530号）规定，国家鼓励和扶持在新建建筑和既有建筑节能改造中采用太阳能、地热能等可再生能源。

2. 新建建筑节能的规定

建设单位、设计单位、施工单位不得在建筑活动中使用列入禁止使用目录的技术、工艺、材料和设备。

（1）施工图审查机构的节能义务。施工图设计文件审查机构应当按照民用建筑节能强制性标准对施工图设计文件进行审查；经审查不符合民用建筑节能强制性标准的，县级以上地方人民政府建设主管部门不得颁发施工许可证。

（2）建设单位的节能义务。建设单位不得明示或者暗示设计单位、施工单位违反民用建筑节能强制性标准进行设计、施工，不得明示或者暗示施工单位使用不符合施工图设计文件要求的墙体材料、保温材料、门窗、供暖制冷系统和照明设备。

建设单位组织竣工验收，应当对民用建筑是否符合民用建筑节能强制性标准进行查验；不符合民用建筑节能强制性标准的，不得出具竣工验收合格报告。

（3）设计单位、施工单位、工程监理单位的节能义务。设计单位、施工单位、工程监理单位及其注册执业人员，应当按照民用建筑节能强制性标准进行设计、施工、监理。

施工单位应当对进入施工现场的墙体材料、保温材料、门窗、供暖制冷系统和照明设备进行查验；不符合施工图设计文件要求的，不得使用。

工程监理单位发现施工单位不按照民用建筑节能强制性标准施工的，应当要求施工单位改正；若施工单位拒不改正，工程监理单位应当及时报告建设单位，并向有关主管部门报告。

3. 既有建筑节能的规定

既有建筑节能改造，是指对不符合民用建筑节能强制性标准的既有建筑的围护结构、供热系统、供暖制冷系统、照明设备和热水供应设施等实施节能改造的活动。

实施既有建筑节能改造，应当符合民用建筑节能强制性标准，优先采用遮阳、改善通风等低成本改造措施。既有建筑围护结构的改造和供热系统的改造应当同步进行。

三、建筑节能的意义

我国是一个建筑大国，每年新建房屋面积高达 17 亿～18 亿 m^2，超过所有发达国家每年建成建筑面积的总和。随着全面建设小康社会的逐步推进，建设事业迅猛发展，建筑能耗迅速增长。建筑能耗是指建筑使用能耗，包括供暖、空调、热水供应、照明、炊事、家用电器、电梯等方面的能耗。其中供暖、空调能耗约占 60%～70%。我国既有的近 400 亿 m^2 建筑，仅有 1% 为节能建筑，其余无论从建筑围护结构还是供暖空调系统来衡量，均属于高耗能建筑。由于我国的建筑围护结构保温隔热性能差，供暖用能的 2/3 白白浪费。单位面积供暖所耗能源相当于纬度相近的发达国家的 2～3 倍。

我国人口众多，人均能源资源相对匮乏。人均耕地只有世界人均耕地的 1/3，人均水资源量只有世界人均占有量的 1/4，已探明的煤炭储量只占世界储量的 11%，原油占 2.4%。目前，我国建筑用能浪费极其严重，每年新建建筑使用的实心黏土砖，毁掉良田 12 万亩。物耗水平与发达国家相比，钢材高出 10%～25%，每立方米混凝土多用水泥 80kg，污水回用率仅为 25%。国民经济要实现可持续发展，推行建筑节能势在必行，迫在眉睫。

在建筑中积极提高能源使用效率，就能够大大缓解国家能源紧缺状况，促进我国国民经济建设的发展。因此，建筑节能是贯彻可持续发展战略、实现国家节能规划目标、减排温室气体的重要措施，符合全球发展趋势。

减少建筑的冷、热及照明能耗是降低建筑能耗总量的重要内容。

四、减少能源总需求量

1. 建筑规划与设计

面对全球能源环境问题，不少全新的设计理念应运而生，如低能耗建筑、零能耗建筑和绿色建筑等，本质上都要求建筑师从整体综合设计概念出发，与能源分析专家、环境专家、设备师和结构师紧密配合。在建筑规划和设计时，根据大范围的气候条件影响，针对建筑自身所处的具体环境气候特征，重视利用自然环境（如外界气流、雨水、湖泊和绿化、地形等）创造良好的建筑室内微气候，以尽量减少对建筑设备的依赖。具体措施可归纳为以下三个方面：①合理选择建筑的地址，采取合理的外部环境设计（主要方法为在建筑周围布置树木、植被、水面、假山、围墙）；②合理设计建筑形体（包括建筑整体体量和建筑朝向的确定），以改善既有的微气候，合理的建筑形体设计是充分利用建筑室外微环境来改善建筑室内微环境的关键部分，主要通过建筑各部件的结构构造设计和建筑内部空间的合理分隔设计得以实现。

2. 围护结构

建筑围护结构组成部件（屋顶、墙、地基、隔热材料、密封材料、门和窗、遮阳设施）的设计对建筑能耗、环境性能、室内空气质量与用户所处的视觉和热舒适环境有根本的影响。一般增大围护结构的费用仅为总投资的 3%～6%，而节能却可达 20%～40%。通过改善建筑物围护结构的热工性能，在夏季可减少室外热量传入室内，在冬季可减少室内热量的流失，使建筑热环境得以改善，从而减少建筑的冷、热消耗。

3. 提高终端用户用能效率

高能效的供暖、空调系统与上述削减室内冷热负荷的措施并行，才能真正地减少供暖、空调能耗。首先，根据建筑的特点和功能，设计高能效的暖通空调设备系统，例如热泵系统，蓄能系统和区域供热、供冷系统等。其次，在使用中采用能源管理，监控系统监督和调控室内的舒适度、室内空气品质和能耗情况。

4. 提高总的能源利用效率

从一次能源转换到建筑设备系统使用的终端能源的过程中，能源损失很大。因此，应从全过程（包括开采、处理、输送、储存、分配和终端利用）进行评价，才能全面反映能源利用效率和能源对环境的影响。建筑中的能耗设备，如空调、热水器、洗衣机等应选用能源效率高的能源供应。例如，作为燃料，天然气比电能的总能源效率更高。采用第二代能源系统，可充分利用不同品位热能，最大限度地提高能源利用效率，如热电联产、冷热电联产。

五、利用新能源

在节约能源、保护环境方面，新能源的利用起至关重要的作用。新能源通常指非常规的可再生能源，包括太阳能、地热能、风能、生物质能等。人们对各种太阳能利用方式进行了广泛的探索，逐步明确了发展方向，使太阳能得到初步利用，如：①作为太阳能利用中的重要项目，太阳能热发电技术较为成熟，美国、以色列、澳大利亚等国投资兴建了一批试验性太阳能热发电站，有望实现太阳能热发电商业化；②随着太阳能光伏发电的发展，国外已建成不少光伏电站和"太阳屋顶"示范工程，将促进并网发电系统快速发展；③目前，全世界已有数万台光伏水泵在各地运行；④太阳热水器技术比较成熟，已具备相应的技术标准和规范，但仍需进一步地完善太阳热水器的功能并加强太阳能建筑一体化建设；⑤被动式太阳能建筑因构造简单、造价低，已经得到较广泛应用，其设计技术已相对较为成熟，已有可供参考的设计手册；⑥太阳能吸收式制冷技术出现较早，目前已应用在大型空调领域，太阳能吸附式制冷目前处于样机研制和实验研究阶段；⑦太阳能干燥和太阳灶已得到一定的推广应用。但从总体而言，目前太阳能利用的规模还不大，技术尚不完善，商品化程度也较低，仍需要继续深入广泛地研究。在利用地热能时，一方面可利用高温地热能发电或直接用于供暖供热和热水供应；另一方面可借助地源热泵和地道风系统利用低温地热能。风能发电较适用于多风海岸线山区和易受强风作用的高层建筑。

第二节 建筑节能基本原理

一、建筑围护结构传热方式

传热是研究热量传递规律的一门科学。凡有温度差，热量就会自发地由高温物体传到低温物体。由于自然界和生产过程中到处存在温度差，因此，传热是自然界和生产领域中非常普遍的现象，传热学的应用领域也十分广泛，在建筑节能问题上更不乏传热问题。例如热源和冷源设备的选择、配套和合理有效利用；各种供热设备管道的保温材料及建筑围护结构材料等的研制及其热物理性质的测试、热损失的分析计算；各类换热器的设计、选择和性能评价；建筑物的热工计算和环境保护等，都要求具备一定的传热学理论知识。

(一) 传热的基本方式

传热过程是由导热、热对流、热辐射三种基本方式组合形成的。下面分析房屋墙壁冬季散热的传热现象。如图 10-2-1 所示，墙壁冬季散热可分为三段，首先热由室内空气以对流换热和墙与物体间的辐射方式传给墙内表面（图 10-2-1 中数字 1 阶段）；再由墙内表面以固体导热方式传递到墙外表面（图 10-2-1 中数字 2 阶段）；最后由墙外表面通过空气对流换热和墙与物体间的辐射方式把热传给室外环境（图 10-2-1 中数字 3 阶段）。显然，在其他条件不变时，室内外温度差越大，传热量就越大。又如，热水暖气片的传热过程，热水的热量先以对流换热方式传给壁内侧，再由导热方式通过壁，然后壁外侧空气通过对流换热和壁与周围物体间的辐射换热方式将热量传给室内。从实例不难了解，传热过程是由导热、热对流、热辐射三种基本传热方式组合而成的。要了解传热过程的规律，就必须分别分析这三种基本传热方式。

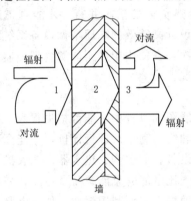

图 10-2-1 墙壁冬季散热

1. 导热

导热又称为热传导，是指物体各部分无相对位移或不同物体直接接触时依靠分子、原子及自由电子等微观粒子热运动而进行的热量传递现象。建筑物中，大平壁导热是导热的典型问题。平壁导热量与壁两侧表面的温度差成正比，与壁厚成反比，与材料的导热性能相关。通过平壁的导热量计算公式为

$$\Phi = \frac{\lambda}{\delta} \Delta t A \qquad (10-2-1)$$

式中　A——壁面积，m^2；

　　　δ——壁厚，m；

　　　Δt——壁两侧表面的温度差，℃；

　　　λ——热导率，W/(m·K)。

2. 热对流

热对流是指由于流体的宏观运动，流体各部分之间发生相对位移，冷热流体相互掺混

所引起的热量传递过程。若热对流过程中单位时间通过单位面积的质量为 $M(\mathrm{kg})$ 的流体由温度为 t_1 的地方转移至 t_2 处，其比热容为 $C_{\mathrm{p}}[\mathrm{J}/(\mathrm{kg} \cdot \mathrm{K})]$，则此热对流传递的热流密度应为 $q = MC_{\mathrm{p}}(t_2 - t_1)$。传热工程上涉及的问题往往不单纯是热对流问题，而是流体与固体壁直接接触时的换热过程，这个过程是热对流和导热联合作用的热量传递过程，称为对流换热。对流换热的公式为

$$q = h \Delta t \qquad (10-2-2)$$

式中 h——对流换热表面传热系数，$\mathrm{W}/(\mathrm{m}^2 \cdot \mathrm{K})$；

$\quad\quad \Delta t$——壁表面与流体温度差，℃。

3. 热辐射

物体通过电磁波传递能量的方式称为辐射。温度高于绝对零度的任何物体都不停地向空间发出热辐射能。它的特点是：在热辐射过程中伴随着能量形式的转换（物体内能→电磁波能→物体内能）；不需要冷热物体直接接触；无论物体温度高低，物体都不停地相互发射电磁波能，相互辐射能量，高温物体辐射给低温物体的能量大于低温物体向高温物体辐射的能量，总的结果是热由高温传到低温。以两个无限大平行平面间的热辐射为例，两表面间单位面积、单位时间辐射换热热流密度的计算公式为

$$q = C_{1,2}\left[\left(\frac{T_1}{100}\right)^4 - \left(\frac{T_2}{100}\right)^4\right] \qquad (10-2-3)$$

式中 $C_{1,2}$——1 和 2 两表面的系统辐射系数，它取决于辐射表面材料的性质及状态，其值在 $0 \sim 5.67$ 之间；

$\quad\quad T$——热力学温度，K。

在实际工程技术问题中，一个物体表面常常既有对流换热又有辐射换热。这种对流和辐射同时存在的换热过程称为复合换热。对于复合换热，工程上为计算方便，常采用把辐射换热量折合成对流换热量的处理办法，按有关辐射换热的公式算出辐射换热量（φ_{r}）：

$$\varphi_{\mathrm{r}} = h_{\mathrm{r}} A \Delta t \qquad (10-2-4)$$

式中 h_{r}——辐射传热系数。

复合换热总热量可以表示成

$$\varphi = (h_{\mathrm{e}} + h_{\mathrm{r}}) A \Delta t$$

式中 h_{e}——对流传热系数。

（二）传热过程

建筑工程上常遇到两流体通过墙壁面的换热，把热量从墙壁一侧的高温流体通过墙壁传给另一侧的低温流体的过程，称为传热过程。现有一大面墙壁，面积为 A；它的一侧为温度是 t_{fl} 的热流体，另一侧为温度是 t_{f2} 的冷流体；两侧对流传热系数分别为 h_1 及 h_2；墙壁壁面温度分别为 t_{w1} 和 t_{w2}；墙壁材料的热导率为 λ；厚度为 δ。假设传热工况不随时间变化，传热过程处于稳态过程，墙壁的长宽均远大于厚度，可认为热流方向与墙壁面垂直。把该墙壁在传热过程中的各处温度描绘在 $t-x$ 坐标图上，如图 $10-2-2$ 所示。

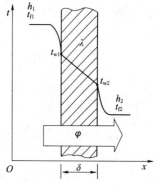

图 $10-2-2$　两流体间的热传递过程

整个传热过程分为如下三阶段。

（1）热量由热流体以对流换热传给墙壁左侧，热流密度为

$$q = h_1(t_{f1} - t_{f2}) \tag{10-2-5}$$

（2）该热量又以导热方式通过墙壁，热流密度为

$$q = \frac{\lambda}{\delta}(t_{w1} - t_{w2}) \tag{10-2-6}$$

（3）热量再由墙壁右侧以对流换热传给冷流体，得

$$q = h_1(t_{f1} - t_{f2}) \tag{10-2-7}$$

在稳态情况下，以上三式的热流密度 q 相等，三式相加，消去 t_{w1} 及 t_{w2}，整理后得该墙壁的传热热流密度为

$$q = \frac{1}{\dfrac{1}{h_1} + \dfrac{\delta}{\lambda} + \dfrac{1}{h_2}} \tag{10-2-8}$$

设 $k = \dfrac{1}{\dfrac{1}{h_1} + \dfrac{\delta}{\lambda} + \dfrac{1}{h_2}}$，$k$ 称为传热系数，表明单位时间、单位墙壁面上，冷热流体间每单位温度差可传递的热量，是反映传热过程强弱的量，单位为 $W/(m^2 \cdot K)$。

R_k 为围护结构的传热热阻，即

$$R_k = \frac{1}{k} = \frac{1}{h_1} + \frac{\delta}{\lambda} + \frac{1}{h_2} \tag{10-2-9}$$

（三）建筑围护结构传热

在工程设计中，建筑围护结构的传热一般按一维传热过程计算，传热量计算的基本公式为

$$\Phi = KA(t_n - t_w) \tag{10-2-10}$$

式中　K——围护结构的传热系数；

　　　A——围护结构的传热面积；

　　　t_n——室内计算温度；

　　　t_w——室外计算温度。

一般建筑物的外墙和屋顶都属于多层材料的平壁结构，根据串联热阻叠加原则，传热系数 k 值可以用下式计算

$$k = \frac{1}{R_k} = \frac{1}{\dfrac{1}{h_n} + \sum\dfrac{\delta_i}{\lambda_i} + \dfrac{1}{h_w}} = \frac{1}{R_n + R_j + R_w} \tag{10-2-11}$$

式中　R_k——围护结构的传热热阻；

　　　h_n——围护结构内表面传热系数；

　　　h_w——围护结构外表面传热系数；

　R_n、R_w——围护结构内表面、外表面的传热热阻；

　　　δ_i——围护结构各层的壁厚；

　　　λ_i——围护结构各层材料的热导率；

　　　R_j——由单层或多层材料组成的围护结构各材料层的热阻。

二、建筑围护结构的热湿传递特点

影响建筑物内热湿状况和空气环境的因素有室外气象条件、室内发热和产湿量以及供热与空气调节系统的工作方式。外部因素指室外空气的温度、湿度,太阳辐射强度,风速和风向,以及邻室的空气温湿度。它们可以通过两种形式影响房间的热湿状态:①周围空气温度以及太阳辐射都会通过不透明的板壁围护结构和半透明的门、窗玻璃等,通过传热与房间进行热量交换,太阳辐射还可以透过半透明玻璃向房间射入辐射热;②通过门窗缝隙,室内外空气将有一定数量的交换,即空气渗透,通过空调通风系统也会人为地向房间送入或从房间排出一定数量的空气,它们均属于空气交换。伴随室内外的空气交换,外界的热量或湿量将直接影响房间空气的热湿状况。内部影响因素指照明装置,设备和人体的散热、散湿,它们也都将与房间进行热湿交换。因此,影响建筑物内热湿环境形成的最主要原因是各种外扰和内扰。

外扰主要包括室外气候参数如室外空气温湿度、太阳辐射、风速、风向变化以及邻室的空气温湿度,可通过围护结构的传热、传湿、空气渗透使热量和湿量进入到室内,对室内热湿环境产生影响。内扰主要包括室内设备、照明、人员等室内热湿源。无论是通过围护结构的传热传湿还是室内产热产湿,其作用形式基本为对流换热(对流质交换)、导热(水蒸气渗透)和辐射三种形式。某时刻在内扰作用下进入房间的总热量叫作该时刻的得热,包括显热和潜热两部分。得热量的显热部分包括对流得热(例如室内热源的对流散热,通过围护结构导热形成的围护结构内表面与室内空气之间的对流换热)和辐射得热(例如透过窗玻璃进入到室内的太阳辐射、照明器具的辐射散热等)两部分。而潜热得热则是以进入到室内的湿量形式来表述。由于围护结构本身存在热惯性,其热湿过程的变化规律变得相当复杂,通过围护结构的得热量与外扰之间存在着衰减和延迟的关系。

(一)通过非透光围护结构的显热得热

通过墙体、屋顶等非透光围护结构传入室内的热量来源于两部分:①室外空气与围护结构外表面的对流换热;②太阳辐射通过墙体导热传入的热量。

由于围护结构存在热惰性,因此通过围护结构的传热量和温度的波动幅度与外扰波动幅度之间存在衰减和延迟关系(图10-2-3)。衰减和滞后的程度取决于围护结构的蓄热能力。围护结构的热容量越大,蓄热能力就越强,滞后时间就越长,波幅的衰减就越大。图10-2-3(a)给出了传热系数相同但蓄热能力不同的两种墙体的传热量变化与室外气温之间的关系。由于重型墙体的蓄热能力比轻型墙体的蓄热能力大得多,因此其得热量的峰值就比较小,延迟时间也长得多。

(二)通过透光围护结构的得热

透光围护结构主要包括玻璃门窗和玻璃幕墙等,是由玻璃与其他透光材料(如热镜膜、遮光膜等)以及框架组成的。通过透光围护结构的热传递过程与非透光围护结构有很大的不同。由于透光围护结构可以透过太阳辐射,而且这部分热量在建筑物热环境的形成过程中发挥了重要作用,因此通过透光围护结构形成的显热得热包括两部分:通过玻璃板壁的传热量和透过玻璃的日射辐射得热量。这两部分传热量与透光围护结构的种类及其热工性能有重要的关系。

玻璃窗由窗框和玻璃组成。窗框型材有木框、铝合金框、铝合金断热框、塑钢框、断热塑钢框等;窗框数目有单框(单层窗)、多框(多层窗),单框上镶嵌的玻璃层数有单

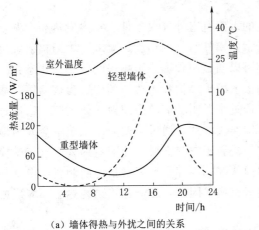

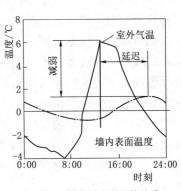

（a）墙体得热与外扰之间的关系　　（b）墙内表面温度与外温的关系

图 10-2-3　墙体的传热量与温度对外扰的响应

层、双层、三层，分别称作单玻窗、双玻窗或三玻窗；玻璃层之间可充气体如空气（称作中空玻璃）、氮、氩、氪气等，或有真空夹层，密封的夹层内往往放置干燥剂以保持气体干燥；玻璃类别有普通玻璃、有色玻璃、吸热玻璃、反射玻璃、低辐射玻璃等；玻璃表面可以有各种具辐射阻隔性能的镀膜或贴膜。透光围护结构的热阻往往低于实体墙，例如实体墙传热系数很容易达到 $0.8W/(m^2 \cdot ℃)$ 以下，但普通单层玻璃窗的传热系数高于 $5W/(m^2 \cdot ℃)$，双层中空玻璃窗也只能达到 $3W/(m^2 \cdot ℃)$ 左右。所以透光围护结构往往是建筑保温中最薄弱的一环。

　　由于室内外温差的存在，必然会通过透光围护结构以导热方式与室内空气进行热交换。玻璃和玻璃间的气体夹层本身也有热容，因此与墙体一样有衰减延迟作用。但由于玻璃和气体夹层的热容很小，所以这部分热惰性往往被忽略。一般可以将透光外围护结构的传热近似按稳态传热考虑。

　　阳光照射到玻璃或透光材料表面后，一部分被反射掉，不会成为房间的得热；一部分直接透过透光外围护结构进入室内，全部成为房间得热量；还有一部分被玻璃或透光材料吸收。被玻璃或透光材料吸收的热量使玻璃或透光材料的温度升高，其中一部分将以对流和辐射形式传入室内，另一部分同样以对流和辐射形式散到室外。

　　（三）通过围护结构的湿传递

　　一般情况下，透过围护结构的水蒸气可以忽略不计。当围护结构两侧空气的水蒸气分压力不相等时，水蒸气将从分压力高的一侧向分压力低的一侧转移。在稳定条件下，单位时间内通过单位面积围护结构传入室内的水蒸气量与两侧水蒸气分压力差成正比。由于围护结构两侧空气温度不同，围护结构内部形成一定的温度分布；同样，由于围护结构两侧空气水蒸气分压力不同，在围护结构内部也会形成一定水蒸气分压力分布。如果围护结构内任一断面上的水蒸气分压力大于该断面温度所对应的饱和水蒸气分压力，在此断面就会有水蒸气凝结，如图 10-2-4 所示。如果该断面温度低于

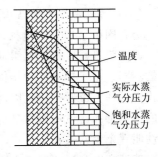

图 10-2-4　围护结构内水蒸气分压力大于饱和水蒸气分压力

零度，还会出现冻结现象。这些现象会导致围护结构的传热系数增大，加大围护结构的传热量，并加速围护结构的损坏。为此，必要时在围护结构内设置蒸汽隔层或其他结构措施，以避免围护结构内部出现水蒸气凝结或冻结现象。

三、建筑热负荷

（一）热负荷概述

人们为了生产和生活需要，要求室内保证一定的温度。一座建筑物或房间可有各种得热和散失热量的途径。当建筑物或房间的失热量大于得热量时，为了保持室内在要求温度下的热平衡，需要由供热、通风系统补进热量，以保证室内要求的温度，供热系统通常利用散热器向房间散热，通风系统送入高于室内要求温度的空气，一方面向房间不断地补充新鲜空气，另一方面也为房间提供热量。

建筑物的热负荷是指在某一室外温度 t_w 下，为了达到要求的室内温度 t_n，供热系统在单位时间内向建筑物供给的热量。它是设计供热系统的最基本依据。一般根据建筑物或房间的得、失热量确定最大可能热损失。通常主要有两种热损失：①通过墙壁、屋顶、地板、玻璃窗或其他表面的传热；②加热进入房间的室外空气所需要的热量，这些热损失的总和就是热负荷。

由于室外温度、风速、太阳辐射等参数的不断变化，实际的热损失问题是一个瞬间的概念。有关热负荷计算的热平衡方法中多考虑冬季条件下的太阳辐射、室外温度、建筑物的热容量等参数发生变化的情况。然而在最冷的月份中，室外气温变化相对小的、非常冷的、多云的或有雪的天气可能持续出现。在这种情况下，房间热损失将相对稳定，设计时通常可以在假设稳态传热的条件下估算热损失。瞬态分析法通常在模拟研究中用于计算建筑物真实的能量需求，在这种情况下，太阳影响和内部得热都应该加以考虑。

对于一般的民用住宅建筑、办公楼等，建筑物或房间的热平衡较为简单。失热量主要考虑维护结构传热耗热量 Q_1 和由门、窗缝隙渗入室内的冷空气的耗热量 Q_2（称冷风渗透耗热量）。得热量只考虑太阳辐射进入室内的热量 Q_3。至于住宅中其他途径的热量，如人体散热量、炊事和照明散热量（统称为自由热），一般散发量不大且不稳定，通常可不予考虑。因此，热负荷可表示为

$$Q = Q_1 + Q_2 - Q_3 \qquad (10-2-12)$$

围护结构的传热耗热量是指当室内温度高于室外温度时，通过维护结构向外传递的热量。在工程设计中，常把它分成围护结构传热的基本耗热量和附加耗热量两部分进行计算。基本耗热量是指在设计条件下，通过房间各部分围护结构（门、窗、墙、地板、屋顶等）从室内传到室外的稳定传热量的总和。附加耗热量是指围护结构的传热状况发生变化而对基本耗热量进行修正的耗热量，附加耗热量包括风力附加、高度附加和朝向修正等。朝向修正是考虑围护结构的朝向不同、太阳辐射得热量不同而对基本耗热量进行的修正。计算围护结构附加耗热量时，太阳辐射得热量可用减去一部分基本耗热量的方法列入，而风力和高度影响用增加一部分基本耗热量的方法进行附加。

（二）围护结构的基本耗热量

在工程设计中，围护结构的基本耗热量是按一维稳定传热过程计算的，即假设在计算时间内，室内外空气温度和其他传热过程参数都不随时间变化。实际上，室内散热设备散热不稳定，室外空气温度随季节和昼夜变化不断波动，这是一个不稳定传热过程。但不稳

定传热计算复杂，所以对室内温度容许有一定波动幅度的一般建筑物来说，温度波动幅度要求很小的建筑物或房间，就需采用不稳定传热原理进行围护结构耗热量计算。

围护结构基本耗热量计算式为

$$Q_1 = KF(t_n - t_w)\alpha \qquad (10-2-13)$$

式中　K——围护结构的传热系统，$W/(m^2 \cdot ℃)$；

F——围护结构的面积，m^2；

t_n——室内计算温度，℃；

t_w——室外计算温度，℃；

α——围护结构的温差修正系数。

整个建筑物或房间的基本耗热量等于围护结构各部分基本耗热量的总和。

下面对上式中各项分别讨论。

1. 室内计算温度

室内计算温度 t_n 是指距地面 2m 以内人们活动地区的平均空气温度。室内空气的选定，应满足人们生活和生产的要求。生产要求的室温，一般由工艺设计人员提出。生活用房间的温度，主要决定于人体的生理热平衡，它和许多因素有关，如房间的用途、室内的潮湿状况和散热强度、人的劳动强度以及生活习惯、生活水平等。

许多国家规定的冬季室内温度标准，大致在 16～22℃ 范围内。根据国内有关卫生部门的研究结果：当人体衣着适宜，保暖量充分且处于安静状况下，室内温度 20℃ 比较舒适，18℃ 无冷感，15℃ 是产生明显冷感的温度界限。具体应根据建筑物的用途，参考《供暖通风与空气调节设计规范》（GB 50019—2015）（以下简称《暖通规范》）的规定选用。

2. 室外设计温度

供热室外计算温度 t_w 如何确定，对供热系统设计具有关键性的影响。如采用过低的 t_w，会使供热系统的造价增加；如采用值过高，则不能保证供热效果。

目前国内外选定供热室外计算温度的方法，可以归纳为两种：一种是根据围护结构的热惰性原理；另一种是根据不保证天数的原则来确定。采用不保证天数的原则是：人为允许有几天时间可以低于规定的供热室外计算温度值，亦即容许这几天室内温度可能稍低于室内计算温度值。不保证天数根据各国规定而有所不同，有 1 天、3 天、5 天等。

我国现行的《暖通规范》采用不保证天数法确定北方城市的供热室外计算温度值。《暖通规范》规定：供热室外计算温度，应采用历年平均不保证 5 天的日平均温度。对于我国北方一些城市的供热室外计算温度比值，可参考《暖通规范》。我国一些城市冬季室外计算温度见表 10-2-1。

表 10-2-1　　　　　　　　我国一些城市冬季室外计算温度

序号	地名	计算温度/℃	序号	地名	计算温度/℃	序号	地名	计算温度/℃
1	北京	−9	7	长春	−23	13	西安	−5
2	上海	−2	8	延吉	−20	14	杭州	−1
3	天津	−9	9	沈阳	−19	15	南昌	0
4	哈尔滨	−26	10	大连	−11	16	武汉	−2
5	齐齐哈尔	−25	11	太原	−12	17	乌鲁木齐	−22
6	海拉尔	−34	12	呼和浩特	−19	18	拉萨	−6

3. 温差修正系数

对于供热房间围护结构外侧不是与室内空气直接接触，而是中间隔着不供热房间或空间的情况，通过该围护结构的传热量为

$$Q = KF(t_n - t_h) \qquad (10-2-14)$$

式中 t_h——传热达到热平衡时，非供热房间或空间的温度。

因此，计算与大气不直接接触的外围护结构基本耗热量时，为统一计算公式，采用的围护结构温差修正系数为

$$\alpha = \frac{t_n - t_h}{t_n - t_w} \qquad (10-2-15)$$

围护结构温差修正系数 α 值的大小，取决于非供热房间或空间的保温性能和透气状况。对于保温性能差和易与室外空气流通的情况，不供热房间或空间的空气温度 t_h 更接近于室外空气温度 t_w，即 α 更接近于 1。各种不同情况的温差修正系数可参考《暖通规范》。此外，如两个相邻房间的温差大于或等于 5℃时，应计算通过隔墙或楼板的传热量。

（三）围护结构的附加耗热量

实际耗热量因受到气象条件以及建筑物情况等各种因素影响而有所增减，由于这些因素的影响，需要对房间围护结构基本耗热量进行修正。附加耗热量有朝向附加、风力附加和高度附加等。

朝向附加耗热量是考虑建筑物受太阳照射影响而对围护结构基本耗热量的修正。当太阳照射建筑物时，阳光直接透过玻璃窗，使室内得到热量。同时由于阳面的围护结构外表面和附近气温较高，围护结构向外传递热量会减少。采用的修正方法是按围护结构的不同朝向，采用不同的修正率。需要修正的耗热量等于垂直的围护结构（门、窗、外墙及屋顶的垂直部分）的基本耗热量乘以相应的朝向修正率。

朝向修正率可按如图 10-2-5 所示的规定修正，朝向修正耗热量是负值。

风力附加耗热量是考虑室外风速变化而对围护结构基本耗热量的修正。在一般情况下，不必考虑风力附加。只对建在不避风的高地、河边、河岸、旷野上的建筑物，以及城镇、厂区内特别突出的建筑物，才考虑垂直外围护结构的风力附加耗热量。

高度附加耗热量是考虑房屋高度对围护结构耗热量的影响而附加的耗热量。高度附加率应附加于房屋各围护结构基本耗热量和其他附加耗热量的总和上。当房间高度大于 4m 时，每高出 1m，应对经过朝向及风力附加后的耗热量附加 2%，但总的附加值不超过 15%，对高层建筑的楼梯间不考虑高度附加。

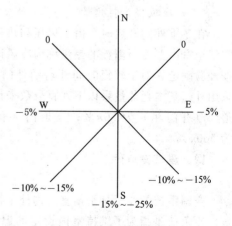

图 10-2-5 朝向修正率

综合上述，建筑物或房间在室外供热计算温度下，通过围护结构的总耗热量为

$$Q_1 = (1 + x_g) \sum \alpha KF(t_n - t_w)(1 + x_e + x_i) \qquad (10-2-16)$$

式中 x_e——朝向修正率，%；

x_i——风力附加率，$x_i \geq 0$，%；

x_g——高度附加率，$0 \leq x_g \leq 15\%$，%。

（四）冷风渗透耗热量

在风力和热压造成的室内外压差作用下，室外的冷空气通过门、窗等缝隙渗入室内，这部分冷空气从室外温度加热到室内温度所消耗的热量称为冷风渗透耗热量。冷风渗透耗热量的影响因素主要有门窗构造、门窗朝向、室外风向和风速、室内外温差、建筑物高低及建筑物内部通道状况等。对于多层（六层及六层以下）的建筑物，由于房屋高度不高，在工程设计中，冷风渗透热量主要考虑风压的作用，而忽略热压的影响；对于高层建筑，则应考虑风压和热压的综合作用。

计算冷风渗透耗热量的常用方法有缝隙法、换气次数法、百分数法等。

建筑物门窗缝隙长度分别按各朝向所有可开启的外门、窗缝隙丈量，在计算不同朝向的冷风渗透空气量时，引入一个渗透空气量的朝向修正系数，深入空气量为

$$V = Lln \tag{10-2-17}$$

式中 V——深入空气量，$\mathrm{m^3/h}$；

L——每米门、窗缝隙渗入室内的空气量，按当地平均风速确定；

l——门窗缝隙计算长度，m；

n——渗透空气量的朝向修正系数。

确定门、窗缝隙渗入空气流量后，冷风渗透耗热量为

$$Q_2 = 0.278V\rho_w c_p(t_n - t_w) \tag{10-2-18}$$

式中 Q_2——冷风渗透耗热量，W；

V——流入的冷空气量，$\mathrm{m^3/h}$；

ρ_w——冷空气的密度，$\mathrm{kg/m^3}$；

c_p——空气的比热容，$\mathrm{kJ/(kg \cdot \text{℃})}$。

（五）冷风侵入耗热量

在冬季外门开启时，由于风压和热压的作用会有大量的冷空气侵入室内，加热这部分空气至室内温度所消耗的热量称为冷风侵入耗热量。对于民用建筑和工厂的辅助建筑物可按经验确定。对于较短时间开启的外门（不包括阳台门、太平门和设置热空气幕的门），采用外门基本耗热量乘以下列百分数来计算：当楼层的总数为 n 时，一道门为 $65n\%$；二道门（有门斗）为 $80n\%$；三道门（有两个门斗）为 $60n\%$；公共建筑的主要出入口为 $500n\%$。

四、建筑冷负荷

（一）概述

空调系统的作用是平衡室、内外干扰因素的影响，使室内温度、湿度维持为设定的数值。冷负荷是指为了维持室内设定的温度，在某一时刻必须由空调系统从房间带走的热量，或者某一时刻需要向房间供应的冷量；热负荷是指为补偿房间失热在单位时间内需要向房间供应的热量；湿负荷是指湿源向室内的散湿量，即为维持室内的含湿量恒定需要从房间除去的湿量。

由于太阳辐射热逐时变化所带来的瞬时影响，传入有温度、湿度要求的空间的瞬时得

热量就随时间的变化而改变。故而在特定的时间内，建筑物的得热量和由冷却设备带走的热量可能有一些不同。这些差别是由热量经过建筑物和流通的空气时存在的蓄热和延迟引起的。考虑这些因素的影响，冷负荷计算时还必须进行瞬时分析，要区分得热量、冷负荷和除热量。

（二）得热量与冷负荷的关系

得热量是指在某一时刻由室外和室内热源散入房间的热量总和，由两部分组成：一部分是由太阳辐射进入房间的热量和室外空气温差经围护结构传入房间的热量；另一部分是人体、照明、各种工艺设备和电气设备散入房间的热量。根据性质的不同，得热量可分为潜热和显热两类，而显热又包括对流热和辐射热两种成分。

围护结构热工特性及得热量的类型决定了得热量和冷负荷的关系。在瞬时得热中的潜热得热及显热得热中的对流成分是直接放散到房间空气中的热量，它们立即构成瞬时冷负荷。而显热得热中的辐射成分则不能立即成为瞬时冷负荷。因为辐射热透过空气传递到各围护结构内表面和家具的表面，提高了这些表面的温度。一旦其表面温度高于室内空气温度时，它们又以对流方式将储存的热量再散发给空气。这种室内各表面的长波辐射过程是一个无穷次反复作用的过程，直到各表面温度完全一致才会停止。当然，如果考虑到围护结构内装修和家具的吸湿和存湿作用，潜热得热也会存在延迟。

可见，任一时刻房间瞬时得热量的总和未必等于同一时间的瞬时冷负荷，只有当瞬时得热量全部以对流方式传递给室内空气（如新风和渗透风带入室内的得热量）或围护结构和家具没有蓄热能力的情况下，得热量的数值才等于瞬时冷负荷。

（三）冷负荷的计算

围护结构的冷负荷计算有多种方法，目前国内采用较多的是谐波反应法和冷负荷系数法。使用冷负荷系数法计算围护结构空调冷负荷的步骤如下。

1. 外墙、屋面、窗户的传热形式的冷负荷

（1）外墙和屋面瞬变传热引起的冷负荷。在日射和室外气温综合作用下，外墙和屋面瞬变传热引起的逐时冷负荷为

$$Q_{c,\gamma} = KF(t_{1,\gamma} - t_n) \tag{10-2-19}$$

式中　$Q_{c,\gamma}$——外墙和屋面瞬变传热引起的冷负荷，W；

K——外墙和屋面的传热系数，根据外墙和屋面的不同构造和厚度查表得到，W/（m²·℃）；

F——外墙和屋面的面积，m²；

$t_{1,\gamma}$——外墙和屋面的冷负荷计算温度的逐时值，根据外墙和屋面的不同类型查表得到，℃。

（2）外玻璃窗的瞬变传热引起的冷负荷。在室内外温差作用下，由外玻璃窗瞬变传热引起的冷负荷为

$$Q_{c,\gamma} = KF(t_{1,\gamma} - t_n)$$

式中　$Q_{c,\gamma}$——外玻璃窗的瞬变传热引起的冷负荷，W；

K——玻璃窗的传热系数，W/（m²·℃）；

F——窗洞的面积，m²；

$t_{1,\gamma}$——玻璃窗的逐时冷负荷计算温度，℃。

2. 透过玻璃窗的日射得热形成的冷负荷

（1）无外遮阳玻璃窗的日射得热形成的逐时冷负荷为

$$Q_{f,\gamma}=FC_nD_{j,max}C_L \qquad (10-2-20)$$

式中　$Q_{f,\gamma}$——透过玻璃窗的日射得热引起的逐时冷负荷，W；

$D_{j,max}$——不同纬度带各朝向 7 月份日射得热因素的最大值，查表得到，$W/(cm^2 \cdot ℃)$；

F——玻璃窗的有效面积，m^2；

C_s——玻璃窗的遮阳系数，查相关表格得到；

C_n——窗内遮阳系数，查相关表格得到；

C_L——冷负荷系数，查相关表格得到。

（2）有外遮阳玻璃窗的日射得热引起的逐时冷负荷。有外遮阳玻璃窗的日射得热引起的逐时冷负荷由两部分组成，即

$$Q_{f,\gamma}=Q_{f,s,\gamma}+Q_{f,r,\gamma} \qquad (10-2-21)$$

$$\left.\begin{array}{l}Q_{f,s,\gamma}=F_sC_sC_n(D_{j,max})_n(C_L)_n \\ Q_{f,r,\gamma}=F_{\gamma}C_sC_nD_{j,max}C_L\end{array}\right\} \qquad (10-2-22)$$

式中　$Q_{f,s,\gamma}$——阴影部分日射冷负荷，W；

$Q_{f,r,\gamma}$——阳光照射部分的日射冷负荷，W；

F_s——窗户的阴影面积，m^2；

$(D_{j,max})_n$——北向的日射得热因素的最大值，$W/(m^2 \cdot ℃)$；

$(C_L)_n$——北向玻璃窗的冷负荷系数；

F_{γ}——窗户的阳光面积，m^2。

3. 通过内墙、楼板等内维护结构传热形成的逐时冷负荷

当空调房间的温度与相邻非空调房间的温度差大于 3℃时，需要考虑围护结构的温差传热对空调房间形成的瞬时冷负荷，可按稳定传热公式［式（10-2-23）］计算：

$$Q=KF(t_{1s}-t_n) \qquad (10-2-23)$$

$$t_{1s}=t_{wp}+\Delta t_{1s} \qquad (10-2-24)$$

式中　Q——内墙、楼板等内维护结构传热形成的瞬时冷负荷，W；

K——内维护结构传热系数，$W/(m^2 \cdot ℃)$；

F——内维护结构传热面积，m^2；

t_n——夏季空调室内计算温度，℃；

t_{1s}——相邻非空调房间的平均计算温度，℃；

t_{wp}——夏季空调室外计算日平均温度，℃；

Δt_{1s}——相邻非空调房间的平均计算温度与夏季空调室外计算日平均温度的差值，℃。

4. 室内热源散热形成的冷负荷

室内热源包括照明散热、人体散热和设备散热等。室内热源散出的热量包括显热和潜热两部分。显热得热有对流和辐热之分，其辐射得热部分，与日射得热等辐射传热情况类似，也不能直接被空气所吸收，而是先传给室内维护结构、家具等物体，当这些物体吸收热量表面温度升高后，通过表面对流等方式再将所吸收的辐射热量传给室内的空气或其他

物体。所以，冷负荷的形成过程的机理与太阳辐射形成冷负荷的机理相同，可用相应的冷负荷系数来简化计算。

5. 照明得热引起的逐时冷负荷

（1）照明得热量。由于照明灯具类型和安装方式不同，其得热量也不相同。其中

白炽灯： $$Q=P \qquad\qquad (10-2-25)$$

荧光灯： $$Q=n_1 n_2 P \qquad\qquad (10-2-26)$$

式中 P——照明灯具的功率，W；

n_1——镇流器消耗功率系数，明装时 $n_1=1.2$，暗装荧光灯的镇流器在顶棚内时 $n_1=1.0$；

n_2——灯罩隔热系数，当荧光灯罩上部有小孔，可自然通风散热至顶棚时 $n_2=0.5\sim 0.6$；荧光灯罩无通风时，根据顶棚内通风情况，一般取 $n_2=0.6\sim 0.8$。

（2）照明得热引起的逐时冷负荷为

$$Q=QC_L \qquad\qquad (10-2-27)$$

式中 Q——照明得热量，W；

C_L——照明冷负荷系数，查相关表格得到。

6. 人体和设备的散热量引起的瞬时冷负荷

（1）人体散热量与性别、年龄、衣着、劳动强度和环境条件等因素有关。在人体散热量中，辐射热部分约占 40%，对流散热约占 20%，潜热约占 40%。潜热和对流散热可视为瞬时冷负荷，辐射散热与日射等辐射传热情况类似

$$Q_s=n_1 n_2 q_s \qquad\qquad (10-2-28)$$

$$Q_r=n_1 n_2 q_r \qquad\qquad (10-2-29)$$

式中 Q_s——人体显热散热量，W；

q_s——不同室温和活动强度下，成年男子的显热散热量，查表得到；

Q_r——人体潜热散热量，W；

q_r——不同室温和活动强度下，成年男子的潜热散热量，查表得到；

n_1——室内人数，人；

n_2——集群系数，查表得到。

（2）设备散热得热量包括工艺设备散热得热量和电子设备散热得热量。

（3）人体和设备得热引起的逐时冷负荷为

$$Q_r=Q_a C_L+Q_r \qquad\qquad (10-2-30)$$

式中 Q_a——人体或设备的显热得热量，W；

Q_r——人体或设备的潜热得热量，W；

C_L——人体或设备的冷负荷系数，查表得到。

第三节 建 筑 节 能 技 术

一、供暖系统节能技术

建筑节能的目标是通过建筑物自身降低能耗需求和提高供暖（空调）系统效率来实现

的。其中，建筑物承担约 60%，供暖系统承担约 40%。达到节能的目标，供暖系统的节能是非常重要的环节。室内的节能应通过选择合理的方式、有利于热计量和控制室温的系统形式，采用高效节能的散热设备等几个方面采取措施，使得进入建筑物的热量得到合理有效利用，既省热量，又提高室内供热质量。

（一）供暖方式选择

供暖系统是指在冬季为保持建筑物内设计温度而配置的供给室内热量的系统设备。合理选择供暖方式是供暖系统节能的重要方面。

供暖方式按散热设备向房间传热的不同方式主要分为辐射型供暖方式、对流辐射型供暖方式和对流型供暖方式。

1. 低温热水地板辐射供暖方式

低温热水地板供暖技术将地面盘管管道里循环流动的热水作为地板辐射层中的热媒，均匀地加热整个地面，利用地面自身的蓄热和热量向上辐射的规律由下至上进行传导，来达到取暖的目的。

2. 燃气辐射供暖方式

（1）燃气辐射供暖系统组成。燃气辐射供暖器由燃烧器、点火电极、辐射管、引风机、控制盒、反射罩和安全装置组成。其形状犹如日光灯，长度根据类型的不同从 5m 左右到十几米不等，接通气源、电源便可使用。燃气红外辐射供暖设备主要由四大部件组成，包括燃气发生器、辐射管、反射板、负压真空泵。发生器内部包含点火控制、安全控制设备。其形状有三种，一种是直线型，一种是 U 型，还有一种是串级型。根据不同的车间，不同的供暖温度要求选用不同的设备型号，车间内部接通燃气管道以及 220V 供电电源即可使用。

（2）燃气辐射供暖原理。燃气辐射供暖利用天然气、液化石油气或人工煤气等可燃气体，在特殊的燃烧装置——辐射管内燃烧而辐射出各种波长的红外线，红外线是整个电磁波波段的一部分。不同波长的电磁波，接触到物体后将产生不同的效应。波长为 $0.76\sim1000\mu m$ 的电磁波，尤其是波长为 $0.76\sim40\mu m$ 的电磁波，具有非色散性，因而能量集中，热效应显著，所以称为热射线或红外线。燃气辐射管发出的红外线波长全部在此范围内。由于辐射热不被大气所吸收，而是被建筑物、人体、设备等各种物体所吸收，并转化为热能。吸收了热的物体，本体温度升高，再一次以对流的形式加热周围的其他物体，如大气等。所以，建筑物内的大气温度不会产生严重的垂直失调现象，热能的利用率很高，并使人体感觉很舒适。

（3）燃气辐射供暖的应用。燃气辐射供暖省去了将高温烟气热能转化为低温热媒（热水或蒸汽）热能的能量转换环节，且排烟温度低，热效率高；有构造简单轻巧、发热量大、热效率高、安装方便、初投资和运行费用低、操作简单、智能化程度高、无噪声、环保洁净等优点。因此，燃气辐射供暖是工业厂房等高大空间较理想的方式，被广泛地运用在工厂车间、体育场馆、仓库、飞机修理库、温室大棚、养殖场、游泳池、剧院、礼堂、超市等地。

3. 发热电缆地面辐射

该技术是以电力为能源，以低温发热电缆为热源，将 100% 的电能转换为热能，加热地板，通过地面以辐射和对流的传热方式向室内供热的方式。常用发热电缆分为单芯电缆和双芯电缆。

（1）发热电缆的工作原理。发热电缆内芯由冷线、热线组成，外面由绝缘层、接地、屏蔽层和外护套组成，发热电缆通电后，热线发热，并在 40～60℃ 的温度间运行，埋设在填充层内的发热电缆将热能通过热传导（对流）和发出 8～13μm 的远红外线辐射方式传给受热体。

（2）发热电缆地面辐射系统的组成及工作原理。发热电缆地面辐射系统的组成包括：供电线路→温控器→发热电缆→辐射地板。

1）发热电缆通电后便会发热，其温度为 40～60℃，通过接触传导，加热包围在其周围的水泥层，再传向地板或瓷砖，然后通过对流方式加热空气，传导热量占发热电缆发热量的 50%。

2）发热电缆通电后便会产生人体最为适宜的 7～10μm 远红外线，向人体和空间辐射。这部分热量占发热量的 50%，发热电缆发热效率近乎 100%。

4. 低温辐射电热膜供暖

电热膜是一种通电后能发热的半透明聚酯薄膜，由可导电的特制油墨、金属载流条经加工、热压在绝缘聚酯薄膜间制成。电热膜不能直接用于地面辐射供热，需要外加专门的 PVC 真空封套，才能用于地面供暖，保证使用效果和寿命。

（1）电热膜的供暖原理。低温辐射电热膜系统是以电力为能源，以纯电阻碳基油墨为发热体，将热量以远红外热的形式传向室内。远红外热首先加热室内密实物体，物体再将热量传给空气，室内空气温度升高滞后于人体温度，减少了环境对人体的冷辐射，所以其综合效果优于传统的对流供热。

（2）电热膜的供暖优点。低温辐射电热膜是一种电热辐射方式，可安装在天棚中、墙裙内或地板下面。通过独立的温控装置使其具有恒温可调、经济舒适等特点。其主要有以下优点：

1）可随意调节室内温度，低温辐射电热膜系统可通过在每个房间设置的交流电温控器，在设定的温度范围内，随意调整室温。可根据用户的需要，随时启动或关闭。

2）不占室内空间。低温辐射电热膜系统因为取消了散热器片和管路，不占用室内空间，并且整个系统使用寿命长。

3）可分户计费。低温辐射电热膜系统适应多种用户的需求，可分户、分单元或楼层进行计量，由用户自由控制用电量，以达到节能的目的。

（3）分类。电热膜按照发展阶段及应用模式，可以分为如下三类：

1）电热棚膜：第一代电热膜，铺设于屋顶。

2）电热墙膜：第二代电热膜，铺设于墙面。

3）电热地膜：第三代电热膜，铺设于地面。相对于前两代电热膜，第三代电热膜具有施工简单、受热均匀、健康保健（足暖头凉，符合养生学）等独特优势。

5. 散热器供暖方式

散热器供暖主要以对流传热方式（对流传热量大于辐射传热量）向房间传热，是以低温热水和蒸汽为热媒的供暖方式，广泛应用于居住建筑和公共建筑。

（1）分类。

1）按照循环动力分为：机械循环-散热器供暖系统，自然循环-散热器供暖系统。

2）按照热媒种类分为：蒸汽-散热器供暖系统，热水-散热器供暖系统。

3）按照热媒温度分为：高温水-散热器供暖系统，低温水-散热器供暖系统。

（2）散热器的布置。布置散热器应注意以下规定：

1）散热器一般布置安装在外墙的窗台下，这样，沿散热器上升的对流热气流能够阻止从外窗下降的冷气流，改善玻璃冷辐射的影响，使流经室内的空气暖和舒适。

2）为防止冻裂散热器，两道外门之间不准设置散热器。在楼梯间或其他有冻结的场所，散热器应由单独的立、支管供热，且不得装设调节阀。

3）散热器应明装，布置简单。托儿所和幼儿园应暗装或加防护罩，以防烫伤儿童。

4）在单管或双管热水供暖系统中，同一房间的两组散热器可以串联连接；储藏室、盥洗室、厕所和厨房等辅助用室及走廊的散热器，可同邻室串联连接。

5）在楼梯间布置散热器时，考虑楼梯间热流上升的特点，应尽量分布在底层或按一定比例分布在下部各层。

如何合理布置散热器的位置、各个散热器的热量分配和流量分配如何将散热器内的热媒携带热量有效散入室内是节能的重要内容。

6. 热风供暖

热风供暖是一种利用空气加热器将室内或室外空气加热送入车间的一种供暖方式，一般指用暖风机、空气加热器将室内循环空气或从室外吸入的空气加热的供暖系统，适用于建筑耗热量较大以及通风耗热量较大的车间，也适用于有防火防爆要求的车间。其优点是可分散或集中布置，热惰性小，升温快，散热量大，设备简单，投资效果好。

（1）分类。热风供暖的形式较多，有集中送风、管道送风、悬挂式暖风机和落地式暖风机等形式；有专为补偿建筑耗热供暖用的空气再循环暖风机，有为补偿排风及其耗热和建筑耗热用的进气加热系统，还有补偿开启大门通风耗热用的热空气幕。

热风供暖加热空气的方法可以是热水或蒸汽通过换热器换热后由风机将热风吹入室内，也可以是加热炉直接燃烧加热空气，前者称为热风机，后者称为热风炉。

（2）一般规定。符合下列条件之一时，应采用热风供暖：

1）能与机械送风系统合并时。

2）利用循环空气供暖，技术、经济合理时。

3）由于防火、防爆和卫生要求，必须采用全新风的热风供暖时。

（3）集中送风的气流组织。集中送风的气流组织一般有平行送风和扇形送风两种（图10-3-1），选用的原则主要取决于房间的大小和几何形状，因房间的形状和大小与送风的地点、射流的数目及布置、射流的初始速度、喷口的构造与尺寸等有关。

7. 合理选用供暖方式

（1）采用合理的热媒和散热末端。实践证明，集中供暖系统采用热水作为热媒，不仅提高了质量，而且便于进行节能调节。

在公共建筑内的高大空间，提倡采用辐射方式。公共建筑内的大堂、候车（机）厅、展厅等处的供暖，如果采用常规的对流供暖方式，室内沿高度方向会形成很大的温度梯度，不但增大建筑热损耗，而且人员活动区的温度往往偏低，很难保证设计温度。采用辐射时，室内高度方向的温度梯度小，可以创造比较理想的热舒适环境，相比对流供暖可减少15%左右的能耗。

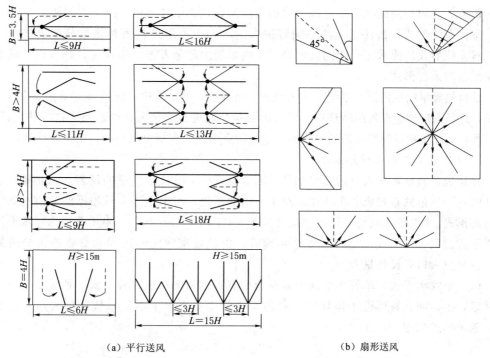

（a）平行送风　　　　　　　　　　（b）扇形送风

图 10-3-1　热风供暖气流组织布置

（2）因地制宜地采取合理的供暖方式。总体上看，不同的供暖方式各有利弊。选择合理的供暖方式与技术，要因地制宜、视具体情况而定，不应一概而论。选择时要综合考虑的因素主要包括当地资源的配置情况、供暖用能需求的大小、节能环保指标的要求、经济性指标以及当地经济水平和居民收入水平等。

（3）合理发展电力驱动的热泵供暖方式。热泵技术近年来得到一定的发展，其动力多以电力为主。在许多城市冬季电力负荷比夏季低 10%～30%，并且在北京冬季天然气消耗量为夏季的 10 倍以上。因此，适当发展以电为动力的供暖，增加冬季电力负荷，减少天然气消耗，对改善整个能源结构有一定的意义。

在有条件的地区，建议推广使用各种热泵技术。目前，各种热泵供暖空调多采用风机盘管末端，冬季吹热风，夏季吹冷风，导致冬季舒适性较差，成为推广热泵供暖的障碍。实际上夏季可采用地板（天花板）冷辐射的空调方式，冬季采用地板辐射供暖等其他末端方式，同样可利用低温热泵热源实现高舒适度供暖。开发和推广新型末端装置，并与各种热泵方式相结合，将是今后发展的方向。

（二）供暖系统形式

目前，室内低温热水系统主要有散热器和地面辐射两大类，低温热水地板辐射明显有利于分户计量，其系统形式也很确定，因此不加叙述，在此只针对散热器系统进行阐述。

1. 选择系统形式的原则

住宅建筑和其他建筑由于计量点及计量方法不同，对系统形式要求也不同。在不影响计量的情况下，集中供暖系统管路宜按南、北向分环进行布置，并分别设置室温调控装置。通过温度调控阀调节热媒流量或供水温度，不仅具有显著的节能效果，而且可以有效地平衡南、北向房间因太阳辐射而导致的温度差异，克服"南热北冷"的问题。

室内系统形式根据计量方法不同有很大的区别，采用热量表和热量分配表按户计量时，对系统形式的要求完全相同。然而，室内系统无论是否进行热计量，都应设计成利于控制温度的系统形式。

适合热计量的室内供暖系统形式大致分为两种：一种是沿用传统的垂直单管式或双管式系统，这种系统通过在每组散热器上安装的热量分配表及建筑人口的总热表进行热量计量；另一种是适应按户设置热量表的单户独立系统的新形式，直接由每户的户用热表计量。

2. 采用热量表的系统形式

热量表是测量系统入户的流量和供、回水温度后进行计量热量的仪表，因此要求系统设计时每一户单独布置成一个环路。对于户内的系统，可由设计人员根据实际情况确定采用何种形式。《供暖通风与空气调节设计规范》（GB 50019—2015）中推荐户内系统采用单管水平式、双管水平式、上分式等系统形式。由设在楼梯间的供回水立管连接户内的系统，在每户入口处设热量表。

（1）单管水平式。单管水平式供暖系统分有跨越和无跨越两种形式，系统中户与户之间并联，供、回立管可设于楼梯间。户内水平管道靠墙水平明设布置或埋入地板找平层中，系统形式如图 10-3-2 所示。

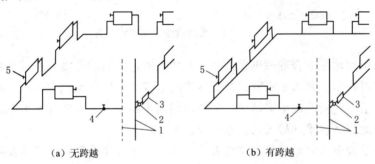

(a) 无跨越   (b) 有跨越

图 10-3-2 单管水平式系统

1—供回水立管；2—调节阀；3—热量表；4—闸阀；5—放气阀

由于单管无跨越系统各组散热器为串联连接，不具有独立调节能力，因而没必要在每组散热器都设温控阀。该系统特点是室内水平串联散热器的数量有限，末端散热器的效率低，但是住户室内水平管路数量少。该方式适用于住宅面积小、房间分隔较少、对室温调节控制要求不高的场合。

单管跨越系统可用温控阀对每组散热器进行温度控制，但由于各组散热器为串联连接，散热器独立调节能力不佳。

（2）双管水平式。双管水平式一般采用并联式，其特点是具有较好的调节性。双管水平并联式系统形式如图 10-3-3 所示。由于双管系统各组散热器为并联连接，

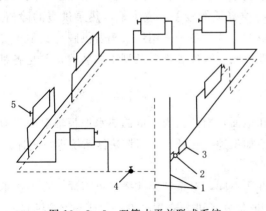

图 10-3-3 双管水平并联式系统

1—立管；2—闸阀；3—热量管；4—回水阀；5—放气阀

可在每组散热器上均设温控阀，实现各组散热器温控阀的独立设定，室温调节控制灵活，热舒适性好。但是住户室内水平管数量较多，系统设计及水平散热器的流量分配计算相对复杂。该方式适用于住宅面积较大、房间分隔多以及室内热舒适性要求高的场合。

（3）上分式。上分式系统的优点是很好地解决了系统排气问题，并可在房间装修中隐蔽户内供水干管，尤其是上供上回的系统可减少因地面的管道过门出现的麻烦。缺点在于沿墙靠天花板或地板水平布置管路和立管不美观，系统形式如图10-3-4所示。

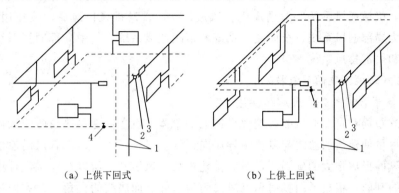

（a）上供下回式 　　　　　　　　（b）上供上回式

图10-3-4　上分式系统
1—供回水立管；2—调节阀；3—热量表；4—闸阀

3. 合理选用供暖系统形式

供暖形式多种多样，建筑物应结合自身功能与现实情况，选择适宜的供暖系统形式，以达到节能的目的。

4. 安装要求

（1）安装形式及位置。散热器提倡明装，若散热器暗装在装饰罩内，不但会大幅度减少散热器的散热量，而且由于罩内空气温度远远高于室内空气温度，罩内墙体的温差传热损失大大增加。因此，应避免暗装。在需要暗装时，装饰罩应有合理的气流通道、足够的通道面积，并方便维修。

散热器布置在外墙的窗台下，从散热器上升的对流热气流能阻止从玻璃窗下降的冷气流，使流经人活动区的空气比较暖和，给人以舒适的感觉；如果把散热器布置在内墙，流经人们经常停留地区的空气较冷，使人感到不舒适，也会增加墙壁积尘的可能；但是在分户热计量系统中为了有利于户内管道的布置，也可把散热器布置在内墙。

（2）连接方式。散热器支管连接方式不同，散热器内的水流组织也不同，散热器表面温度场也不同，从而影响散热量。在室内温度，散热器进、出口水温相同的条件下，如图10-3-5所示，几种支管与散热器连接的传热系数的大小依次为 A>B>C>D>E，其差别与散热器类型有关，最大差别达40%，可见合理选择连接方式会大量节省散热器。

图10-3-5　散热器与支管连接方式

（3）散热器的散热面积。应根据热负荷（扣除室内明装管道的散热量）计算确定散热器所需散热面积。计算时应注意：不应盲目增加散热器的安装数量，使室内过热，既不舒适又浪费能源，而且容易造成系统热力失调和水力失调，使系统不能正常使用。

二、通风系统节能技术

（一）通风系统的分类

通风系统的类别多种多样，按动力不同分为自然通风系统和机械通风系统。自然通风系统是依靠热压或风压为动力的通风系统；机械通风系统是依靠风机等通风设备提供动力的通风系统，机械通风系统一般由风机、风道、阀门、送排风口组成。按作用范围不同，通风系统分为局部通风系统、全面通风系统和事故通风系统，其中局部通风系统又分为局部送风系统和局部排风系统。

（二）自然通风系统的节能技术

1. 建筑体形与建筑群的布局和设计

建筑群的布局对自然通风的影响效果很大。单体建筑在考虑得热与防止太阳过度辐射的同时，应尽量使建筑的法线与夏季主导风向一致。对于建筑群体，若风沿着法线吹向建筑，会在背风面形成很大的旋涡区，对后排建筑的通风不利，所以在建筑设计中要综合考虑这两方面的利弊，根据风向投射角（风向与房屋外墙面法线的夹角）对室内风速的影响来决定合理的建筑间距，同时可以结合建筑群体布局的改变以达到缩小间距的目的。由于前栋建筑对后栋建筑通风的影响，在单体设计中还应该结合总体情况对建筑的体形（包括高度、进深、面宽乃至形状）进行一定的控制。

2. 围护结构开口的设计

建筑物开口的配置以及开口的尺寸、窗户的形式、开启方式、窗墙面积比等的设计，将直接影响着建筑物内部的空气流动以及通风效果。根据测定，当开口宽度为开间宽度的 $1/3 \sim 2/3$、开口大小为地板总面积的 $15\% \sim 25\%$ 时，通风效果最佳。开口的相对位置对气流路线起着决定作用：进风口与出风口相对错开布置，可以使气流在室内改变方向，室内气流更均匀，通风效果更好。

3. 注重穿堂风的组织

穿堂风是自然通风中效果最好的方式。所谓穿堂风，是指风从建筑迎风面的进风口吹入室内，穿过房间，从背风面的出风口流出。显然进风口和出风口之间的风压差越大，房屋内部空气流动阻力越小，通风越流畅。但房屋在通风方向的进深不能太大，否则就会通风不畅。

4. 在建筑设计中形成竖井空间

在建筑设计中竖井空间主要形式有纯开放空间和烟囱空间。目前，大量的建筑中设计有中庭，主要是从采光的角度考虑；从通风角度考虑，可利用建筑中庭内的热压形成自然通风。烟囱空间又叫风塔，通常由垂直竖井和几个风口组成。可以在房间的排风口末端安装太阳能空气加热器，以对从风塔顶部进入的空气产生抽吸作用，该系统类似于风管供风系统。有的风塔由垂直竖井和风斗组成，在通风不畅的地区，可以利用高出屋面的风斗，把上部的气流引入建筑内部，来加速建筑内部的空气流通。风斗的开口应该朝向主导风向。在主导风向不固定的地区，则可以设计多个朝向的风斗，或者设计成可以随风向转动。

5. 屋顶的自然通风

通风隔热屋面通常有两种方式：在结构层上部设置架空隔热层和在结构层中间设置通风隔热层。在结构层上部设置架空隔热层是把通风层设置在屋面结构层上，利用中间空气间层的空气流动带走热量，达到屋面降温的目的，同时架空板还保护了屋面防水层。在结构层中间设置通风隔热层则是利用坡屋顶自身结构中空气间层内的空气流动带走多余热量，达到屋面降温的目的。

6. 双层玻璃幕墙围护结构

双层或三层幕墙是当今生态建筑中普遍采用的一项先进技术，被誉为"会呼吸的皮肤"。它由内、外两道幕墙组成，其通风原理是在两层玻璃幕墙之间留一个空腔，空腔的两端有可以控制的进风口和出风口。冬季，关闭进、出风口，双层玻璃之间形成一个"阳光温室"，提高围护结构表面的温度；夏季，打开进、出风口，利用烟囱效应在空腔内部实现自然通风，使玻璃之间的热空气不断地被排走，达到降温的目的。同时，为了更好地实现隔热，通道内一般设置可调节的深色百叶。

双层玻璃幕墙在保持外形轻盈的同时，加强了围护结构的保温隔热性能和通风换气层的作用，比单层幕墙在供暖时节约 42%～52% 能源，在制冷时节约 38%～60% 能源；同时很好地解决了高层建筑中因过高的风压和热压带来的风速过大造成的紊流不易控制的问题，降低了室内的噪声，也解决了夜间开窗通风的安全问题。

（三）机械通风系统的节能技术

从理论上讲，自然通风不充分的地方，都可以采用机械通风方式进行弥补，以保证室内的空气质量。机械通风就是利用一台或者多台送、排风机，直接或通过管道系统将室内的污染空气排到室外，并将室外的新鲜空气送到室内。这种通风方法的优点在于能够对封闭的建筑空间进行连续不断的通风，而且通风速率可以控制。机械通风还有助于预先调节新风的空气品质，回收空气中的热量。其缺点是初投资高、运行耗电、产生噪声、需要日常维护等。机械通风系统的节能技术是在满足生活或生产要求的前提下，采用合理的通风策略和通风方式，尽量减少风机的运行，以达到节能的目的。

1. 多元通风技术

多元通风（hybrid ventilation）又称为复合通风或混合模式通风，就是通过自然通风和机械通风两种方式的切换或叠加组合，最大限度地利用室外气候环境条件，减少能耗，创造居室可以接受的热舒适条件。通风系统为保证室内空气品质提供新风，有时需额外为热调节和热舒适送风，而多元通风是通过控制系统实现最低能耗下的换气率和气流形式。设计良好的多元通风可以充分利用自然条件，随室外空气参数和室内负荷的变化而变化，且能与机械装置有效结合，使室内空气品质和舒适性最佳，能耗最小。目前，多元通风系统已成功地应用于部分新建筑及既有建筑通风系统改建，其在能源消耗和使用者满意度方面的优势体现出多元通风应用的潜力。

2. 工位送风技术

工位送风是指将清洁干燥的空气直接送至人员工作、活动的位置，主要改善人员呼吸区内的空气品质，大部分室内负荷由背景通风承担。工位送风最常见的形式是在开放的办公室、会议室、报告厅、剧场、体育馆等区域内，通过桌面格栅、可移动风口、个人环境送风单元、工作位地板风口、座椅风口等向人员提供清洁空气，并结合地板送风、侧送风等形式承担室内负荷。

3. 夜间通风技术

在一些地区，夏季昼夜温差较大，白天环境温度过高，自然通风不能完全满足室内降温要求，而夜间气温又较低，自然通风显得绰绰有余，这种情况下可以考虑采用夜间通风的策略。夜间通风是利用蓄热材料作为建筑维护结构来延缓日照等因素对室内温度的影响，白天蓄热材料吸收大量因阳光长时间照射而产生的热量，抑制室温升高，夜间再利用自然通风换热使蓄热材料得到充分冷却，使室内气温波动减小，又保持了第二天蓄热材料的蓄热能力。因此，在夏季夜晚利用室外温度较低的冷空气对蓄热材料进行充分的通风降温，是改善夜间室内温度、发挥蓄热材料潜力的有效手段。

相变材料由于单位体积贮能密度大、相变过程近似为一等温过程等优点，逐渐取代了普通围护结构，成为蓄热材料的首选。相变材料不仅可以通过提高相变温度加大对夜间环境冷源的利用程度，还可以扩大接触面积来增加夜间通风蓄冷的传热面积，因而利用相变材料作为主要蓄热材料的夜间通风效果比采用普通建筑材料要明显得多。

三、空调系统蓄冷技术

空调系统蓄冷技术是提高能源利用效率和保护环境的重要技术，可用于解决热能供给与需求失配的矛盾，在太阳能利用、电力的"移峰填谷"、废热和余热的回收利用、工业与民用建筑和空调的节能等领域具有广泛的应用前景，目前已成为世界范围内的研究热点。空调系统蓄冷技术一般分为冰蓄冷和水蓄冷两类。

（一）冰蓄冷技术

冰蓄冷是利用冰的相变潜热进行冷量的储存，在用电低谷、电价较低或中央空调不需要工作时开始制冰，蓄存冷量，而在用电高峰、电价较高或中央空调需要工作时停止制冰，同时依靠冰的融化来制冷，从而完成能源利用在时间上的转移，节省运行费用，降低运行成本。

1. 冰蓄冷技术的原理

简言之，冰蓄冷技术是利用夜间电网多余的谷荷电力继续运转制冷机制冷，并通过介质将冷量储存起来，在白天用电高峰时释放该冷量提供空调服务，从而缓解空调争用高峰电力的矛盾。目前，较为流行的蓄冷方式有三种，即水蓄冷、冰蓄冷、优态盐蓄冷。空调蓄冷系统合理利用峰谷电能，削峰填谷。在电力结构峰谷差距不断加大的今天，蓄冷系统将会带来空调系统的革命，在平衡电力消耗方面将起到不可估量的作用。

冰蓄冷空调系统在空调负荷很低的时间制冷蓄冰，而在空调负荷高峰时化冰取冷，以此来全部或部分转移制冷设备的运行时间，并采用此办法规避用电高峰，让出空调用电份额给其他生产部门，以创造更多的财富。另外，利用夜间低价电，可降低运行费用，同时利用蓄冰技术，可减少制冷设备的装机容量，减少电力负荷，降低主机一次性投入。

2. 冰蓄冷空调系统的组成

冰蓄冷空调系统一般由制冷机组、蓄冷设备（或蓄水池）、辅助设备及设备之间的连接、调节控制装置等组成。具体的空调组成及工作示意图如图 10-3-6 所示。

3. 分类

根据制冰方式的不同，冰蓄冷可以分为静态制冰、动态制冰两大类。静态制冰，冰本身始终处于相对静止状态，这一类制冰方式包括冰盘管式、封装式等多种具体形式。动态制冰在制冰过程中有冰晶、冰浆生成，且处于运动状态。每一种制冰具体形式都有其自身的特点和适用的场合。

4. 运行方式

与常规空调系统不同，蓄冷系统可以通过制冷机组、蓄冷设备之一或两者同时为建筑物供冷，用以确定在某一给定时刻，多少负荷由制冷机组提供，多少负荷由蓄冷设备供给的方法，即系统的运行策略。蓄冷系统

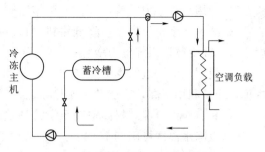

图 10 - 3 - 6　蓄冷空调系统图

在设计过程中必须制定一个合适的运行策略，确定具体的控制策略，并详细给出系统中的设备是应作调节还是周期性开停。部分蓄冷系统的运转策略，主要是解决每时段制冷设备之间的供冷负荷分配问题，以下为蓄冷系统通常选择的几种运行策略。

(1) 制冷机组优先式。制冷机组优先式运行策略是指制冷机组首先直接供冷，超过制冷机组供冷能力的负荷由蓄冷设备释冷提供。这种策略通常用于单位蓄冷量所需费用高于单位制冷机组产冷量所需费用的情况，降低空调尖峰负荷值可以大幅度节省系统的投资费用。

(2) 蓄冷设备优先式。蓄冷设备优先式运行策略是指蓄冷设备优先释冷，超过释冷能力的负荷由制冷机组负责供冷。这种方式通常用于单位蓄冷量所需的费用低于单位制冷机组产冷量所需的费用的情况。蓄冷设备优先式在控制上要比制冷机组优先式相对复杂些。在下一个蓄冷过程开始前，蓄冷设备应尽可能将蓄存的冷量全部释放完，即充分利用蓄冷设备的可利用蓄冷量，降低蓄冷系统的运行费用。另外，应避免蓄冷设备在释冷过程的前段时间将蓄存的大部分冷量释放，导致在尖峰负荷时，制冷机组和蓄冷设备无法满足空调负荷需要，因此应合理地控制蓄冷设备的剩余冷量，特别是设计日空调尖峰负荷出现在下午时段的情况。一般情况，蓄冷设备优先式运行策略要求蓄冷系统应预测出当日 24h 空调负荷分布图，并确定出当日制冷机组在供冷过程中最小供冷量控制分布图，以保证蓄冷设备随时有足够释冷量配合制冷机组，满足空调负荷的要求。

(3) 负荷控制式。负荷控制式运行策略就是在电力负荷不足的时段，对制冷机组的供冷量加以限制的一种控制方法。通常这种方法是在受电力负荷限制时才采用，超过制冷机组供冷量的负荷可由蓄冷设备负责。例如，某城市电力负荷高峰时段（8：00—11：00）禁止制冷机组运行。

(4) 均衡负荷式。均衡负荷式运行策略是指在部分蓄冷系统中，制冷机组在设计日 24h 内基本上满负荷运行；在夜间满载蓄冷，白天当制冷机组产冷量大于空调冷负荷时，将满足冷负荷所剩余的冷量（用冰的形式）蓄存起来；当空调冷负荷大于制冷机组的制冷量时，不足的部分由蓄冷设备（融冰）来完成。采用这种方式的系统初期投资最小，制冷机组的利用率最高，但当设计日空调负荷高峰时段与当地电力负荷高峰时段不同，即与当地电价低谷时段不重叠时，系统的运行费用较高。

5. 特点

(1) 主要优点如下：

1) 利用蓄能技术移峰填谷，平衡电网峰谷荷，提高电厂发电设备的利用率，降低运行成本，节省建设投入。

2）利用峰谷电力差价，降低空调年运行费用。

3）减少冷水机组容量，降低主机一次性投资；总用电负荷少，减少配电容量与配电设施费，减少空调系统电力增容费。

4）使用灵活，过渡季节或者非工作时间加班，使用空调可由融冰定量提供，无须开主机，冷量利用率高，节能效果明显，运行费用大大降低。

5）具有应急冷源，提高空调系统的可靠性。

6）冷冻水温度可降到 $1\sim4℃$，可实现大温差低温送风，节省水、风系统的投资及能耗，相对湿度低，提高空调高品质，防止中央空调综合征。

（2）主要缺点如下：

1）对于冰蓄冷系统，其运行效率将降低。

2）增加了蓄冷设备费用及其占用的空间。

3）增加水管和风管的保温费用。

4）冰蓄冷空调系统的制冷主机性能系数 COP 下降。

（二）水蓄冷技术

水蓄冷是利用水的显热实现冷量的储存，通常利用 $3\sim7℃$ 的低温水进行蓄冷。一个设计合理的蓄冷系统应通过维持尽可能大的蓄水温差并防止冷水与热水的混合来获得最大的蓄冷效率。水蓄冷可直接与常规系统匹配，无需其他专门设备。

1. 水蓄冷系统的工作原理

如图 10-3-7 所示为水蓄冷系统实际流程，将空调用的冷水机组作为制冷设备，将保温槽作为蓄冷设备。空调主机在用电低谷时间将 $5\sim7℃$ 的冷水蓄存起来，空调时将蓄存的冷水抽出使用，由于利用水的温差进行蓄冷，可直接与常规空调系统匹配，无需其他专门设备。但这种系统只能储存水的显热，不能储存潜热，因此需要较大的蓄水槽，其蓄冷量通常超过日空调总需冷量的 50%。

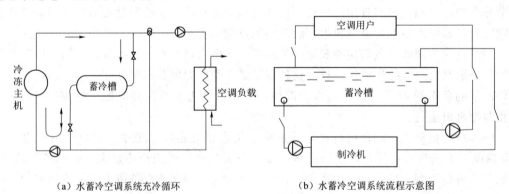

（a）水蓄冷空调系统充冷循环　　　　　（b）水蓄冷空调系统流程示意图

图 10-3-7　水蓄冷系统实际流程

2. 水蓄冷系统的组成

简单的水蓄冷系统由制冷机组、蓄冷水槽、蓄冷水泵、板式换热器和放冷水泵组成。有的水蓄冷系统可不配板式换热器。水蓄冷系统制冷机组与蓄冷装置的连接方式可采用并联方式和串联方式，在串联连接方式中，可采用主机上游串联方式与主机下游串联方式。

3. 水蓄冷系统的三种供冷方式

(1) 供冷机单独供冷。制冷机按照原有方式运行。

(2) 蓄冷槽单独供冷方式。利用夜间低谷电开启制冷机，制备冷冻水并贮存在蓄冷槽中。白天开启冷冻水泵即可完成供冷。

(3) 制冷机与蓄冷槽联合使用。在每年极端炎热的有限时间内，空调负荷很大时使用，白天由制冷机提供部分冷量、蓄冷槽提供部分冷量。

4. 特点

(1) 平衡电网峰谷荷，缓解电厂建设，实现终端节能。

(2) 节省新装用户的空调系统初投资。

(3) 显著降低空调系统运行费用，经济性好。

(4) 综合改善空调品质。

(5) 减少机器检修，维修费用低，延长使用寿命。

第四节 建 筑 节 能 评 价 方 法

一、评价指标

1. 建筑物耗热量指标的计算

建筑物耗热量指标计算式为

$$q_H = q_{H,T} + q_{INF} - q_{I,H} \qquad (10-4-1)$$

式中　q_H——建筑物耗热量指标，W/m^2；

　　$q_{H,T}$——单位建筑面积通过围护结构的传热耗热量，W/m^2；

　　q_{INF}——单位建筑面积的空气渗透耗热量，W/m^2；

　　$q_{I,H}$——单位建筑面积的建筑物内部得热（包括炊事、照明、家电和人体散热），W/m^2。

单位建筑面积通过围护结构的传热耗热量计算式为

$$q_{H,T} = (t_i - t_e) \left[\sum_{i=1}^{m} \varepsilon_i K_m A_i \right] / A_0 \qquad (10-4-2)$$

式中　t_i——全部房间平均室内计算温度，一般住宅建筑取 18℃，℃；

　　t_e——供暖期室外平均温度，℃；

　　ε_i——围护结构传热系数的修正系数，应按表 10-4-1 取值；

　　K_m——围护结构的平均传热系数，$W/(m^2 \cdot K)$；

　　A_i——围护结构的面积，m^2；

　　A_0——建筑面积，m^2。

表 10-4-1　　　　　　　　　围护结构传热系数的修正系数 ε_i

窗户（包括阳台门上部透明部分）				外墙（包括阳台门下部）			屋顶
类型	南	东、西	北	南	东、西	北	水平
双玻璃及双层窗	0.36	0.68	0.84	0.91	0.95	0.97	1.0
三层玻璃及单玻璃+双玻璃	0.34	0.66	0.84				

单位建筑面积的空气渗透耗热量计算式为

$$q_{INF} = (t_i - t_e)c_p \rho NV/A_0 \qquad (10-4-3)$$

式中 q_{INF}——单位建筑面积的空气渗透耗热量，W/m^2；

c_p——空气比热容，取 $0.28W \cdot h/(kg \cdot K)$；

ρ——空气密度，取 $1.286g/m^3$，kg/m^3；

N——换气次数，住宅取 $0.5 \sim 1.0$ 次/h；

V——换气体积，m^3；

A_0——建筑面积，m^2。

2. 建筑物耗煤量指标的计算

建筑物耗煤量指标 q_c 计算式为

$$q_c = 24Zq_H/(H_c \eta_1 \eta_2) \qquad (10-4-4)$$

式中 q_H——建筑物耗热量指标，W/m^2；

Z——供暖期天数，天；

H_c——标准煤热值，取 $8.14 \times 10^2 (W \cdot h)/kg$；

η_1——室外管网输送效率，取 0.9；

η_2——锅炉效率，采取节能措施前取 0.55，节能 30% 取 0.6，节能 50% 取 0.68。

按式（$10-4-4$）计算出节能建筑的耗煤量 q_{c2} 和非节能建筑的耗煤量 q_{c1}。节煤量 $\Delta q_c (kg/m^2)$ 计算式为

$$\Delta q_c = q_{c1} - q_{c2} \qquad (10-4-5)$$

节能率 $a(\%)$ 计算式为

$$a = \frac{\Delta q_c}{q_{c1}} \times 100\% \qquad (10-4-6)$$

二、节能收益的经济评价方法

1. 节能投资

在一般情况下，加强节能建筑围护结构的保温隔热性能，建筑工程造价也相应提高。为节能而增加的工程造价，即节能投资。

节能投资计算式为

$$I = I_2 - I_1 \qquad (10-4-7)$$

式中 I——节能投资，元/m^2；

I_1——非节能建筑工程造价，元/m^2；

I_2——节能建筑工程造价，元/m^2。

2. 节能收益

节能收益计算式为

$$A = \Delta q_c B \qquad (10-4-8)$$

式中 A——节能收益，元/m^2；

Δq_c——节煤量，kg/m^2；

B——热能价格（煤炭转化成热能的供热价格），元/kg。

节能收益是指建筑采用节能措施后，每个供热期所节省的包括燃煤在内的供热费用。对于政府、设备管理人员、居民而言，要想投资一个建筑节能的项目，总会期望收益大于成本，且投资能在较短的时间内回收。建筑节能项目潜在的收益包括：能源费用的节省，减小

耗能设备的容量从而降低设备投资，减少耗能设备的维护费用，减少运行管理人员从而降低劳动力开支，改善室内环境品质从而提高业主的效益，销售回收的能量得到的额外收入。

但是，当占用本金作为节能改造的投入时，必须为使用这笔资金付出一定的代价，这就是利息。所占用的资金时间越长，所要支付的利息就越多。因此，利息就是资金的时间价值。

$$F_n = P + I_n \tag{10-4-9}$$

式中　F_n——本利和；

$\quad\quad P$——本金；

$\quad\quad I_n$——利息；

$\quad\quad n$——计算利息的周期数。

利息通常根据利率来计算。利率是在一个计息周期内得到的利息和本金之比，用 i 表示，即 $i = I_1/P \times 100\%$，I_1 是在一个计息周期内的利息。

在建筑节能收益的经济分析中，往往要对项目整个寿命周期内的全部支出和收益进行评价，并非简单地把不同时间内发生的收支资金相加相减，必须考虑资金的时间价值。这里要用到资金等值计算公式。

（1）一次支付终值为

$$F = P(1+i)^n \tag{10-4-10}$$

一次支付就是所有现金流在一个时间点上一次发生，P 称为现值，F 为终值，i 为折现率。即向银行贷款 P，在 n 年后连本（P）带息（i）一次还清，偿还金额为 F。用函数形式表示就是 $F = (F/P, i\%, n)$。

（2）一次支付现值为

$$P = F\left[\frac{1}{(1+i)^n}\right] \tag{10-4-11}$$

一次支付现值公式是已知终值求现值的逆运算。中括号内称为一次支付现值系数。

（3）等额分付终值公式

$$F = A\left[\frac{(1+i)^n - 1}{i}\right] \tag{10-4-12}$$

等额分付是指现金的流入和流出在多个时间点上发生，且数额是相等的。

（4）等额分付现值为

$$P = A\left[\frac{(1+i)^n - 1}{i(1+i)^n}\right] \tag{10-4-13}$$

（5）等额分付偿债基金为

$$A = F\left[\frac{i}{(1+i)^n - 1}\right] \tag{10-4-14}$$

（6）等额分付资本回收为

$$A = P\left[\frac{i(1+i)^n}{(1+i)^n - 1}\right] \tag{10-4-15}$$

等额分付资本回收，即节能改造投入经费为 P，希望节能产生的效益能在 n 年内将投资回收，那么每年由节能所产生的成本节约不能小于 A。如果经过测算，节约资金小于

A，说明节能改造在经济上是不合理的。以上公式中可以测算出节能改造后的节能收益是否能满足投资者的期望，从而判断是否值得去做节能改造。

三、能源与环境问题

有研究表明，中国的大气污染中，85%～90%的二氧化硫、70%的烟尘、85%的二氧化碳、60%的氮氧化合物都来自煤炭的燃烧。资料显示，我国每年由于煤炭燃烧排放烟尘约 2100 万 t、二氧化硫 2300 万 t、二氧化碳及氮氧化物 1500 万 t。能源消费所产生的排放物造成了严重的环境污染，国内 40%左右的地区受到酸雨的威胁。2001 年世界银行发展报告列举的世界污染最严重的 20 个城市，中国占 16 个，而因大气污染造成的经济损失占 GDP 的 3%～7%。我国二氧化硫的排放量已居世界首位，二氧化碳排放量仅次于美国居世界第二位，而且排放量在逐年递增，根据有关报告，预计到 2030 年我国二氧化碳的排放量将超过美国，成为世界第一排放大国。

燃煤产生的二氧化硫在大气中会被氧化成为三氧化硫，进而与空气中的水蒸气反应，形成酸雾或酸雨。酸雨造成土壤酸化、江流湖泊 pH 值降低，导致水生物无法生存、农作物和植物枯萎、建筑物表面侵蚀、金属构筑物腐蚀加速。二氧化碳的排放导致全球变暖化，造成地下水盐化、地表水蒸发加剧，从而进一步加剧淡水资源紧张化，造成全球气候异常、粮食减产甚至绝收、土地荒漠化。

能源（尤其是化石燃料）燃烧是大气污染和全球气候变暖的罪魁祸首，因此当前大力实施节能战略，减少环境污染和温室气体排放源是缓解能源危机和保护生态环境最经济最有效的途径。

四、环境改善指标

1. 二氧化碳减排量

因采取节能改造措施，导致能源消耗量下降所引起的二氧化碳排放量减少，其计算公式为

二氧化碳减排量＝节能量×单位标准综合能耗的二氧化碳排放系数

2. 二氧化硫减排量

因采取节能改造措施，导致能源消耗量下降所引起的二氧化硫排放量减少，其计算公式为

二氧化硫减排量＝节能量×单位标准综合能耗的二氧化硫排放系数

3. 烟尘减排量

因采取节能改造措施，导致能源消耗量下降所引起的烟尘排放量减少，其计算公式为

烟尘减排量＝节能量×单位标准综合能耗的烟尘排放系数

4. 氮氧化物减排量

由于采取节能改造措施，导致能源消耗量下降所引起的氮氧化物排放量减少，其计算公式为

氮氧化物减排量＝节能量×单位标准综合能耗的氮氧化物排放系数

思　考　题

1. 什么是建筑节能？我国为什么实行建筑节能？

2. 建筑节能的基本原理有哪些？

3. 建筑围护结构的热湿传递特点有哪些？

4. 怎样计算冷负荷？

5. 发热电缆地面辐射系统由哪些部分组成？

6. 试列举几种机械通风系统的节能技术。

参 考 文 献

［1］ 郭福雁，黄民德. 建筑供配电与照明 ［M］. 北京：中国建筑工业出版社，2014.

［2］ 庄玉玲，王廷栋. 景观小品设计 ［M］. 北京：北京理工大学出版社，2017.

［3］ 刘金生. 建筑设备 ［M］. 2 版. 北京：中国建筑工业出版社，2013.

［4］ 张东放. 建筑设备工程 ［M］. 北京：机械工业出版社，2015.

［5］ 高明远，岳秀萍，杜震宇. 建筑设备工程 ［M］. 4 版. 北京：中国建筑工业出版社，2016.

［6］ 傅海军. 建筑设备 ［M］. 2 版. 北京：机械工业出版社，2017.

［7］ 华常春. 建筑节能技术 ［M］. 北京：北京理工大学出版社，2013.

［8］ 王丽. 建筑设备安装 ［M］. 大连：大连理工大学出版社，2014.

［9］ 杨柳，朱新荣，刘大龙，等. 建筑物理 ［M］. 北京：中国建材工业出版社，2014.

［10］ 梅胜，吴佐莲. 建筑节能技术 ［M］. 郑州：黄河水利出版社，2013.

［11］ 赵嵩颖，张帅. 建筑节能新技术 ［M］. 北京：化学工业出版社，2016.

［12］ 邢双军. 建筑物理 ［M］. 2 版. 杭州：浙江大学出版社，2017.

［13］ 杨柳. 建筑气候学 ［M］. 北京：中国建筑工业出版社，2010.

［14］ 岳秀萍. 建筑给水排水工程 ［M］. 北京：中国建筑工业出版社，2011.

［15］ 章熙民，朱彤，安青松，等. 传热学 ［M］. 6 版. 北京：中国建筑工业出版社，2014.